高等职业教育园林类专业系列教材

花卉装饰技艺

朱迎迎 主编

科学出版社
北京

内 容 简 介

花卉装饰技艺是一门以植物为素材,对环境进行装饰设计的技艺。本书根据目前园林绿化行业国内外最新的设计内容、方式和手法,结合插花员、花艺环境设计师等相关职业资格证书的鉴定要求进行编写,突出职业性、技术性和应用性。

本书包括花卉装饰经营管理、礼仪花卉装饰、室内花卉装饰、室外花卉装饰、主题花卉装饰等内容。教材注重理论与实践相结合的教学方式,以项目为主导,图文并茂、循序渐进,突出实践性。

本书适用于高职高专院校的园林、园艺、酒店管理、环境艺术设计等专业教学,同时也适用于职业培训及相关专业人员参考使用。

图书在版编目(CIP)数据

花卉装饰技艺/朱迎迎主编. —北京:科学出版社,2012.6
(高等职业教育园林类专业系列教材)
ISBN 978-7-03-031849-7

Ⅰ.①花… Ⅱ.①朱… Ⅲ.① 花卉装饰-高等职业教育-教材 Ⅳ.①S688.2

中国版本图书馆CIP数据核字(2011)第137950号

责任编辑:何舒民 杜 晓/责任校对:耿 耘
责任印制:吕春珉/封面设计:美光制版有限公司

科 学 出 版 社 出版
北京东黄城根北街16号
邮政编码:100717
http://www.sciencep.com

三河市骏杰印刷有限公司 印刷
科学出版社发行 各地新华书店经销

*

2012年6月第 一 版　开本:787×1092 1/16
2023年1月第十次印刷　印张:18 3/4
字数:450 000
定价:69.00元
(如有印装质量问题,我社负责调换〈骏杰〉)
销售部电话 010-62136230 编辑部电话 010-62130874(VA03)

版权所有,侵权必究

高等职业教育园林类专业系列教材
编写指导委员会

顾　问：陈俊愉　邓泽民
主　任：卓丽环
副主任：关继东　成海钟　朱迎迎　祝志勇　周兴元
　　　　周业生　贺建伟　何舒民　汤庚国
委　员：（以姓氏笔画为序）
　　　　仇恒佳　邓宝忠　石进朝　任有华　任全伟
　　　　许桂芳　李宝昌　李艳杰　李瑞昌　李耀健
　　　　吴立威　邱国金　邱慧灵　余　俊　佘德松
　　　　张建新　张朝阳　陈科东　林　峰　易　军
　　　　周　军　胡春光　唐　蓉　黄　顺　曹仁勇
　　　　崔广元　葛晋纲　谢丽娟　赖九江　魏　岩

《花卉装饰技艺》
编写人员名单

主　编：朱迎迎　上海城市管理职业技术学院
副主编：罗凤芹　辽宁林业职业技术学院
　　　　金建红　温州科技职业学院
　　　　蒋跃军　成都农业科技职业学院
参　编：王一楠　辽宁林业职业技术学院

序 *Preface*

随着现代生产力的发展和人民生活水平的提高，人们对生活的追求将从数量型转为质量型，从物质型转为精神型，从户内型转为户外型，生态休闲正在成为人们日益增长的生活需求的重要组成部分。就一个城市来说，生态环境好，就能更好地吸引人才、资金和物资，处于竞争的有利地位。因此，建设生态城市已成为城市竞争的焦点和经济社会可持续发展的重要基础。目前许多城市提出建设"生态城市"、"花园城市"、"森林城市"的目标，城市园林建设越来越受到重视，促进了园林行业的蓬勃发展；与此同时，社会主义新农村建设、规模村镇建设与改造，都促使社会对园林类专业人才需求日益增加。从事园林工作岗位的高技能人才和生产一线的技术管理型人才的培养，特别是与园林景观设计、园林工程招投标文件编制、工程预决算、园林工程施工组织管理、苗木生产经营与管理、园林植物租摆、园林植物造型与装饰、园林工程养护管理等职业岗位相适应的高技能人才的培养，自然就成为园林类高等职业教育关注和着力的重点。

2007年12月，我们组织了9所院校，在上海召开了预备会议。与会人员在如何进行园林专业的教学改革和课程改革，以及教材建设等方面交换了意见，并决定以宁波城市职业技术学院环境学院的研究工作为基础，结合国家社会科学基金"十一五"规划（教育科学）"以就业为导向的职业教育教学理论与实践研究"课题（BJA060049）的子课题"以就业为导向的高等职业教育园林类专业教学整体解决方案设计与实践研究"，组织全国相关院校，对园林类专业的教学整体解决方案设计及教材建设进行系统研究。为了有效地开展这项工作，组建了以卓丽环（上海农林职业技术学院）为课题组长，祝志勇（宁波城市职业技术学院环境学院）、成海钟（苏州农业职业技术学院）、关继东（辽宁林业职业技术学院）、周兴元（江苏农林职业技术学院）、周业生（广西生态工程职业技术学院）、朱迎迎（上海城市管理职业技术学院）、贺建伟（国家林业局职业教育研究中心）、何舒民（科学出版社职教技术出版中心）为副组长的课题研究领导团队。

2008年5月，课题组在上海农林职业技术学院和宁波城市职业技术学院环境学院召开了第二次会议；2009年1月在北京召开了第三次会议。会议在深刻理解本专业人才培养目标、就业岗位群、人才培养规格的基础上，构建了课程体系，并认真剖析每门课程的性质、任务、课程类型、教学目标、知识能力结构、工作项目构成、学习情境等，制订了每门课程的教学标准，确定了教材编写大纲，并决定开发立体化教材。全国有23所高等职业院校的50多位园林技术和园林工程技术专业的教师、企业人员和行业代表参加了课题研究。

三次会议后，在课程推进的过程中，课题组成员以课题研究的成果为基础，对园林类专业系列教材的特色、定位、编写思路、课程标准和编写大纲进行了充分讨论与反复修改，确定了首批启动23本（园林技术专业12本、园林工程技术专业11本）教材的编写，并计划2010年底完成。主编、副主编和参加编者由全国具有该门课程丰富教学经验的专家学者、一线教师和部分企业人员担任。

本套教材是该课题成果的重要组成部分。教材的开发与编写宗旨是按照教育部对高等职业教育教材建设的要求，以职业能力培养为核心，集中体现专业教学过程与相关职业岗位工作过程的一致性。

本套教材的特点是紧密结合生产实际，体现园林类专业"以就业为导向，能力为本位"的课程体系和教学内容改革成果，理论基础突出专业技能所需要的知识结构，并与实训项目配合；实践操作则大多选材于实际工作任务，采用任务驱动与案例分析结合的方式，旨在培养实际工作能力。在内容上对单元或项目有总结和归纳，尽量结合生产或工作实际进行编写，做到整套教材编写内容上的衔接有序，图文并茂，其内容能满足高职高专相关专业教学和职业岗位培训的应用。

希望我们的这些工作能够对园林类专业的教学和课程改革有所帮助，更希望有更多的同仁对我们的工作提出意见和建议，为推动和实现园林类专业教学改革与发展做出我们应有的贡献。

卓丽环

2009年8月

前言

教育是国之大计、党之大计。教育、科技、人才是全面建设社会主义现代化国家的基础性、战略性支撑。全面建设社会主义现代化国家，必须坚持科技是第一生产力、人才是第一资源、创新是第一动力，深入实施科教兴国战略、人才强国战略、创新驱动发展战略。高等教育人才培养要树立质量意识、抓好质量建设、全面提高人才自主培养质量。

随着人民生活水平的不断提高，及对环境质量、环境美化的需求越来越高，花卉装饰技艺作为美化环境的重要手段之一越来越受到人们的重视。随着中外交流的不断扩大，花卉装饰技艺水平也在不断地提高，花卉装饰风格的中西融合，花卉装饰技艺的相互渗透，使得花卉装饰技艺在风格特点、技艺方法、花材应用等方面都有了一些变化。各种规模、各种层次的花博会、园博会、绿博会蓬勃发展，从城市环境的节日美化到家庭的花卉装饰越来越得到大众的接受和热爱。如2009年在北京以及山东青州举办的花卉博览会，1999年在昆明、2011年在西安举办的世界园艺博览会都运用了花卉装饰技艺对环境进行了装饰设计，特别是各城市举办大型活动进行的街头花卉装饰更为城市的美化起到了画龙点睛的作用。如北京的奥运会、上海的世博会、广州的亚运会期间，街头五彩缤纷、形式各异的花卉布置很好地烘托了重大活动的热烈气氛。

本书是在"以能力为本位，就业为导向"的职业教育课程改革中，以参加国家社会科学基金"十一五"规划（教育科学课题）"以就业为导向的职业教育教学理论与实践研究"的子课题"以就业为导向的高等职业教育园林类专业教学整体解决方案设计与实践研究"之成果为基础，在课题组专家团队指导下，在研究园林类专业课程体系总体框架基础上，组织编写而成的。本书也是该课题成果的组成部分之一。

"花卉装饰技艺"是高等职业院校园林类专业的一门专业课。本书内容设计的思路是：根据园林类专业技术人才的培养目标，分析园林类专业高技能人才职业岗位所需要的花卉装饰技艺基本知识和技能要求，同时紧密结合职业资格证书的鉴定要求，以及插花员、花艺环境设计师职业资格考核的基本要求，以项目为导向，以实际应用为目的，按理论实训一体的方法进行编写。

本书突出三个特点，一是运用范围较广，力求两个兼用的特点。在注重高职特点的基础上为学历教育和培训兼用，吸收了插花员、花艺环境设计师国家职业资格鉴定的相关内容。二是理论与实践结合，体现能力为本的教育的特点。除介绍了基本应掌握的理论知识外，更注重实践性教学，共设计了图文并茂、分步骤实施的45个实践训练，并在训练后附有以项目为导向的14个综合训练。三是模仿与创新结合体现以素质为本的教育的特点。

本书由上海城市管理职业技术学院副院长、上海市插花花艺协会副会长朱迎迎负责起草制定该课程的教学标准和教材编写大纲，设计教材的内容体系、知识点和实践训练项目，负责单元1花卉装饰与经营管理基础、单元2礼仪花卉装饰、单元3室内花卉装饰的编写，辽宁林业职业技术学院罗凤芹、成都农业科技职业学院蒋跃军负责本书单元4室外花卉装饰的编写，辽宁林业职业技术学院王一楠、温州科技职业学院金建红负责本书单元5主题花卉装饰的编写。本书编写过程中，得到了课题组专家们的指导和帮助，在此表示诚挚的感谢。本书在编写过程中参考了其他文献、书籍和图片，在此一并表示感谢。

限于编者的水平，缺点和错误在所难免，望广大读者批评指正，以便不断修改、完善。

编 者

2011年5月

目 录

序
前言

单元 1　花卉装饰与经营管理基础

1.1　花卉装饰与经营入门 ··· 2
　　1.1.1　开店前的准备 ·· 3
　　1.1.2　花卉装饰概述 ·· 7
　　1.1.3　花卉装饰设计的基本要素 ··· 24
　　1.1.4　"三大构成"原理在花卉装饰设计中的应用 ·························· 28
　　实践训练1　平面构成作品制作 ·· 36
　　实践训练2　立体构成作品制作 ·· 37
　　思考题 ·· 38
1.2　花卉装饰的形式、手法与设计原则 ······································ 39
　　1.2.1　花卉装饰的特点 ··· 40
　　1.2.2　花卉装饰的作用 ··· 40
　　1.2.3　花卉装饰的基本形式 ·· 41
　　1.2.4　装饰手法 ··· 58
　　1.2.5　花卉装饰设计的原则 ·· 60
　　思考题 ·· 61
1.3　花卉装饰业务与花店经营 ··· 62
　　1.3.1　花店经营的基本原理 ·· 63
　　1.3.2　花店的经营技巧 ··· 64

　　　　1.3.3 花店的商务洽谈 ·· 67
　　　　实践训练3　分组模拟开店并虚拟经营 ················· 70
　　　　思考题 ··· 71

单元 2　礼仪花卉装饰

2.1 宾礼花卉装饰 ·· 73
　　2.1.1 礼仪和宾礼花卉装饰 ···································· 74
　　2.1.2 花束、花篮的制作技巧 ·································· 74
　　2.1.3 宾礼场景花卉装饰 ······································· 88
　　实践训练4　蔬果花篮插作实训 ····························· 88
　　实践训练5　扇形花篮插作实训 ····························· 89
　　实践训练6　双纸衬底单面观花束插作实训 ············· 90
　　实践训练7　螺旋式花束插作实训 ·························· 91
　　思考题 ··· 95

2.2 嘉礼花卉装饰 ·· 96
　　2.2.1 礼仪花卉装饰的风格 ···································· 97
　　2.2.2 新娘捧花、胸花、花车等的制作技巧 ·············· 97
　　2.2.3 婚礼场景花卉装饰布置基本要求 ···················· 105
　　实践训练8　胸花制作实训——尾部分叉胸花、单花主花胸花 ········· 109
　　实践训练9　头箍式头花制作实训 ························· 111
　　实践训练10　瀑布形新娘捧花插作实训 ··················· 112
　　实践训练11　合成花捧花制作实训 ························· 113
　　实践训练12　半球形丝带花制作实训 ····················· 114
　　实践训练13　法国结丝带花制作实训 ····················· 115
　　思考题 ··· 118

2.3 典礼花卉装饰 ·· 119
　　2.3.1 节庆典礼花卉装饰的表现技巧 ······················· 120
　　2.3.2 典礼花卉装饰花带、剪彩花球、讲台花饰的制作技巧 ········· 122
　　实践训练14　典礼花带插作实训 ···························· 124
　　实践训练15　剪彩花球插作实训 ···························· 125
　　实践训练16　讲台花饰插作实训 ···························· 125
　　思考题 ··· 127

2.4 丧礼花卉装饰 ·· 128
　　2.4.1 丧礼布置要点 ·· 129
　　2.4.2 丧礼花卉装饰的基本形式 ····························· 130
　　2.4.3 花圈、祭祀用花的制作技巧 ·························· 132
　　实践训练17　花圈制作实训 ································· 133

实践训练18　十字架祭祀用花插作实训 …………………………………… 134
　　思考题 ……………………………………………………………………………… 136

单元 3　室内花卉装饰

3.1　居家花卉装饰 …………………………………………………………… 144
　　3.1.1　居家花卉装饰的基本形式 ……………………………………………… 145
　　3.1.2　居家花卉装饰布置要点 ………………………………………………… 146
　　3.1.3　插花的构图原理及造型法则 …………………………………………… 150
　　3.1.4　四式六形艺术插花的制作技巧 ………………………………………… 156
　　实践训练19　开放式圆形艺术插花实训 ……………………………………… 161
　　实践训练20　直立式L形艺术插花实训 ……………………………………… 162
　　实践训练21　倾斜式不等边三角形艺术插花实训 …………………………… 163
　　实践训练22　悬崖式S形艺术插花实训 ……………………………………… 164
　　实践训练23　半球形艺术插花实训 …………………………………………… 165
　　实践训练24　平卧式不等边三角形艺术插花实训 …………………………… 166
　　实践训练25　圆锥形艺术插花实训 …………………………………………… 167
　　实践训练26　对称式放射形艺术插花实训 …………………………………… 168
　　思考题 ……………………………………………………………………………… 170

3.2　宾馆花卉装饰 …………………………………………………………… 171
　　3.2.1　插花的步骤 ……………………………………………………………… 172
　　3.2.2　中国传统插花与日本插花的基本造型及风格特点 …………………… 180
　　3.2.3　宾馆花卉装饰布置要点及基本形式 …………………………………… 193
　　3.2.4　东方式插花作品与中西式餐桌花的表现技巧 ………………………… 195
　　实践训练27　东方式篮花插作实训 …………………………………………… 199
　　实践训练28　东方式盆花插作实训 …………………………………………… 200
　　实践训练29　东方式瓶花插作实训 …………………………………………… 201
　　实践训练30　中式餐桌花插作实训 …………………………………………… 202
　　实践训练31　西式餐桌花插作实训 …………………………………………… 202
　　思考题 ……………………………………………………………………………… 204

3.3　商业花卉装饰 …………………………………………………………… 205
　　3.3.1　商业花卉装饰的基本形式 ……………………………………………… 206
　　3.3.2　商业花卉装饰布置要点 ………………………………………………… 206
　　3.3.3　插花礼盒、商品花饰的制作技巧 ……………………………………… 207
　　实践训练32　插花礼盒插作实训 ……………………………………………… 208
　　实践训练33　商品花饰插作实训 ……………………………………………… 209
　　思考题 ……………………………………………………………………………… 210

3.4　公务花卉装饰 …………………………………………………………… 211

3.4.1 学习插花的方法 ································· 212
3.4.2 公务花卉装饰的基本形式 ······················· 215
3.4.3 公务花卉装饰布置要点 ························· 215
3.4.4 图案造型花艺设计（毕德迈尔设计） ············· 217
实践训练34 毕德迈尔设计作品插作实训 ············· 219
思考题 ··· 220

单元 4 室外花卉装饰

4.1 庭园花卉装饰 ··· 222
4.1.1 庭园花卉装饰布置要点 ························· 223
4.1.2 庭园花卉装饰的基本形式 ······················· 223
4.1.3 组合盆栽、水培花卉的制作技巧 ················· 225
实践训练35 组合盆栽制作实训 ····················· 227
实践训练36 水培花卉实训 ························· 228
思考题 ··· 229

4.2 街头花卉装饰 ··· 230
4.2.1 街头花卉装饰布置要点 ························· 231
4.2.2 街头花卉装饰的基本形式 ······················· 232
4.2.3 花坛、花境与悬挂花饰的设计及施工 ············· 234
实践训练37 "五一"节日庆典花坛设计实训 ········· 245
实践训练38 花境设计实训 ························· 245
实践训练39 悬挂花饰制作实训 ····················· 246
思考题 ··· 247

单元 5 主题花卉装饰

5.1 专题花卉装饰 ··· 249
5.1.1 主题花卉装饰布置要点 ························· 250
5.1.2 主题花卉装饰的基本形式 ······················· 250
5.1.3 立体花坛的设计与制作 ························· 251
5.1.4 立体花坛的技术要求 ··························· 252
实践训练40 立体花坛制作实训 ····················· 254
思考题 ··· 256

5.2 展览花卉装饰 ··· 257
5.2.1 展览花卉装饰布置要点 ························· 258
5.2.2 花艺设计的概念和风格特点 ····················· 259
5.2.3 花艺设计的表现技巧与基本形式 ················· 265

实践训练41　架构花艺作品设计实训 …………………………………………… 277
　　实践训练42　组群花艺作品设计实训 …………………………………………… 278
　　实践训练43　支架花艺作品设计实训 …………………………………………… 279
　　实践训练44　直立式平行线花艺作品设计实训 ………………………………… 280
　　实践训练45　交叉线花艺作品设计实训 ………………………………………… 281
　　思考题 ………………………………………………………………………………… 283
主要参考文献 ……………………………………………………………………………… 284

实践训练目录

实践训练1	平面构成作品制作	36
实践训练2	立体构成作品制作	37
实践训练3	分组模拟开店并虚拟经营	70
实践训练4	蔬果花篮插作实训	88
实践训练5	扇形花篮插作实训	89
实践训练6	双纸衬底单面观花束插作实训	90
实践训练7	螺旋式花束插作实训	91
实践训练8	胸花制作实训——尾部分叉胸花、单花主花胸花	109
实践训练9	头箍式头花制作实训	111
实践训练10	瀑布形新娘捧花插作实训	112
实践训练11	合成花捧花制作实训	113
实践训练12	半球形丝带花制作实训	114
实践训练13	法国结丝带花制作实训	115
实践训练14	典礼花带插作实训	124
实践训练15	剪彩花球插作实训	125
实践训练16	讲台花饰插作实训	125
实践训练17	花圈制作实训	133
实践训练18	十字架祭祀用花插作实训	134
实践训练19	开放式圆形艺术插花实训	161
实践训练20	直立式L形艺术插花实训	162
实践训练21	倾斜式不等边三角形艺术插花实训	163
实践训练22	悬崖式S形艺术插花实训	164
实践训练23	半球形艺术插花实训	165
实践训练24	平卧式不等边三角形艺术插花实训	166
实践训练25	圆锥形艺术插花实训	167
实践训练26	对称式放射形艺术插花实训	168
实践训练27	东方式篮花插作实训	199
实践训练28	东方式盆花插作实训	200
实践训练29	东方式瓶花插作实训	201
实践训练30	中式餐桌花插作实训	202
实践训练31	西式餐桌花插作实训	202
实践训练32	插花礼盒插作实训	208
实践训练33	商品花饰插作实训	209

实践训练34 毕德迈尔设计作品插作实训 ·············· 219
实践训练35 组合盆栽制作实训 ·············· 227
实践训练36 水培花卉实训 ·············· 228
实践训练37 "五一"节日庆典花坛设计实训 ·············· 245
实践训练38 花境设计实训 ·············· 245
实践训练39 悬挂花饰制作实训 ·············· 246
实践训练40 立体花坛制作实训 ·············· 254
实践训练41 架构花艺作品设计实训 ·············· 277
实践训练42 组群花艺作品设计实训 ·············· 278
实践训练43 支架花艺作品设计实训 ·············· 279
实践训练44 直立式平行线花艺作品设计实训 ·············· 280
实践训练45 交叉线花艺作品设计实训 ·············· 281

花卉装饰与经营管理基础

教学目标 ☞

终极目标

初步会经营管理花店以及小型花艺环境设计公司。

促成目标

当你顺利完成本单元的学习后,你能够:

1. 明确开花店(花艺环境设计公司)的步骤、方法。
2. 了解花店(花艺环境设计公司)的经营业务和技巧。
3. 了解花卉装饰的概念、特点、作用、分类,掌握花卉装饰的形式。
4. 掌握花卉装饰设计的原则。
5. 掌握造型设计要素以及三大构成原理在花卉装饰中的应用。

工作任务

1. 花卉装饰经营。
2. 花卉装饰管理。

1.1 花卉装饰与经营入门

【教学目标】

1. 了解开设花店的准备工作。
2. 了解花卉装饰的概念、特点、分类,掌握花卉装饰的形式。
3. 掌握造型设计要素以及三大构成原理在花卉装饰中的应用。

【技能要求】

会运用造型设计要素以及三大构成原理制作构成作品。

案例导入

小丽从小就喜欢花卉,有时还模仿花店的插花样子DIY。她的志向就是能开一家花店,既能天天做自己喜欢的事,又能自己养活自己。于是她利用自家的门面房开了一家鲜花花店,取名小丽花店,又在劳务市场请了一个伙计,但最终没过三个月就关门了,损失了3万元。

分组讨论:

1. 列出4个花店关门的原因。

序 号	原　因	自我评价
1		
2		
3		
4		
备 注	自我评价按准确★、基本准确▲、不准确●的符号填入	

2. 如果你是小丽,你会怎么做?

我认为正确的做法:

1.1.1 开店前的准备

随着人民生活水平的不断提高,鲜花已经成为一种商品走入了千家万户。插花艺术作品源于自然,高于自然,融自然、生活、审美为一体,拥有越来越广泛的群众基础。用鲜花烘托气氛、装饰礼仪、馈赠亲友已经成为现代人的生活时尚,经营花店具有广阔的发展前景。

花店经营具有占地少、资金周转快等特点。了解和掌握一些花店经营与管理的知识,可以在经营花店的过程中,少走弯路,提高效率,避免盲目性开设花店。一般应先进行市场调查,分析开店的可行性;资金、场地的落实,经营人员招聘;联系进货的渠道、购买工具和办理各种手续等。

1. 开花店的前期准备

> **知识储备**
>
> **花店的类型**
>
> 花店根据经营花材的性质一般可以分为鲜花店、盆花店、干花店等。但多数花店以经营鲜花为主,兼营干花及盆花。鲜花店在我国的再度兴起只有20年左右的历史,鲜切花的消费主要集中于城市。
>
> 花店根据经营规模和内容可以分为小型花店、花艺工作室、大型花店、复合式花店。小型花店一般是小本经营,店主常常是集老板、员工于一身,其中很多是夫妻店、兄弟店,充分利用了亲人好创业的优势。花艺工作室一般是店主有花艺设计的特长,靠技术、信誉和老客户经营,往往没有店面。人力、固定成本的投入对比较低,常常是花艺设计师单枪匹马打天下。大型花店是经过多年经营,已有了相对大的店面,有20位以上的员工和专门的花艺设计师,技术成熟,有一批较稳定的客户资源。在财务、人事管理上已有系统的规章制度,并较多地采用计算机现代化管理。复合式花店是指把经营花卉与经营工艺品、服装等其他门类的内容放在一起,多种经营。这种花店要求在分区、管理上更周密、更详尽。不同的经营内容针对不同的客户需求。复合式花店的投资相对要大些,但可以利用多种经营,花店部分的利润压力较单一的花店也要小些。

(1)花店的选址

一般在开设花店之前,先了解当地的总体消费水平、已经开设的花店的经营现状、人们的鲜花消费意识等社会、经济、消费状况,这对花店经营的方式和经营目标的决定起着重要的作用。具体有以下几种方法:

现场调查 列表将花店开设区域居民的总体数量、职业结构、文化水平、生活习惯、消费状况、交通情况和客流量等进行统计,分析居民对鲜花的购买能力及消费水平。走访当地居民,了解鲜花的消费情况(多通过亲朋好友来进行),如鲜花的使用习惯、能够接受的价格、常用到的种类、使用的形式等,估计鲜花的销售情况。对当地的鲜花进货渠道进行了解,估算进货成本与销售价格能否被当地人接受。通过现场调查材料的搜集、分析花店开设的可行性。

深入了解已经开设花店的经营状况 了解已经开设的花店的经营状况,可以将竞争机制引入花店经营管理,也可以借助多家花店经营的规模效应(群体效应)的优势,促进鲜花的销售。一般要了解花店的经营面积、商品的种类、陈列的方式、员工状况、制作水平和价格等。了解销售主要对象的年龄结构、文化层次、购买人数、主要购买对象、购买时

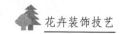

段等。通过分析这些因素，做到扬长避短，在经营过程中取得优势。

选址要选人流量大的地方，或者选择成"市"的地方，比如花店一条街、花卉市场等。选址还要考虑要有停车的地方，一方面是方便有车的顾客开车前来买花，另一方面是为了布置婚车的需要；或者选择医院旁边，为探视病人买花提供方便；或者选择大商场或者大卖场，主要是为家庭装饰用花服务，这类花店一般经营干花和人造花。多选择房租便宜的地方，尤其要注意分析的是铺面租金与鲜花可能的销售利润之间的关系，比如：铺面租金每月3000元，每天利润必须超过100元才能补够房租。分析销售利润的下限与平均状况的可能性。

花店的定位　了解以上基本材料，就可以明确花店的规模、主要服务对象和经营方式。不同地段花店的经营方式不同。闹市开店，以流动人群为经营对象，可以经营一些制作精美、便于携带的插花作品，如花篮、中小型插花作品。闹市商家、企事业单位和各种庆典喜庆活动多，应有针对性地提供庆典花篮和会议布置服务。居民区开店以鲜花装饰居家为主，可以按住户的要求制作一些个性化主题作品，满足居民对鲜花的要求，也可以准备多种花材，多种艺术插花形式供居民选购。节日、家庭庆典和纪念日活动的用花也是花店经营的重要内容，配备好图片资料让顾客挑选满意的款式上门服务。医院附近开设花店以探视病人的人群为主，主要提供花篮、果篮和营养品，因此推出适合医院用的插花作品是销售的主要内容，除探视用插花作品外，提供丧用鲜花圈、鲜花篮等丧葬插花作品也可以成为花店的服务项目。

（2）确定经营规模与范围

铺面大小及经营范围　花店可大可小，经营内容可简可繁，必须与当地的具体状况、消费水平、消费习惯等多种因素紧密联系。在花店经营过程中，能兼营宾馆、饭店或会议等单位的插花工作，做到小铺面、大市场更有利于花店的经营与发展。在鲜花消费量小的地区，花店的经营可以兼营人造花、干花、花器、花艺制品、插花工具、插花配件等，来丰富花店的经营内容。

中型花店对开设资金的要求并不太高，一般要考虑租店面的房租、店面装修费、进货费和宣传费用等。房租在各项费用中所占比重较大，因所在位置、面积大小而不同。开设花店应选择同一地段房租相对较便宜的铺面，装修费用不宜过高，简洁明快、大方美观、有利展示花卉美的形式即可。进货保证金一般3000～8000元，在这些资金中，大部分用于购进花材（鲜切花、绢花、干花、仿真花、盆花等），小部分用于购置器具（花器、插花用工具、包装材料等）。另外，花店还必须有一定的备用金，以应付花店日常经营过程中的各种费用开销，如水电费、工商管理费、税费、工费、补充进货费等，一般要占用资金2000～4000元。这样算一算，一个中型花店如果首期房租付款为1万元，那么开店资金要2万～3.2万元。小型花店开店所占用资金可以少一些。大型花店所占用资金较大，应该考虑更多的因素。

铺面的准备　铺面是花店经营的场所，大小、位置与花店的经营好坏有紧密联系，必须认真挑选。一般花店经营铺面可根据所在地花卉消费的具体情况来决定，消费水平高、消费量大的铺面宜大，消费水平低、消费量小的铺面宜小。花店经营铺面可在5～40m²，铺面的大小与铺面的租金有关，与经营成本紧密联系。另外，店内应该具有上下水、电、电话条件，且通风良好，才有利于鲜花经营的特殊要求。铺面的位置比较重要，关系到花店经营的好坏。在充分考虑各种因素的前提下，选择适宜的铺面并与房主签订书面的租房合同。

（3）花店的申办程序及相关手续

花店作为一个经营实体，必须经工商行政部门、税务部门、劳动部门的审核批准，还必须到银行开设经营账户。首先，依法按照工商管理部门的要求，到当地工商管理部门办理营业执照。一般需要提交申请书、经营场所的产权证明、租赁手续等有关法律文件，以及法定代表人身份证明、工作状况、从业资格证书、所开花店的验资证明（有的地区规定投资规模小于1万元的不必提交）等文件，填写工商部门的有关表格，交纳一定的费用，即可等待工商管理部门的批复。没有营业执照不能开业。在营业执照办好后，带营业执照的副本和其他相关文件到当地税务部门办理税务登记，并按期交纳税费。具体程序按照相关部门的规定办理，也可到政府服务窗口办理一条龙服务，以简化相应手续，加快办理流程。

> **特别提示**
>
> 租房合同应该写明的内容：
> 1. 甲方（出租方）、乙方（承租方）的姓名（甲方是单位的必须写明单位的全称）。
> 2. 所租房屋的地址及面积。
> 3. 租房期限、起止日期。
> 4. 租金总额、付款方式。
> 5. 租赁期间的水、电、通讯、卫生等费用的交纳约定。
> 6. 双方的违约责任。

2. 花店的材料准备

开设花开店所用的工具与插花常用的工具相同，即刀子、剪刀、钳子、细铁丝、线绳、胶带、喷壶、剔刺钳、水桶等。

货源准备是花店开设的重要环节，货源可以是鲜切花、人造花、盆栽植物、花器和辅助材料（花泥、剑山、包装纸、丝带、卡片和卡片夹）等。为降低进货的成本，在开店之前应该充分地了解各种材料在当地的品质和价格情况。花店开业初期，通常销售量不大，应该多在本地批发市场找货源，这样进货的价格可能相对较高，但可以先看货，进满意的货且容易控制数量。当花店开设积累了一定的经验，销售量较大时，可以通过有关的报刊或互联网站，了解相关的信息，选择较远的批发商或是直接与鲜切花原产地厂家订货。目前，在我国昆明、广州、上海等地都有比较大的鲜切花种植和批发基地，长年提供各种鲜切花。这样可以降低鲜切花的成本，在价格竞争中占优势，同时还可以减少鲜切花进货环节，相对保证鲜切花的新鲜感，有利于花店的经营。如从昆明发花到全国各地，只要是通航班的城市，当天发货当天就可以抵达。对于盆花，只要有温室的苗圃都能全年批发盆花，较鲜切花容易进货和管理。人造花的保存较长，经营方式与鲜切花相似，较容易进货和管理。

3. 花店的人员准备

在市场调查的基础上确定花店的经营方向、规模和经营形式后，就可以确定花店的经营人员。小型、中型花店资金少，营业时间长，进花、销售、送花都需要安排人员，一般需要2～3人才能满足花店经营的需要。

中小型花店的经营者要对花店的花艺制作等业务有较好的了解，在经营过程中最好保证花店有人具备花艺制作的能力。可以既当老板又当服务员，减少花店的人员开销，适合于资金较少的经营者。花店的经营效益与店内花艺制作人员的专业技术能力、营销能力有很大的关系。插花技艺高超，艺术效果好，作品的应变力、感染力强，能使花店在激烈的竞争中取胜。花艺制作人员的营销能力强，能与顾客良好地进行沟通、交朋友，能赢得顾客的信任，争取到更多的客源和销售更多的插花艺术作品。

一般花店需要设置以下岗位：进货及存货、营销、插花制作、送货、清洁、账目财务。可以一人一岗，但大多数花店是一人身兼数职。

在花店的经营过程中，承接大宗业务，获得较好的利润是很重要的。如公司的开业庆典、婚礼、会场布置、葬礼等，这些业务一般需要上门服务，且人手要求多，就需要经营者有较高的组织召集帮工的能力，临时性地增加人员。

在花店的开设过程中，进货和销售环节随意性大，每天每时同一种花材、同一个花艺作品价格都会产生波动，在经营上有其特殊性。经营人员的准备是很关键的。多数中小型花店以夫妻开店或是与亲朋好友开店。需要雇员时，应该注意了解雇员的能力、个性、思想品德状况，经常与雇员交流思想，明确规章制度、奖惩办法，充分调动雇员的工作积极性。

4. 其他方面的准备

花店经营在铺面、营业人员、供货、销售等环节准备好后，还需要做好以下几个方面的工作。

给花店取名 每个花店都要有自己的名字，花店的取名一般都要突出花店的特色，多用鲜花的名字来取名，如康乃馨鲜花店、百花园鲜花店、满天星鲜花店等。可以花店所在街道的名字来命名或是所在位置的标志物来命名，以突出花店的方位，让顾客能一看就能了解花店的位置。也可以以经营者的个性和经营特点来命名花店，突出花店的经营特色，还可以用鲜花的一些特性来给花店取名，突出鲜花给人的自然、艳丽或亲切的感受，如缤纷花艺鲜花店、野趣鲜花店、芬芳鲜花店等。花店有个好听的字便于顾客记忆和反映经营的特色，但要注意不应与其他花店同名和同音名。

做好促销宣传准备 花店经营的促销宣传对扩大知名度和促进销售有很大的作用。应该根据自己的实际情况选择效果较好的宣传方式。电视、报刊和广播等媒体广告花费大，但影响大、覆盖面广；灯箱广告、卡片广告等形式也能提高花店的知名度，促进销售。

图1-1 花店整体布置

花店的装修和布置 花店的装修和布置也很重要，要有特色和个性。根据经营范围和经营场地的情况进行整体店面的花艺布置，可以设计花店的标志色彩，也可以根据季节的变化变更展示的主题花卉，从而达到充分展示花店的花艺设计水平的目的（图1-1）。在整体布置的同时，也要注意对花艺商品的设计和摆放，商品设计既要新颖、别致，也要注意成本的控制来提高价格竞争力，这对以后的经营大有益处（图1-2）。

图1-2 花艺商品的设计和摆放

5. 开花店的心理准备

开花店前要预测花店的经营情景，考虑花店的经营风险，估计在经营过程中可能遇到的困难；进行市场情况调查，收集相关信息，再确定花店大小、规模及投资，决定经营目标，明确市场定位，把握服务范围和服务方向。这些就是开花店心理准备的主要内容。

任何经营活动都具有风险，从投资开店准备时起，就必须树立强烈的风险意识，充分考虑来自各个方面的困难，从思想上做好克服困难的准备。

在竞争中取得优势 花店经营投资小、见效快、容易开设、参与人多、竞争强。在繁华的地段一般会出现很多的花店，怎样才能在激烈的市场竞争中取得优势，是摆在经营者面前的一个很重要的问题。要力求做到人无我有、人有我新、人新我特；要总结市场经营的得失，改进经营策略，不断适应市场；要树立品牌意识，力争能做到小铺面、大市场。

经营商品的特殊性 把鲜花作为主要经营商品的花店，特别要注意鲜花短暂的保鲜期这种极强的时间性。一方面要求花店有充足的货源，繁多的品种供客户挑选，另一方面又不能积压商品，以免造成耗损，增加成本。刚开业的花店，没有知名度，顾客较少，容易产生鲜花积压浪费，经营者一定要不断提高插花艺术水平，加强宣传促销，适应市场，经营者为此必须有充分的思想准备，度过经营初期这个艰难阶段。常言说"创业难"就是这个道理。不能一见赢利少或短时的亏损就盲目减少鲜花，降低插花作品的品位、质量，形成恶性循环导致停业。考虑经营商品的特殊性，要做到勤进货，每天或几天无论销售多少都应补充新的货源。经营过程中要分门别类地做好进货、储存和销售的记录，尽早把握有关规律。

社会经济状况、节日和气候、季节对其的影响 花卉不属于我国居民的必要开支消费品，只有在居民的衣食住行等生活必需品消费满足之后，才可能消费鲜花，因此花店经营与社会的经济发展紧密联系。花卉的消费在我国受节日影响大，一般逢节日均可产生销售高峰，所以应注意利用节日促销产品。另外，鲜花的生产过程在一定程度上受气候、季节的影响，花店经营应考虑这些因素。作为经营者应该对这些因素有心理准备。

经营活动琐事多 花店经营过程中，进货、销售、储存各个步骤紧密联系，环环相扣，一个环节的脱节，可能影响整个经营活动。经营中要注意以下几点：

1）勤进货。鲜花的储存时间短，为保持花材的新鲜，应该做到少量多次、多渠道购进花材。
2）真诚销售。大多数顾客对鲜花和鲜花制品了解较少，在销售过程中应真诚帮助顾客挑选适合的鲜花制品，让不同阶层的顾客满意。
3）鲜花材料的存放、修剪和整理繁琐，花材进货后必须认真地进行开扎、分选、修剪和养护。每个环节都要小心操作，避免损伤花材。
4）花店经营工作量大，进货、销售、管理等必须做到有条不紊，忙而不乱。经营花店要做好吃苦的思想准备。

1.1.2 花卉装饰概述

无论作为老板还是伙计都需要掌握花卉装饰技艺，只有了解和掌握了花卉装饰技艺并具有自己的独特性才能使自己的花店兴旺发达，因此必须了解花卉装饰的一些基本知识。

1. 花卉装饰的含义

凡具有一定观赏价值的，特别是花朵美丽、色彩鲜艳，以观花为主的草本及部分木本植物，统称为花卉。广义地讲，除观花以外，茎、叶、芽、果等具有观赏价值的植物，即观茎、观叶、观芽、观果植物，也列为花卉的范畴。"卉"原是指草本植物，但现在"花卉"的含义不仅包括可观赏的草本植物，同时也包括可观赏的盆栽木本植物、部分地栽观赏或供切花的木本植物，如蜡梅、桂花、梅花、牡丹、紫薇、银柳等。我们所说的花卉装饰中的花卉，是广义的，包括植物界中具有观赏价值的根、茎、叶、花、果的草本以及以观花为主的乔木、灌木、藤本及造型植物。

所谓花卉装饰，就是指根据功能和景观要求，以具有观赏价值的花卉植物材料为主，运用造型设计原理，采取一种或多种植物装饰手法，进行合理巧妙的设计布置，对室内外环境进行装饰美化。花卉装饰要达到科学性与艺术性、人造与自然环境的完美结合，为人们创造一个高雅、优美、和谐的境域，使之达到改善环境、净化环境，美化环境的作用。花卉装饰所采用的形式很广泛，可以是盆花、地栽花，也可以是鲜切花。

2. 花卉装饰的范畴

花卉装饰，是指凡是利用花卉植物或花卉植物的装饰品，运用艺术设计原理，对环境进行装饰美化的行为。所利用的材料必须是花卉植物的单体或组合体，或者是利用花卉植物进行创作以后的装饰作品，如艺术盆栽、插花作品等，然后根据所需装饰环境具体要求和条件，运用艺术设计原理进行再设计，达到装饰美化环境的作用（图1-3～图1-8）。

图1-3 用盆花布置的景点

图1-4 日本街头建筑物墙体的花卉装饰

图1-5 居家室内花卉装饰

图1-6 上海街头的模纹花坛

图1-7 庭院花卉装饰

图1-8 展厅花卉装饰

3. 花卉装饰与花文化

（1）赏花方式

要进行花卉装饰，必须了解花卉所特有的文化，以及赏花方式。

花卉以其艳丽的色彩、婀娜的姿态、甘甜的蜜汁、馥郁的芳香，给人类带来了五彩缤纷的世界。人们用花的颜色为生活增色添彩，用花的香味除气解郁。正因为如此，即使人类从鲜花遍野的森林来到钢筋混凝土的天地已经相当长久，但怎么也忘不了大自然所赐予的终日相伴的鲜花，于是千方百计用花卉来点缀家园，想方设法把自然引入生活。那么，为什么花卉具有如此的魅力呢？答案只有一个，那就是花卉的风姿、花卉的神韵、花卉的色彩、花卉的香味……一句话，是花卉的美。花之美概括为"色、香、姿、韵"四个字，这四个字巧妙地将花卉的自然意态之美表现出来。

花卉的色彩美　色彩，是花卉美的重要组成部分，它给人的美感最直接、最强烈，因而能给人以最难忘的印象。由于花卉的色彩能对人产生一定的心理作用，因而具有一定的感情象征意义。只要步入万紫千红的百花园，各种代表不同感情的花色就会竞相进入你的眼帘：有使人兴奋的，有使人平静的；有使人紧张的，也有使人松弛的；有的色彩组合能使人感觉华丽漂亮，有的则使人感觉朴素优雅。那明朗的色调，能使人感到愉快和舒畅，增加欢乐气氛；而灰暗的色调则使人压抑、郁闷，牵动人的愁思。由于视觉经验的不同，人们在看到一种花色时，往往会联想到与其相关的事物，影响人的情绪，产生不同的情感。例如：红色常常是同血与火相联，蕴藏着巨大的能量，充满活力，给人温暖，使人激动，使人兴奋，使人积极向上。

诚然，色彩的感情是一个复杂而又微妙

> **关键与要点**
>
> **黄色**——"一种愉快的、软绵绵的和迷人的颜色"（歌德）。黄色象征智慧，表现光明，带有至高无上的权威和宗教的神秘感。它还是丰满甜美之色。
>
> **蓝色**——一种忧郁、冷酷的颜色。往往与平静、寒冷、阴影相联系。它对西方人来说是意味着信仰；对中国人来说，则象征不朽。蓝色同时还带有严肃的表情。
>
> **绿色**——大自然最宁静的色彩。它使人联想起草地、树林，是生命、自由、和平与安静之色，给人以充实与希望之感。
>
> **橙色**——温暖而欢乐之色。这类色能使人联想到橘子、稻谷与美味的食品。带有力量、饱满、决心、胜利的感情色彩，甜蜜而亲切。
>
> **紫色**——神秘而沉闷之色。紫色在色相环上处于冷极和暖极之间，是一种虔诚和衰弱感。紫色在大自然中又是比较稀有的色彩，有高贵之感。

的问题，它不具有固定不变的因素，而是因人、因时、因地及情绪条件等不同而呈现差异。我国劳动人民习惯上将大红大绿看作吉祥如意的象征，每逢婚、喜、节日，都用红色致贺，因此，红色、橙色等感情炽烈的颜色在喜庆场合就特别受人喜欢；而文人雅士则大多喜欢清逸素雅的色彩，如将梅花中的"绿萼梅"、菊花中的"绿牡丹"等绿白色的品种视为高贵的上品。但总体说来，绝大多数人们喜欢色彩绚丽、色泽鲜艳的花色。

对整个植株来说，花朵的色彩是最美艳、最丰富的，因而花卉的色彩审美也将花朵作为主要的对象。那些具有文心诗眼的人们对花朵的色彩进行赞美，留下了许多千古赞咏。刘禹锡："桃红李白皆夸好，须得垂杨相发挥"，提到的即是桃、李的色彩；杨万里："谷深梅盛一万株，十顷雪波浮欲涨"，将梅花的色彩描述为雪一样洁白；范成大："雾雨胭脂照松竹，江南春风一枝足"，说岭上梅花红如胭脂；林逋："蓓蕾枝梢血点干，粉红腮颊露春寒"，说杏花花色似红靥；李商隐："花入金盆叶作尘。惟有绿荷红菡萏"，说荷花的叶绿花红……

花朵的色彩是极其丰富而又富于变化的。不同的花卉种类具有不同的色彩，如杜鹃的殷红、梨花的洁白、翠菊的蓝紫、翠微的雪青、墨菊的紫黑，等等。即使是同一种花种内不同品种的花色也足以构成一个"万紫千红"的世界，如具有一两万品种的月季花，或是具有数千个品种的菊花。即使同一品种，有的花瓣上还镶着金边、银边，有的同一花朵上镶嵌着不同的彩纹，这使得鹤望兰、美人蕉、菊花、月季、梅花、桃花、山茶等花卉中的一些品种显得特别美丽。另有清晨开白花、中午转桃红、傍晚变深红的"醉芙蓉"（木芙蓉的一个品种）；以及初开时为淡玫瑰红色或黄白色，后变为深红色的海仙花（*Weigela coraeensis*）等，这些同一花朵在不同时间变换花色的品种，是花卉装饰很好的选材。可以说，花朵的色彩是大自然中最为丰富的色彩来源之一，基本上可以囊括色相环中的每一色彩。

▍小知识：常见各色系花卉

红色系花 一串红、石蜡红、虞美人、石竹、半支莲、凤仙花、鸡冠花、一点缨、美人蕉、睡莲、牵牛、茑萝、石蒜、郁金香、大丽花、荷包牡丹、芍药、菊花、海棠花、桃花、杏花、梅花、樱花、蔷薇、玫瑰、贴梗海棠、石榴、红牡丹、山茶、杜鹃、锦带花、夹竹桃、合欢、紫薇、紫荆、榆叶梅、木棉、凤凰木、木本象牙红、扶桑等。

黄色系花 花菱草、七里黄、金鸡菊、金盏菊、蛇目菊、万寿菊、秋葵、向日葵、黄花唐菖蒲、黄睡莲、黄芍药、菊花、迎春、迎夏、云南黄馨、连翘、金钟花、黄木香、金桂、黄刺玫、黄蔷薇、棣棠、黄瑞香、黄牡丹、黄杜鹃、金茶花、金丝桃、蜡梅、金缕梅、珠兰、黄蝉、黄花夹竹桃、小檗、柏、云实等。

蓝色系花 鸢尾、勿忘草、美女樱、翠菊、矢车菊、葡萄风信子、凤眼莲、瓜叶菊、紫藤、紫丁香、紫玉兰、泡桐、八仙花、牡荆、醉鱼草、兰雪花、蓝花等。

白色系花 香雪球、半支莲、矮雪轮、石竹、矮牵牛、金鱼草、兰目菊、翠菊、月光花、白风信子、白百合、晚香玉、葱兰、郁金香、水仙、大丽花、荷花、白芍药、茉莉、白丁香、白牡丹、白茶花、山梅花、女贞、枸杞、白玉兰、广玉兰、白兰、珍珠梅、梨花、白鹃梅、白碧桃、白蔷薇、白玫瑰、白杜鹃、绣线菊、白花夹竹桃、络石、木绣球、琼花等。

花朵是主要的观赏器官之一，但也不能忽视枝叶的色彩。叶色是由叶片内的绿色叶绿素和黄色类胡萝卜素的相对比例决定的。一般来说，植物叶片的叶绿素含量占优势，因而植物的叶片大多是绿色的。绿色是植物界的基本色彩。"好花还须绿叶扶"，花朵固然是最为重要的，但花朵的色彩如果没有作为背景色的绿色衬托，那么要逊色得多。就绿色本身来讲，也有浓淡深浅之分，可表现出不同的表现效果。至于红叶李、红枫等色叶树种的叶色则更具美学意义，观赏价值也就更高了。叶色还会随季节的不同而呈现明显的变化，如山麻杆、石楠等的嫩叶在春季时呈鲜红色，羽毛枫在春季刚生长的新叶像美丽的花朵一样；到了深秋，霜染的树叶变成鲜艳的金黄、橙红……在四季之中，以鲜艳的红或黄来修饰树木将更为美丽，特别是颜色非常美丽的枫树类，那红色的叶子较绿色的叶子的色彩更让人心动，因而一直是人们所喜欢的庭院树木。彩色的叶子飞舞到绿色的草地上或水池里，那种飘动的姿势或浮动在水面上的情形，最能表现秋天的美景。无怪乎诗人们要发出"霜叶红于二月花"的赞叹。

苏轼："一年好景君须记，最是橙黄橘绿时"，可见，我们在领略花、叶的色彩美的同时，也决不能忘记果实的色彩。在自己庭院中栽培的果树，那累累硕果既具很高的食用价值，又有突出的美化价值，特别是果实的颜色，有着更高的观赏意义。如果实红色的火棘、樱桃、山楂、冬青、枸杞、桔、柿、石榴、南天竹、珊瑚树等；果实黄色的女贞、爬山虎、君迁子等；果实蓝紫色的紫珠、葡萄、十大功劳等；果实为白色的红瑞木、雪果等，不胜枚举。此外，有的果实具有花纹，而且由于光泽、透明度等的不同，有许多细微的变化，产生不同的观赏效果。

因此，花卉装饰所采用的材料不仅仅是花，还包括叶、果等在内的植物所有观赏部位。丰富的植物世界，只要有发现美的眼睛，具有运用装饰技术的能力，就能创造出源于自然而胜于自然的景致。

花卉的香味美 花卉的香味美往往难以言传，给人如梦似醉的美感。花的香气可以刺激人的嗅觉，从而给人带来一种无形的美感。最典型的例子是桂花，尽管它没有硕大的花朵或鲜艳的色彩，但从古至今，桂花一直是我国劳动人民公认的十大名花之一，原因就在于桂花盛开的时节，金粟万点，飘香溢芳，看花闻香，悦目怡情，给赏花者带来无尽的嗅觉美。"疑是广寒宫里种，一秋三度送天香"；"亭亭岩下桂，岁晚独芬芳"；"幽桂有芳根，青桂隐遥月"。纵观历代诗人的咏桂佳句，大多盛赞桂花的"天香"或"芬芳"。

乖小洁白的茉莉花，也以其清香赢得众人的喜爱。仲夏夜里，香味伴随着月光流泻飘忽，宛若舒伯特的小夜曲，沁人心脾，妙不可言。在香水引进之前，茉莉花一直是中国妇女的宠物：早晨梳妆既罢，便摘几朵沾露的茉莉插于发上；到了黄昏纳凉之时，又把茉莉花插在两鬓或佩在襟前。再加上床上挂的，案几上摆的，香随人转，朝夕萦绕，提神醒脑，炎暑顿消。难怪有人要说："一卉能薰一室香"。

象征富贵吉祥、繁荣昌盛的瑞香花，显得更加优雅高尚。它盛开的时候刚好在元旦和春节之间，只要有一盆安置厅堂之上，便可使满室生香。因此，它赢得了诸多芳名，如"瑞兰"、"野梦花"、"夺香花"、"千里香"等，宋《清异录》则称其为睡香和瑞香。缘其蕴含有瑞气生香、新春迹象之意，因此，称其"瑞香"是最为恰切不过的了。

在众香国里，最受文人雅士推崇的要数兰花的幽香了，清雅、纯正、袭远、持久，号称"香祖"、"王者之香"。人们对其他花香或许各有偏爱，唯独兰花是全世界共同爱好的香型。据有关报道，许多花香都可以合成，唯独兰花难以仿效。有位美学家叙述了一个饶有风味的见闻，在公园的兰花展览会上，曾见到三个老人闭目静立，神态庄重，仿佛在等待一个重要时刻。"来了！来了！"他们突然惊呼起来，同时深深地呼吸着，原来他们在恭候兰香，有如青年人期待恋人一般。人们在了解兰花的散发特点时了解到，它一不定时，二不定向，三不定量，像"幽灵"一样飘忽不定，难以捉摸，故称"幽香"。"兰香不可近闻"，妙就妙在若有若无，似远忽近之间。"坐久不知香在室，推窗时有蝶飞来"，正是说明了兰香的一种特色。

从上面的例子中不难看出，花香有不同的类型，而且不同的香型所带来的美感也有不同的。例如，梅花的清香，含笑的浓香，桂花的甜香，兰花的幽香，以及别具一格的玫瑰花香、松针香气等。清香可怡情，浓烈则醉人，桂花的甜香或许能引起你深沉而甜美的回忆……

花卉的姿态美 花朵开放得鲜艳夺目，香气浓郁，固然令人赞美，但"花开有时，花落有期"，乃自然规律。清代松年《颐园论画》中说："花以形势为第一，得其形势，自然生动活泼"。此语虽是论画中花卉，可对于自然花卉的审美亦同样适用。自然的花卉，纵有丽色情香，而无妍姿美态，便少风韵神志；若姿态美妙，娉婷婀娜，纵少色香，其韵亦自生。你看那室内最普通的盆栽观叶植物吊兰，花色、花香虽欠，但它根叶似兰，肉质青翠，花茎奇特，横生倒偃，悬空凭虚；那色碧绿、枝叶重叠的文竹，又是如此的纤秀文雅；而婵娟挺秀的数竿秀竹，虽然不艳不香，但其刚直的竹竿、飘逸的枝叶、摇曳的竹影，因不失潇洒清雅之致，而博得千古雅士的赞美。可见，花卉的姿态美是花卉审美中的一个重要的因素。

就花木的自然形态来看，木本花木中有似亭亭华盖的龙爪槐、卵圆形的球桧、圆锥形的雪松、柱形的铅笔柏、匍匐形的铺地柏，以及独特的棕榈形、芭蕉形，不同的树种乃至品种都有不同的树形；草本花卉的株形就更为秀美，如吊兰、文竹，虞美人是那纤秀的植株，轻盈的花姿，迎风轻舞，分外妖娆，也相当动人，故人们不仅叫它虞美人，还给了它一个"舞草"的雅号。

花木的叶片形状更是千变万化，难以言状。仅以大小而论，大者如巴西棕的叶片长度可达20m以上，小者如侧柏等的鳞叶仅长几毫米。可以说，在自然界中是找不到两片完全相同的叶子的。而且有些花木的叶形还相当奇特，如洒金榕的叶形就千变万化，有似狮耳的广叶种，像鸭脚的，如牛舌的长叶种，像蜂腰的飞叶种等，故而又称"变叶木"。蓬莱蕉的叶形孔裂纹状极像龟背，因而亦叫龟背竹。这些都是观赏价值极高的观叶植物。

花卉的花、果的形状更为奇异，如鹤望兰橙黄的花萼、深蓝的花瓣、洁白的柱头、红紫的花苞，整个花絮宛似仙鹤的头部，因而得名鹤望兰，又称极乐世界的极乐鸟花；珙桐花序下的两片白色大苞片宛似白鸽展翅，花盛时犹如满树群鸽栖息，被称为"中国鸽子树"；琼花的花序由两种花组成，中间为两性小花，周围是八朵大型的白色不孕花，盛花之际，微风轻拂，似群蝶戏珠仙姿卓越；仙客来的花瓣反卷似兔耳；拖鞋兰的花瓣形似拖鞋；荷包花的花冠状如荷包；虾夷花的花冠酷似龙虾，等等。还有花木的果实形状，如佛手的果实或裂纹如拳形，或裂开成纸状；槐树的果实如佛珠成串；秤锤树的果实似秤锤下垂；文旦的果实硕大无比，等等，这些均非常美丽。

就花木的枝势来看，一般的枝条均是直升斜出的，而龙爪槐、垂柳、照水梅、垂枝桃等的枝条却是下垂的，甚至还有枝条自然扭曲的龙游梅和龙爪柳等种类。可以说花木的姿势中横、斜、曲、直、垂悬倒挂，无所不有。各种姿形各俱其美。横姿恬静闲适，斜姿潇洒豪放，曲姿柔和婉约，直姿庄重威严，垂悬姿轻柔飘逸。其中斜姿曲势还带有流动感，使花卉于静态之中显出动态美，从而更赋昂然生机。在形义上，花卉又有俯、仰、侧、卧、顾、盼、拜、醉、舞、跃等态。俯者如羞，仰者似歌，侧者像在掩口窃笑，卧者恍若高枕无忧，顾者仿佛蓦然回首，盼者如倚门而望，拜者谦恭姿态可拘，醉者如欲倒又立，舞者飘然若仙，跃者当空而止。花卉的这种风姿仪态在风中、雨后显得更为生动；"弱柳从风疑举袂，丛兰浥露似沾巾""夹道万竿成绿海，风来凤尾罗拜忙""翠叶纷披花满枝，风前袅袅学低垂"……这些形象的写照，读之历历在目，情态宛然。

至于经过人工剪扎形成的植物盆景（图1-9），或是通过艺术构图而产生的插花作品（图1-10），则更是巧夺天工，艺术味更浓，美学意义更强烈。对作为大自然色彩主要的源泉的植物进行人工造型，不同于以石头、青铜、不锈钢等无生命的硬质材料为对象的雕刻艺术；花木造型以有生命的活植物为创作对象，从而克服雕塑在环境和色彩方面的局限性，以真实的生命塑造出活的艺术品，给人们带来丰富的美的感受，因而被誉为"生命的雕塑"、"绿色的艺术"。

（2）花卉与节日民俗

春节与年花　春节是我国民间最古老而隆重的传统节日，因此人们最重视用花卉来装饰厅堂，增添节日喜庆的气氛。在我国广大地区，由于这一季节开放的鲜花种类并不多，因此，习惯上主要用花期在春节前后开放的春梅、蜡梅、水仙来点缀家庭，其中水仙是我国民间最为流行的年花。它花色素洁，清香宜人，清供几案，十分典雅。只要提前一个月雕刻水养，便可如期在春天开放。

图1-9　盆景作品

随着花卉园艺事业的发展，人们已经可以人为地控制花期，使许多艳丽的花卉种类在春节供应市场了。近些年来，在上海、广州、南京、北京的春节花店里，照样有菊花、唐菖蒲、月季、康乃馨等美丽的鲜花出售，价格虽比平日高出不少，但十分畅销，说明人们对年花更为重视和讲究了。

端午节与花草　农历五月初五的端午节，又名端阳节，它与春节、中秋一样，是我国民间最为隆重的三大节日之一，至今仍为大多数人所重视。不仅吃粽子是人们过端午节特有的风俗，而且据《荆楚岁时记》载，南北朝以前就有于端午节插艾蒿的习惯。人

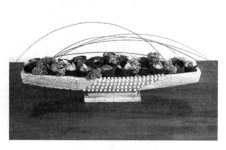

图1-10　插花作品

们把艾蒿和菖蒲插在门前，或放在窗边、灶旁、水缸边等，以驱除邪气。与此同时，人们还用丁香、木香、白芷等草药装在香袋内，悬挂在身上。这些做法初看起来近乎好笑，可实际上具有防病功能。因为艾蒿含有挥发性芳香油、树脂等成分，有杀虫、驱寒、祛湿等作用；菖蒲含芳香油、树脂和挥发性油，有驱秽、灭菌、杀虫等作用；它们与丁香等药物均有利于预防一些传染病。

古时端午节还有斗百草的习俗，即在这一天到郊外去踏青时，采集各种花草标本，然后进行比赛，看谁采集的品种多、花草奇，谁就获胜。

中秋节赏桂 中秋节又名中秋节，是中国的主要节日之一。每届中秋月明之时，一树树桂花相继开放，送来了天香芬芳。由于桂花以香为胜只需鼻闻，这使得夜间赏桂成为可能，因此中秋的桂花和明月，就成为团圆之夜欣赏的极好对象。在这花好月圆之际，在皎洁的明月，甜蜜的桂花香下，佐以桂花酒、桂花茶、桂花月饼等美味食品，追寻"嫦娥奔月"、"吴刚伐桂"的优美传说，这迷人的氛围颇不一般，故从来就是人们心中向往的良辰美景。可见，中秋节品赏桂花确实是一项别具情趣的花卉风俗。

重阳节插茱萸与赏菊 "茱萸为辟邪翁，菊花为延寿客，故九日假此二物，以消阳九之厄。"茱萸能辟邪，菊花能延寿，而且这两种花木的果期、花期又恰于重阳节相遇，故人们在过重阳节时，都喜欢采集茱萸之果和菊之花朵以度节。

茱萸是山茱萸科的一种植物，常在园林中栽培观赏，如扬州的茱萸湾公园就是因古时候遍植山茱萸而得名的。茱萸更是我国特产的名贵药材，具有浓烈的香味，有驱蚊杀虫的功

表1-1 中国传统的节日用花

节日	日期	用花品种	寓意
清明节	查阅当年日历	白菊花、柳枝、桃花	表示对逝者的悼念哀思
端午节	农历五月初五	菖蒲、艾蒿	驱虫避邪
中秋节	农历八月十五	桂花	
重阳节	农历九月初九	菊花	老人节，登高，秋高气爽
冬至	查阅当年日历	柏枝	象征冬季的到来
春节	农历正月初一	银柳、蜡梅、水仙、南天竹	喜迎新春佳节

能，所以人们常在重阳节配茱萸，认为能驱邪避恶。汉朝时将茱萸切碎装在香袋里佩戴，晋朝以后改将茱萸插在头上了。

古人不但将茱萸用来佩戴，还用来驱除蚊虫。《辽史·礼志》就载有将茱萸泡酒，洒在门户周围以会禳的习俗。而王维《辋川集·茱萸沜》诗曰："结实红且绿，复如花更开。山中傥留客，置此茱萸杯"，说明还可以用茱萸果实泡酒来饮用。

菊花正逢农历九月开放，又为我国传统的名花，便很自然地与重阳节结下了不解之缘，日久月长，重阳节赏菊成为习俗。提起赏菊的历史，人们首先会想到不为五斗米折腰的田园诗人陶渊明。他在辞去彭泽县令后，以种菊、采菊、赏菊、咏菊为乐，因此，他的"采菊东篱下，悠然见南山"便成为咏菊的名句。唐朝时，人们于重阳节赏菊的风气已受到普遍的重视，且留下很多赏菊的名篇。宋朝还有"九月重阳，都下赏菊"的记载，说明那时已有专门的菊圃供人玩赏。重阳赏菊之风至今仍盛，每逢秋菊开放之际，各地举办隆重的菊花展览，其品种之多、规模之大、花事之盛，是历史上任何赏菊聚会所无法比拟的。

（3）花语及代表花

"以花拟人"，把花"人格化"、"象征化"后，花所代表的含义、表达的语言就是花语。花的寓意因民族、文化、宗教、地域不同而有所差别。了解东西方习俗中花卉的象征意义，有助于正确地选择花材，借花寓意，准确地表现作品的主题，避免因用花不当而产生误解。

> **小知识：东方国家部分花语**
>
> 竹：高风亮节，坚贞不屈，象征智慧和谦虚
> 兰：洁身自爱，象征忠诚、崇高的友谊
> 菊：不畏风霜，独立寒秋，象征孤傲不惧
> 荷花：出淤泥而不染，象征纯洁和崇高
> 牡丹：花朵硕大、艳丽，象征富贵兴旺
> 桃花：表现时来运转，好运将至
> 梅花：傲霜斗雪，不畏严寒，象征坚韧不拔的精神
> 松树：苍劲古雅，象征老人的智慧和长寿，名士的高风亮节
> 百合花：纯洁，团结友爱，百年好合
> 石榴：子孙满堂
> 石竹：谦逊
> 万年青：情深谊长
> 康乃馨：母爱
> 红山茶：天生丽质
> 白山茶：坚贞的爱
> 红玫瑰：恋爱
> 黄玫瑰：胜利
>
> 金鱼草：愉快
> 大丽花：华丽
> 矢车菊：雅致
> 向日葵：敬仰
> 水仙花：自尊
> 金盏菊：悲哀
> 凤仙花：惹人爱
> 牵牛花：爱情永驻
> 栀子花：清雅
> 鸡冠花：多色的爱
> 三色堇：思念、童贞
> 雏菊：清白、童贞
>
> 此外，中国插花常选用不同含义、不同象征的花材组插在一起表达寓意，如：
> 梅、兰、竹、菊代表"四君子"
> 松、竹、梅即岁寒三友
> 玉兰、海棠、牡丹和桂花组合表示玉堂富贵
> 苹果、桃和石榴的果实相配，象征"福禄寿"

> **小知识：欧美国家部分花语**
>
> 玫瑰：（红）忠贞的爱情；（白）我对你是有用的；（白与红）战争、决裂
> 马蹄莲：害羞
> 柳树：直率、真诚
> 兰花：美女
> 菊：（黄）脆弱的爱、沮丧；（白）忠诚、真理；（红）我爱
> 金盏花：悲伤、嫉妒
> 雏菊：天真、单纯
> 八仙花：自夸的人
> 紫罗兰：信任、爱；（香）谦虚
> 风信子：（白）朴实可爱；（蓝）坚贞；（紫）遗憾、抱歉
> 橄榄枝：和平
> 金鱼草：冒昧
>
> 锦葵：温柔
> 蕨：魅力，强烈爱好、诚意
> 三色堇：思念、回忆、思考
> 凤仙花：急躁、急切
> 向日葵：（小）崇敬；（大）傲慢，显赫，不真诚
> 勿忘我：挚爱、坚贞、别忘记我
> 郁金香：（红）相爱、爱的权利；（黄）没有希望的爱，爱情的破裂；（杂色）美丽的眼睛、着迷
> 百合：（黄）欺骗、虚伪、快乐，喜庆；（白）纯洁、可爱、威严、崇高
> 常春藤：忠诚、友情、白头到老
> 大丽花：三心二意，优雅而又尊贵

国花和地区代表花　许多国家和地区都将名花异卉、佳木珍树定为自己国家和地区的代表花，其作用与国歌、国旗有一样的象征。中国的国花正在酝酿讨论中，民间向来以梅花和牡丹为国花。中国十大传统名花见表1-2，中国城市市花见表1-3，欧美国家的节日与花卉见表1-4，世界各国国花见表1-5。

表1-2　中国传统十大名花

名称	科	属	原产地	形态特征	花型	花期/月	种或品种数	观赏特点和应用
梅花	蔷薇科	李属	中国	落叶小乔木	每节1~2朵	2~3	品种300种以上	神、韵、姿、香、色俱佳，早春先叶开花，花期长，可孤植、丛植、群植、林植、专类园，也可作盆景、盆栽、切花。梅花的高尚情操与奋斗精神，成为中华民族灵魂的化身
牡丹花	毛茛科	芍药属	中国西北部	落叶小灌木	单生	4~5	品种400种以上	花大色艳，富丽堂皇，号称"国色天香"、"花中之王"。可作切花、盆栽、花坛、专类园。象征着"荣华富贵、繁荣富强、和平幸福"
菊花	菊科	菊属	中国	多年生宿根草本或亚灌木	头状花序	10~11	世界有品种近万种，中国有3000种	品种繁多、色彩丰富、花形多变，姿态万千，可作为花坛、花境、地被、造型和举办专题展览。菊花象征着不屈不服的硬骨头精神
兰花	兰科	兰属	中国	地生或附生多年生草木	单生或总状花序	依品种分别在四季开花	世界有兰属40~50种，中国有20种	姿态秀美，芳香馥郁，被誉为"香祖"、"天下第一香"。与梅、竹、菊合称"四君子"，为正气之化身。花叶共赏，可盆栽、切花、露地配植
月季花	蔷薇科	蔷薇属	原产北半球，遍及亚、欧两洲	有刺灌木或呈蔓性、攀缘状	单生或伞房、圆锥花序	3~6 10~11	世界有蔷薇属植物200种，中国原产82种	花容秀美、千姿百态、芳香馥郁，有"花中皇后"之称，用于花坛、花篱、花屏、地被、盆栽、切花、专类园
杜鹃花	杜鹃花科	杜鹃花属	欧、亚、北美洲	常绿乔、灌木，落叶灌木	单花少花或总状伞形花序	4~7	世界有900余种，中国有530余种	花繁色艳、璀璨如锦，成为"锦绣河山，前程万里"的象征，可作花坛、花篱、地被、庭院布置和造景
山茶花	山茶科	山茶属	中国	常绿阔叶灌木或小乔木	单生或2~3朵生于枝梢或叶腋间	11~翌年4	世界上园艺品种5000余个，中国300余个	终年常绿，被喻为"战斗英雄"，可与其他树种配植于庭园，也可建专类园或盆栽、切花
荷花	睡莲科	莲属	亚洲热带地区和太平洋	宿根生水生花卉	单生	6~9	中国有200余个品种	花大色丽，清香远溢，迎骄阳而不惧，出淤泥而不染，成为"纯洁"之象征。广泛应用于园林水景，也可缸栽、切花
桂花	木犀科	木犀属	中国、印度、尼泊尔、柬埔寨	常绿阔叶乔木	密伞形花序，每序有小花5~7朵	9~10	品种分金桂银桂、丹桂、四季桂4个组	终年常绿，枝繁叶茂，秋季开花、芳香四溢，常作园景树、孤植、成丛、成林或配植于建筑物、山石旁
中国水仙花	石蒜科	水仙属	中国、日本、朝鲜	多年生单子叶草本植物，具球状鳞茎	每球抽花1~7支，伞形花序常有5~7朵小花	冬春1~4	水仙属30种，中国水仙属多花水仙之变种	花朵素雅清香，耐寒，是"岁朝清供"的春节年花，家庭幸福瑞祥的象征。在温暖地区可以植于草地、树坛、景物边缘或布置花坛、花境、花径

表1-3 我国城市市花

编号	市花名称	城市名称	编号	市花名称	城市名称
1	月季花	北京,天津,辽宁大连,江苏淮安、南通、常州,安徽安庆、阜阳、蚌埠、芜湖、淮南,河南郑州、商丘、焦作、新乡,江西南昌、鹰潭,山东青岛、威海,四川德阳、西昌,湖北恩施	22	红柳	青海格尔木
2	杜鹃花	江西九江、井冈山,辽宁丹东,江苏无锡,福建三明,湖南长沙,云南大理,浙江嘉兴,安徽巢湖,广东韶关,台湾新竹	23	玫瑰花	辽宁沈阳,广东佛山,西藏拉萨,甘肃兰州,宁夏银川,黑龙江佳木斯,新疆乌鲁木齐,河北承德
3	菊花	北京,山西太原,江苏南通,河南开封,湖南湘潭,广东中山,安徽芜湖,台湾彰化	24	桂花	安徽合肥、马鞍山,江苏苏州,浙江杭州,湖北老河口,广西桂林,四川泸州,河南南阳,台湾台南
4	山茶花	重庆,浙江宁波、温州、金华,江西景德镇,云南昆明,台湾新竹	25	石榴	湖北黄石、十堰、荆门,安徽合肥,陕西西安,河南新乡,江苏连云港
5	梅花	湖北武汉、丹江口,江苏南京、无锡,台湾南投	26	紫薇	河南安阳、信阳,湖北襄阳,四川自贡,陕西咸阳,江苏盐城
6	荷花	山东济南,河南许昌,广东肇庆,澳门,台湾花莲	27	叶子花	广东惠州、江门,福建厦门,台湾屏东
7	栀子花	湖南岳阳,湖南常德,陕西日中	28	牡丹花	山东菏泽,河南洛阳
8	丁香	内蒙古呼和浩特,青海西宁	29	兰花	浙江绍兴,台湾宜兰
9	蜡梅	江苏镇江	30	耐冬	山东青岛
10	大丽花	河北张家口	31	小丽花	内蒙古包头
11	君子兰	吉林长春	32	茉莉花	福建福州
12	黄刺梅	辽宁阜新	33	琼花	江苏扬州
13	水仙花	福建漳州	34	金边瑞香	江西南昌
14	迎春花	河南鹤壁	35	广玉兰	湖北荆州
15	红椎木	湖南株洲	36	紫荆花	广东湛江、香港
16	木芙蓉	四川成都	37	白兰花	云南东川
17	桃花	台湾桃园	38	木棉花	广东广州,台湾台中
18	凤凰木	广东汕头	39	鸡蛋花	广东肇庆
19	刺桐花	福建泉州	40	蝴蝶兰	台湾台东
20	朱槿	广西南宁,云南玉溪	41	扶桑	台湾高雄
21	筋杜鹃	广东深圳	42	天人菊	台湾澎湖

表1-4　欧美国家的节日与花卉

节日名称	日期	用花品种	寓意
情人节	2月14日	红玫瑰	表达情人之间的感情
复活节	4月11日	白色百合花	象征圣洁和神圣，表达对上帝崇敬之意
母亲节	5月的第二个星期日	粉红色香石竹	粉色是女性的颜色，层层花瓣代表母亲对子女绵绵不断的感情
国际儿童节	6月1日	浅粉色或淡黄色的多头小石竹	体现儿童的稚嫩、天真烂漫
父亲节	6月的第三个星期日	黄色的玫瑰花，日本用白色的玫瑰花	有些国家把黄色视为男性的颜色
圣诞节	12月25日	一品红（圣诞花）	纪念耶稣基督的诞生，也是普庆的世俗节日，用以装点环境，增加节日的喜庆气氛

表1-5　世界各国国花

国花名称	国名	科	类型	花色	象征意义	用途
孔雀草	阿拉伯联合酋长国	菊科	一年生草本	黄、橙、红棕	"预言"，征服沙漠，坚忍不拔的英雄史诗	花坛、盆栽
雏菊	意大利	菊科	多年生草本	红、粉、白	君子风度，天真烂漫，誉为太阳的眼睛	花坛
矢车菊	德国	菊科	一、二年生草本	蓝、红、紫、白	吉祥之花，启示人们小心谨慎，虚心学习	花坛、切花
向日葵	俄罗斯	菊科	一年生草本	金黄	太阳神，美好生活	花坛、盆栽、切花
蓝花绿绒蒿	不丹	罂粟科	一、二年生草本	淡蓝	喜马拉雅的花	高山
木春菊	丹麦	菊科	亚灌木	白、黄、粉	花木繁茂的田园之花	盆栽、切花
阿尔卑斯火绒菊	奥地利、瑞士	菊科	多年生草本	白	雪似的繁花，阿尔卑斯山地人民开朗性格的象征	岩石园
天竺葵	匈牙利	牻牛儿苗科	多年生草本	红、白、粉、淡紫、紫	决心、安乐、友情	花坛、盆栽
老鼠勒	希腊	爵床科	多年生草本	小花紫带白色	生命力	切花、花坛、药用
拉帕花	智利	百合科	常绿藤本	淡红至深红、白、黄	母亲节赠送的礼物	切花、庭园
仙人掌	墨西哥	仙人掌科	多肉植物	黄、粉、红、白、紫红等	坚强不屈，英勇斗争	盆栽、花境
白车轴草	爱尔兰	豆科	多年生草本	白	勇敢、慈爱与精英	牧草和蜜源植物
铃兰	芬兰	百合科	多年生草本	白、红色斑纹（芳香）	黎明之神	地被、花境、切花
姜花	古巴	姜科	多年生草本	白（芳香）	佛陀的齿白	花境、自然花坛、切花
大丽花	墨西哥（第二国花）	菊科	球根	红、黄、白、粉、橙	大方、富丽、绚丽多姿，犹如人民对故土的酷爱	花坛、盆栽、切花
鸢尾	阿尔及利亚	鸢尾科	球宿根	紫、蓝、黄、褐	火焰、热情、彩虹之花，罗马女神的化身	花坛、切花、花境
香根鸢尾	法国	鸢尾科	宿根	淡红紫至堇蓝	幸福、自由乐观、光明磊落	花坛、根茎提炼香精

续表

国花名称	国名	科	类型	花色	象征意义	用途
睡莲	泰国、孟加拉国	睡莲科	多年生草本	白、黄、粉、红、蓝、紫	迎着朝气，抛去暮气，国家富足、新生	水景、缸栽、切花
蓝睡莲	埃及、斯里兰卡	睡莲科	多年生草本	粉蓝	忠贞与爱情，美好吉祥，富饶再生	水景、缸栽
郁金香	荷兰、土耳其、匈牙利、伊朗	百合科	球根	红、橙、黄、紫、白、黑等	美丽、庄严、华贵、博爱，象征着恋人	花坛、切花、盆栽
荷花	印度	睡莲科	多年生草本	红、粉、白、淡绿等	菩萨心，不受世间污浊而染	水景、缸栽
卡特兰	哥伦比亚	兰科	常绿草本，附生兰	紫红、橙黄、粉	优雅女性	盆栽、切花
嘉兰	津巴布韦	百合科	多年生蔓性草本	上部红、下部黄		盆栽、切花
胡姬万代兰	新加坡	兰科	附生兰	粉、白、红、黄、蓝	卓越锦绣、万代不朽、刻苦耐劳、永往直前	庭园、切花
杜鹃	意大利、比利时	杜鹃花科	常绿或落叶灌木	红、粉、白、紫、黄等	思家怀乡，锦绣河山，前程万里	花坛、盆栽、花篱、盆景
常绿山杜鹃	尼泊尔	杜鹃花科	常绿灌木		美好吉祥	庭园
月季	英国、美国	蔷薇科	落叶灌木	红、粉、黄、白、橙、紫等	爱情、和平、友谊、献身精神	花坛、盆栽、专类园
红花月季	葡萄牙	蔷薇科	落叶灌木	红	繁荣	庭园、花坛、盆栽
狗蔷薇	罗马尼亚	蔷薇科	落叶灌木	白、淡粉	热情、纯洁、真挚、高贵、朴素、丰收	观赏、果实滋补强身
粉花大马士格蔷薇	保加利亚	蔷薇科	落叶灌木	粉（香）	勤劳、智慧、酷爱自然、英勇不屈、坚忍不拔	香料
金达莱	朝鲜	杜鹃花科	落叶灌木	淡紫	长久的繁荣、喜悦和幸福美好	庭园
毛茉莉	菲律宾、印度尼西亚	木犀科	常绿灌木	白（芳香）	纯洁、热情、爱情之花，友谊之花	盆栽、庭园
石榴花	西班牙	石榴科	落叶灌木	白、粉、朱红、黄等	红得似一团团火焰	盆栽、庭园
木槿	韩国	锦葵科	落叶灌木或小乔木	粉、白、紫、蓝	国家兴盛、民族繁衍，誉为"无穷花"	街道、庭园
素馨花	突尼斯	木犀科	半常绿灌木	黄白（芳香）	优美、文雅，和蔼可亲	庭园、干花
叶子花	赞比亚、巴布亚新几内亚	紫茉莉科	攀缘	红、粉、黄、紫、白	美丽多彩	花坛、花篱、花架、盆栽
扶桑	马来西亚、斐济	锦葵科	常绿灌木	朱红、深红、黄、粉、白等	和平与繁荣	盆栽、庭园、花篱
龙船花	缅甸	茜草科	常绿灌木	绯红、粉、橙、黄	祈祷和祭祀主神用的花	盆栽、丛植
素方花	巴基斯坦	木犀科	攀缘性灌木	洁白（芳香）	清净得嗅觉，佛土得芳香	庭园

续表

国花名称	国名	科	类型	花色	象征意义	用途
普洛蒂亚（帝王花）	南非	山龙眼科	大灌木	白、深红、粉红	花卉之王	切花、干花
坎涂花	玻利维亚、秘鲁	花葱科	灌木	花冠管黄色，裂片红色	玻利维亚特产	切花、丛植、盆栽
日本樱花	日本	蔷薇科	落叶乔木	淡红	勤劳、勇敢、智慧、团结，国家昌盛富强	庭园、行道树
南丁香	坦桑尼亚	木犀科	落叶小乔木	淡紫、紫、白	荣幸、安慰	庭园
金合欢	澳大利亚	豆科	常绿灌木	金黄（芳香）	民族兴旺向上	绿篱、提炼芳香油
象牙红	乌拉圭东岸	豆科	乔木	橙红	生命与希望	庭院、盆栽
毛蟹爪兰	巴西	仙人掌科	多肉类	白、红、紫	高瞻远瞩，坚毅刚强，不畏任何困难	庭园、盆栽
凤凰木	马达加斯加	豆科	大乔木	红	热情好客	庭园、行道树
糖槭树花	加拿大	槭树科	乔木	白	热烈、赤诚	庭园、行道树
油橄榄花	希腊、突尼斯、塞浦路斯	木犀科	常绿乔木	黄白（芳香）	民族的骄傲，国家繁荣，和平、智慧、胜利	观果、庭园、木本油料树种

（4）用花习俗

花材种类　走亲访友，以花相赠，表示喜庆之意，既大方又高雅。但是选择插花要因时、因地、因人而异。不同国家、不同地区、不同民族、不同场合，送花的习俗各有差异，因此选取花材时，要尊重当地的用花习俗。

> **关键与要点**
>
> **中国馈赠鲜花的讲究**　初次约会女友不妨选择一束红玫瑰（月季），表示爱意；红玫瑰（月季）配满天星，表示浪漫的爱情，若配以情人草则象征真挚的爱。恋人之间赠送石榴，象征坚贞不渝、喜得硕果。参加朋友的婚礼，宜选百合、月季花、郁金香、荷花，用以象征"百年好合"、"相亲相爱"、"永浴爱河"。节日期间看望朋友，选用一盆金果满树的观赏橘子示意"吉祥"，一枝开满红花的红桃示意"宏图"，一束鲜艳夺目的大丽花示意"大利"。结婚纪念日可选择百合花、莲花和红掌，象征"百年幸福长存"、"心心相印"、"永结同心"。朋友的生日可选用一束月季，表示"前程似锦"、"火红年华"。给老人祝寿可选用万年青、龟背竹、鹤望兰、寿星桃等，以祝福老人健康长寿。用康乃馨、非洲菊配以文竹扎成以红色为主的花束送母亲，能表示温馨的祝福。到医院看望病人，宜送色泽淡雅的花束、花篮，选用唐菖蒲、康乃馨、月季花、水仙花、兰花等，配以文竹、满天星或石松，祝愿病友早日康复。新店开张、公司成立、大厦落成等庆典活动宜选用大型花篮，可用月季花、康乃馨、非洲菊、菊花、百合花，配以肾蕨、散尾葵、鱼尾葵或苏铁叶等，以示祝贺发财致富、兴旺发达、四季平安。
>
> 也有少数种类的花材在一些地方忌应用，如昆明郊外较多的金丝桃黄色的花很艳丽，但当地人认为金丝桃多出现于坟地，带有晦气，不适宜采用。
>
> **外国馈赠鲜花的讲究**　法国人在喜庆佳节或探亲访友时喜欢送花篮，外出时则在衣领上别一朵茶花或玫瑰。在巴西，喜庆之时不能送紫色的鲜花，他们认为紫色是不吉祥的。在墨西哥送花不能送黄

色的或是红色的花，在那里黄花意味着死亡，红花会给人带来晦气。在德国、瑞士、波兰不能随便送红玫瑰，因为红玫瑰表示浪漫爱情。俄罗斯人认为黄色的蔷薇花意味着不吉利，西班牙人认为大丽花和菊花与死亡有关。加拿大人在大多数情况下只在追悼会上用白色的百合，对比利时人、卢森堡人和意大利人来说，菊花是葬礼上用的，因此对他们赠花要特别注意。许多国家的人喜欢以鹤望兰为主花材的花束，它象征良好的祝愿。在美国洛杉矶举行的第23届奥运会上，送给获奖运动员的就是鹤望兰花束。在欧美习俗中，小伙子送一束以红玫瑰为主的花束给姑娘表示献上忠诚的爱情，而姑娘回赠以苹果花、桃金娘花组成的花束表示接受了爱情。

花材的颜色 花材的颜色也有一定的要求。一般喜庆吉祥的场面，选择花色以红、黄为主，鲜艳夺目的花材为好，以烘托热闹环境。悼念活动宜选择黄、白、蓝、紫色花，多用白色菊花、松柏枝，以示寄托哀思和庄严肃穆之情。我国民间不习惯用单一黄色或白色鲜花组成花束送给健康者。选择花材的色彩也需要尊重当地的习俗。

花枝的数量 送花花枝数量也有一些约定俗成的规矩，如下：

1 代表一心一意、忠诚、专一
2 代表成双成对、喜结良缘
3 代表三心二意
6 代表六合同春、六六大顺
8 代表八八大发、新年大发、新居新发、开张大发
9 代表天长地久
10 代表十全十美、美满幸福

花枝的数字一般不用"三"、"四"、"五"、"七"，"四"更是用花的大忌。玫瑰花花数寓意：

1朵玫瑰：对你情有独钟
2朵玫瑰：成双成对
3朵玫瑰：我爱你
4朵玫瑰：山盟海誓
5朵玫瑰：无怨无悔
6朵玫瑰：愿你一切顺利
7朵玫瑰：祝你幸运
8朵玫瑰：深深歉意，请原谅我
9朵玫瑰：彼此相爱长久
10朵玫瑰：完美的爱情
11朵玫瑰：今生最爱还是你
12朵玫瑰：圆满组合，心心相印
13朵玫瑰：暗恋的情人
14朵玫瑰：让我们的爱到此为止
20朵玫瑰：永远爱你，此情不渝
22朵玫瑰：两情相悦，双双对对
23朵玫瑰：思念
30朵玫瑰：不需言语的爱
33朵玫瑰：深情呼唤我爱你
33朵玫瑰：浪漫心情，全因有你
44朵玫瑰：亘古不变的誓言
50朵玫瑰：这是无悔的爱
56朵玫瑰：吾爱
66朵玫瑰：情场顺利
77朵玫瑰：相逢自是有缘
88朵玫瑰：用心弥补一切的错
99朵玫瑰：知心相爱恒久远
100朵玫瑰：百年好合，白头偕老
101朵玫瑰：你是我唯一的爱
108朵玫瑰：嫁给我吧！（求婚）
111朵玫瑰：无尽的爱
123朵玫瑰：爱情自由
144朵玫瑰：爱你日日月月，生生死死
356朵玫瑰：天天想你，天天爱你
999朵玫瑰：天长地久，爱无止休
1001朵玫瑰：忠贞的爱，至死不渝

4. 花卉装饰的分类

花卉装饰作为一种被人们愈来愈重视的一门技术，有不同的分类方法。

（1）根据花卉装饰的环境

根据花卉装饰的环境可以分为：室内花卉装饰（图1-5）、室外花卉装饰（图1-11）。

室内花卉装饰主要是指运用花卉植物对室内环境进行空间组织以及装饰美化。如对居室、室内会议场所、商场、宾馆、办公场所等进行的花卉装饰。

室外花卉装饰主要是指运用花卉植物对室外环境进行空间组织及美化装饰。如对道路、庭院、广场等室外进行的花卉装饰。

（2）根据花卉装饰的对象

根据花卉装饰的对象不同可以分为：环境花卉装饰（图1-12）和人体花卉装饰（图1-13）。

针对花卉装饰的对象而言，对室内外环境进行花卉装饰的称之为环境花卉装饰，而由于某些特殊需要，仅只对人作为装饰对象的花卉装饰，称之为人体花卉装饰。如对时装模特的花卉装饰、对新娘的花卉装饰，或对特定人物的花卉装饰，如花仙子、天女散花人物等。

图1-11　室外花卉装饰

（3）根据花卉装饰的用途及作用不同

根据花卉装饰的用途及作用不同可以分为：商业花卉装饰（图1-14和图1-15）、生活花卉装饰（图1-16和图1-17）、园林花卉装饰（图1-18）和公务花卉装饰（图1-19和图1-20）。

1）通过对商业场所进行花卉装饰可以起到提高商品附加值、改善经营环境的作用。如对经营场所中店堂、柜台、顾客休息区等场所进行花卉装饰，可以提高顾客逗留时间，从而起到提高购买概率，增加营业收益的效果，还可以对商品本身进行花卉装饰，从而起到提高商品的附加值和知名度的作用。

2）在生活中运用花卉装饰的地方相当多，不仅可以对居住环境进行花卉装饰，如对居

图1-12　环境花卉装饰

图1-13　人体花卉装饰

室、庭园、阳台等生活空间进行装饰，还可以在礼尚往来中对礼品或本身运用花卉装饰品进行交流，以起到提高生活品质、增进友谊、丰富生活的作用。

3）花卉装饰在园林设计中的应用相当广泛。如花博会各展区的布置、道路花卉景观布置、节日花坛布置、奥运会主题布置、花车布置以及路边花境布置，等等。通过花卉装饰在园林设计中的应用可以起到改善与美化环境、提高科普水平的作用。

4）在日常公务活动空间中也有运用花卉装饰的地方，如办公场所、会议场所，等等。有的大型会议如国际首脑会议、APEC会议等就有相当多的地方运用花卉装饰，不仅要对主会场进行布置，而且对会场入口、嘉宾经过的过道、嘉宾休息室、嘉宾用餐处等进行花卉装饰，以起到烘托公务气氛、反映公务层次、体现城市文化的作用。

图1-14　商业橱窗花卉装饰

5. 花卉装饰的应用

花卉装饰因为具有装饰环境、美化生活、净化空气等作用，所以应用范围相当广泛。

花卉装饰在商业上的应用　运用花卉装饰是提高商业经营效益很好的手段之一。无论是商场、宾馆还是商品包装，花卉装饰的应用都已相当广泛。

图1-15　商业店堂花卉装饰

花卉装饰在会展上的应用　无论是专业展览还是非专业展览，均不同程度地需要花卉装饰。每年举办的国际花卉博览会更是花卉装饰展示技艺的大舞台，如昆明的园艺博览会。花卉装饰技艺在不断地创新和发展，就连非专业展

图1-16　生活阳台花卉装饰

图1-17　生活礼品花卉装饰

图1-18 园林花卉装饰——花境布置

图1-19 公务花卉装饰——办公室布置

图1-20 公务花卉装饰——会场布置

览也需要用花卉来装点美化展览环境。

花卉装饰在城市绿化中的应用 城市绿化建设已经愈来愈成为城市建设的重点之一。在提高城市绿地覆盖率、人均公共绿地的同时，也愈来愈重视城市绿化的景观效果，而城市绿化中的花卉装饰是提高景观效果的重要手段之一。如道路绿化中的花境应用、道路两旁建筑物墙面的花卉装饰、花坛布置、沿街阳台花卉布置、专类花卉园布置，等等，在城市绿化建设中逐渐显现出独特的景观效果和艺术魅力。

花卉装饰在人们生活中的应用 人们随着生活水平的不断提高，对精神生活的追求也在不断地发展，对环境的要求也越来越高。因此，无论是家庭居室还是家庭庭院布置，花卉装饰均起到了重要作用，而且在礼尚往来中运用花卉装饰也越来越普遍，如礼品花卉包装等。花卉装饰在提高人们生活质量中起到重要的作用。

1.1.3 花卉装饰设计的基本要素

花卉装饰设计从根本上说是由造型中最基本的点、线、面、体、色彩、光线、质感、肌理等组成的基本要素，依照美学原理进行组合和处理成新形态。

1. 点

"点"在造型艺术中是最简洁的、最小的要素，对几何学来说，"点"是"线"的端点和焦点，是没有大小、方向和位置的最小几何单位；从设计学角度来说，"点"是可以有其相对面积和空间位置的视觉单元；在造型艺术中，只要具有集聚性、静态、无方向性的独立单元都可以视为"点"要素。是否构成"点"要素取决于它所处的环境、背景条件及与其他要素的对比。例如地球虽大，但在宇宙中只是一点；与地球相比，城市只是一点；与城市相比，建筑只是一点；与建筑相比，桌子只是一点。在花卉装饰上，花园虽大，但在城市中只是一点，与花园相比，花坛只是一点，与花坛相比，一棵花卉植株只是一点。在室内花卉装饰中，与房屋相比，插花作品只是一点，与插花作品相比，构成插花作品的某一朵花只是一点。在设计学中，"点"的

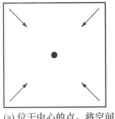
(a) 位于中心的点，将空间向内拉，产生内聚力，赋予视觉以集中稳定感

(b) 点远离中心，往下垂，给人以重量感

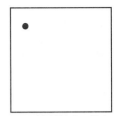
(c) 点远离中心，往上升，给人以上升感

图1-21 构图中一个"点"对视觉的影响

条件可转化成其他条件。所以在花卉装饰中可以把"静"的无方向性的花或盆花等看成"点"，如菊花、玫瑰、扶郎、郁金香、石竹，在花坛、花境设计中可以将花卉植株作为一个"点"，等等，尽管它们也具有一定的体积和各种形状，但在整个花卉装饰中只具有点的视觉效果（图1-21）。

在一般情况下，作为"点"的花材多选用奇数，如"1、3、5、7"。当"点"多于7个时，人的瞬间视觉就不能分辨是偶数还是奇数了。

在构图中只有一点时，其位置的高低、左右会对视觉产生影响。三个以上"点"的排列则可成为多种感觉（图1-22）。

认识"点"的这些表现力，有助于表达作者情绪，以达到所希望的效果。"点"在装饰设计中运用广泛，如在室内花卉装饰时，运用一件插花作品或一件盆栽作为"点"配置，而单独的插花作品中有时以一朵花作为"点"要素，主要选用具有较高观赏价值的植物，作为室内环境的某一景点，可以起到装饰和观赏的作用（图1-23）。

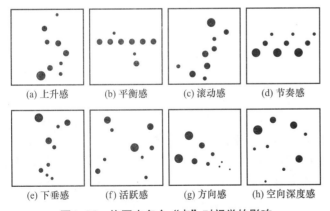

图1-22 构图中多个"点"对视觉的影响

图1-23 "点"配置的室内花卉装饰

2. 线

几何学认为"线"是"点的移动轨迹"，是"面与面的转折处"，是只有长度和方向，没有宽度的一次元单位。但设计学认为"线"要素可以有一定的宽度，即只要具有相对的长度、方向及位置，都可以被视为"线"要素。如道路两侧的花带等。"线"可以分为直线和曲线两大类。直线又分为水平直线、垂直线、斜线、折线等；曲线分为几何曲线和自由曲

 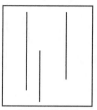 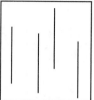 

(a) 粗直线钝重　　(b) 细直线敏锐　　(c) 垂直直线有上下伸展感和运动感，给人庄重庄严感　　(d) 水平直线有左右伸展的流动感，给人以均衡、平和感

(e) 垂直水平线构成平衡感　　(f) 斜方向线给人以运动和时速感　　(g) 几何曲线改变方向构成韵律感　　(h) 自由曲线表现流动感

图1-24　各种线对人的视觉的不同影响

线。与其他形态相比，"线"具有优美、纤细、轻盈的特点，同时还具有方向性。其中各种形式的线又有各自的特性。如水平直线具有平静、开阔的特性；垂直直线给人威严、崇高、生机勃勃之感；斜线具有运动、不安定、危险警示的特性；折线具有节奏、律动、焦躁不安之感。几何曲线具有节奏、比例、精确、规整之感；自由曲线具有飘逸流动、神秘狂放的自然感（图1-24）。在装饰设计中，可以用形象形态较为一致的植物，以直线或曲线状植于地面、盆、花槽或摆放成连续排列，作为"线"配置，经常在配合静态空间的划分，动态空间的导向，起到组织和疏导的作用。在东方插花中，线条又是造型的重要手段，而在花艺设计中"线"直接在作品中充当造型的主角。可以看成"线"的花材包括：各种木本植物的枝条，如龙柳、盘槐枝条等；菖兰、鹤望兰、彩虹鸟等直立型或有很长花茎的上扬开展型的花；蒲叶、蒲棒、水葱、竹竿等植物。它们有粗有细，有曲有直，在花艺作品中有明确的方向，比"点"更能传达创作者的主观动机（图1-25）。

图1-25　"线"配置的室内花卉装饰

3. 面

从几何学上讲，面是线的移动轨迹或体与体的相交接处。它是既有长度又有宽度，但没有厚度的二次元单位。不同线的移动可以产生不同形状的面，如直线移动可以产生方形、圆形、长方形等"面"形；曲线的移动可以产生各种曲面形态。在造型设计中，只要具有长度和宽度的形态，都可以视为"面"要素。

在花艺创作中，"面"可以由一定数量的单支的花组成，也可以由较大面积的叶片组成。在室内花卉装饰中"面"可以由藤本植物对墙面的装饰来形成，花坛布置中可以由不同种类、相近高度的花卉植株形成"面"，"面"是有一定形状的，也称之为"形"。"形"的样式十分丰富，不同形状的"形"对人的心理有不同的影响，人们常赋予"形"以象征的意义。例如，中国人以圆形代表团圆、美满，因此在花卉装饰造型中常使用圆形式样（图1-26）。

"形"有"几何形"和"自由形"两大类。几何形是有秩序的、机械的理性形态。如三角形、方形等直线几何形传达出理智、严肃、平稳的情绪，圆形、椭圆形等曲线几何形传达出团圆、美满、生动、和谐、运动不已的情绪。自由形是不规则的、富于变化的感性形态，如插花艺术中常用的"曲线自由形"就传达出柔美、优雅、活跃、生机的情绪。同时，不同的"形"的组合，可表现出更多更丰富的感觉。

图1-26　"面"配置的插花作品

4. 体

在几何学上，体是面的移动轨迹，是具有相对的长度、宽度和高度的三元单位，或三度空间单元。在造型设计上讲，任何"体"都存在于空间中，空间也可以存在于"体"内部，如室内空间。"体"还可以用来分隔一定的空间。"体"给人的印象最强烈，也最直观，大部分装饰是在体的表面和内部进行的。如对房屋而言，是一个"体"，那么对其阳台、窗台、外墙面的花卉装饰就是在其表面进行，也可以对内部运用各种方式进行花卉装饰。如果在内部用不同品种、不同高度的植物组成景点，其本身就是一个"体"，达到较好的装饰效果。而立体花坛就是"体"在花卉装饰中的应用范例之一。又如花艺作品，不仅是平面上的艺术构成，更是占据一定空间、有一定体积的艺术作品。特别是现代花艺，更强调空间感和体积感。"体"可分为"几何体"和"自由体"，也可分为"实体"和"虚体"。实体是由花材等紧密结合而成的，严严实实，形成"占据空间"，虚体是由细小的花材较稀疏地构成的，形成"构成空间"（图1-27）。

5. 质感与肌理

质感和肌理是材料表现形式，不同的质感和肌理会给人不同的感受。一种材料的质感机理改变，会给人完全不同的印象。如花岗石材料，只进行打毛、剁斧等粗加工，会给人自然、浑厚、朴实、野趣的印象，但把它进行切割、抛光等精加工，就会给人现代、高档、新潮的印象。

任何物质都有它独特的肌理性质，花材也一样，各种不同的花材表现为不同的肌理性质，同一种花材的不同部位也可以表现为不同的肌理性质。因此对花材肌理的不同理解，可以进行不同的花卉装饰。花材肌理表现为有的刚毅，如松、柏、竹、直立而刚劲的枝条等；有的柔弱，如芦苇、小菖兰等；有的粗糙，如粗糙的树皮、帝王花、向日葵等；

图1-27　"体"配置的室内花卉装饰

有的细腻，如百合、安祖花等；有的富贵，如牡丹、桂花、荔枝等；有的朴素，如菊花、雏菊、郊野小花等；有的光滑，如荷花、玉兰、郁金香等；有的多皱，如扶桑、蟆叶秋海棠等。花材的肌理性质有的是相对的有的是绝对的，如芦苇，把芦苇秆折成锐角就有柔中带刚之美。有的花材不同部位具有不同的肌理性质，如玫瑰，花表现为柔美、娇艳，而叶茎则表现为倔强和不屈。

了解花材的肌理性质以后，还要了解各种辅助植物材料的肌理性质，如玻璃、各种石材、钢材、塑料制品、金属制品、纸质制品等。因为各种规格、形状的玻璃、卵石、黄石、湖石、石板、不锈钢、钢条、钢板、变形钢条（板）、铝丝、铜丝、铅丝、照相纸、瓦楞纸等，均可以作为花卉装饰的辅助材料。只要深刻理解材质的肌理性质，合理应用、独特构思，就会设计出上好的花卉装饰作品。

各种艺术都有自己的"语言"，即"艺术语言"，在同一层次上的艺术语言之间能进行交流、沟通。就如音乐，它是用七个基本音符反复变化组成的，是抽象的。而花卉装饰，是用各种花材变化组合而成的，是具象的。音符是音乐的艺术语言，花材是花卉装饰的艺术语言。对语言的深刻理解和把握是设计的关键。

1.1.4 "三大构成"原理在花卉装饰设计中的应用

1. 平面构成在花卉装饰中的应用

平面构成可以分为重复构成、近似构成、渐变构成、发射构成、对比构成、特异构成、疏密构成等形式。

重复构成 将重复的基本形排列就形成重复构成。重复构成具有平缓和谐、持续律动的装饰效果，被广泛地运用在工艺美术设计中。在花卉装饰中重复构成可以是相同盆花的重复排列，也可以在压花艺术中用基本相同的花瓣或叶片进行重复排列达到强调主体，还可以是进行"面"的布置。重复构成很容易造成单调平庸、缺乏变化的效果，因此，如要运用平面重复构成着力点在于变化，如在色彩、肌理、方向以及位置等方面可以求得变化（图1-28）。

图1-28 重复构成花卉装饰

近似构成 近似构成是重复构成的轻度变异，不再重复，而是趋向于某一种规律。近似构成打破了重复构成的单调，表现出有变化又不失系列感，既统一又有对比的特征。近似构成的基本形必须形状相似，但近似程度要适宜，近似程度太大，统一感极强就接近重复构成；近似程度太小又失去了近似构成的特点。如用统一品种但色彩相近的花卉排列进行装饰环境（图1-29）。

渐变构成 渐变构成是做有规律的循序渐进的变化，从而产生有空间感、运动感、次序感的空间效果。可以有形象的渐变，如将竹竿从细到粗摆列；位置的渐变，如螺旋状排列；方向的渐变，如将有一定方向性的物体，进行有规律的渐进变化排列；色彩的渐变，如将同一色系的花卉，按不同色相、明暗程度来逐渐改变排列（图1-30）。

发射构成　发射构成是渐变构成的一种特殊形式，一组重复的形围绕中心向四周或内部中心进行推移和渐变。发射型具有多方面的对称性及视觉焦点，因而引人注目。根据发射方向的不同，可以分为离心式发射构成、向心式发射构成和同心式发射构成。

图1-29　近似构成花卉装饰

对比构成　对比构成表现在形象与形象之间、形象与空间之间相互比较而产生的差异。形象与形象之间的对比可以分为：

1）大小对比：通过大小不同从而可以造成轻与重、主与次、前进与后退等对比，如大朵花与小型花朵的对比。
2）形状对比：通过不同形状来表现动与静、简与繁、规则与不规则等对比，如细长条叶片与宽圆叶的对比。
3）色彩对比：通过色彩的色相、明度、纯度、冷暖、面积等方面的对比，如黄色花与紫色花的对比，深红色花与淡粉色花的对比、红色花与蓝色花的对比、大片红色花与小片白色花的对比（图1-31），等等。

图1-30　渐变构成花卉装饰

4）肌理对比：主要是指在表面纹理以及质感的对比，如蟆叶海棠与凤尾竹的对比。

特异构成　特异构成是指在有规律性的构成中，如在重复构成、近似构成、发射构成等中突然出现异质变化，使人产生振奋、激动、新奇等心理反应。如大小特异，在一排小型盆花中突然出现一盆大型盆景，产生使视线集中至盆景的效果。特异构成还可分为色彩特异、形状特异、肌理特异等（图1-32）。

图1-31　对比构成花卉装饰

图1-32　特异构成花卉装饰（新西兰的花境布置）

疏密构成 具有一定数量的基本形，自由地聚集与疏散形成疏密构成。疏密变化在花卉装饰技术中运用相当广泛，通过疏密有致的布置，可以产生韵律感而富有变化。

2. 色彩构成在花卉装饰中的应用

大自然是一个绚丽多彩的世界。自然界的每一种物质，大到宇宙，小到花草，都有自己独特而和谐的色彩。这些色彩随着光线的变化呈现出丰富多样的色彩变化。白天光线强时，物体呈现强烈的色彩，夜晚光线昏暗时，色彩不明显甚至没有色彩，只是看到黑色的轮廓。光线与色彩的关系密不可分，色彩的这种性质是由物理学家牛顿发现的。牛顿在没有窗户的房间内，从房顶上开了一个小口，使一缕日光线从房顶射入照到三棱形玻璃上，结果白色阳光被分成红、橙、黄、绿、青、蓝、紫七种可见光。对这七种色彩不能再分，证明这些颜色是单色最终色。现代科学进一步解开了色彩的奥秘。阳光之所以呈现不同的色彩是因为各种单色的波长不同。红色的波长最长，紫色的波长最短，所以红色在空气中的适应性最强、最醒目，利用红色这一性质，人们一般在警示部位采用。

在装饰设计中，色彩被称为"最廉价的奢侈品"。在人的视觉中最先感知的是色彩。在花卉装饰中，色彩的搭配就显得尤为重要，常常成为决定成败的关键因素。花色搭配涉及许多有关色彩学方面的基本知识，若能很好地掌握，就能把握好花卉装饰中色彩的运用。

色彩的三要素 每种色彩都有三种重要属性，即色相、纯度和明度构成。由于这三种属性的不同，因此形成了千差万别的色彩体系。

1）色相：指色彩的本身相貌，每种颜色都有自己独特的色相，区别于其他颜色，如日光色谱上就有红、橙、黄、绿、青、蓝、紫七种基本色相。每种色又可按照不同的色彩进一步可以分成不同的色相，如红色中有大红、品红、玫瑰红、深红等；绿色中有淡绿、粉绿、翠绿等（图1-33）。

2）明度：顾名思义，明度是色彩的明暗程度，如果把不同的颜色拍成黑白照片，就可以看出明度的差别，这就是明度关系。色彩的明度可以分为三个方面，一是各种

图1-33 色相图

基本原色放在一起具有明度差异，如黄色的明度最高，紫色的最低。二是每一种色与同种色的其他色有差异，如大红、朱红、深红，朱红比大红明度高，深红明度低。三是一种色在加入白与黑的成分时，加白成分越多，明度越高，加黑成分越多，明度越低。

3）纯度：又称色彩的彩度，即色彩的饱和度或纯净程度，也称为一种色彩中所含该色素成分的多少，含的越多，纯度就越高，越低则纯度就越低。一种色彩降低其纯度的方法有：

　　加入白色，加入越多，纯度越低，趋向粉色；
　　加入黑色，加入越多，纯度越低，趋向灰色；

加入对比色，加入越多，纯度越低，趋向灰色。

任何一种颜色在纯度最高时，都有特定的明度，如果降低其明度，纯度也应相应降低。不同色彩的明度跟纯度不成正比。

三原色与互补色

1）三原色：颜料中有三种色是不能由其他色调和出来的，而用这三种色可以调和出任何一种色彩。这三种色就是红、黄、蓝，即色彩的三原色。

2）互补色：人眼的色彩识别结构在同时看到这三种色时感到比较舒适。如果只看到其中两种或者两种色的混合色，则周围的环境或人眼中的盲点就会自动产生第三种色的幻觉。所以一种原色与其他两种原色的混合色就构成互补关系。一种原色和其他两种原色的混合色并置在一起会形成强烈的对比，因此互补关系又被称为对比关系，互补色又被称为对比色。如黄色与紫色、红色与绿色、蓝色与橙色等。

色彩的视觉效果　不同的色彩会带给人以不同的反映和感觉，如色彩会给人以冷暖、轻重、远近等各种感觉。这些都是人们长期生活实践中总结出来的，应恰当地将它运用在插花中。

1）温度感：或称冷暖感，它是一种最重要的色彩感觉，色彩的调子主要分为冷暖两大类。

> **特别提示**
>
> 1. 红、橙、黄系统的色彩，会使人产生温暖、热烈和兴奋的感觉，称为暖色调。多用在喜庆、集会、舞会等场合，以烘托欢快、热闹的气氛。
>
> 2. 蓝、紫、白会使人产生寒冷、沉静的感觉，称为冷色调。多用在盛夏酷暑时的室内装饰，以产生凉爽的感觉，另外悼念场所也多种此色调的花材布置，以产生庄严、肃穆的气氛。
>
> 3. 绿色介于冷暖色调之间为中性色，称为温色调，插花中衬叶的作用，就起到调节色彩对比的作用。
>
> 此外，金、银、黑、灰也属（中）温色调。对任何色彩起缓冲协调作用。在插花创作中，可通过此类色调的花器或金、银色的金属珠链等装饰品，来调节作品中色彩对比关系。

2）距离感：冷色和暖色并置时，暖色有向前及接近的感觉；冷色有后退及远离的感觉。六种基本色相的距离感按由近而远的顺序为：黄、橙、红、绿、青、紫。可将此特点运用在花卉装饰作品中，以增加作品的层次感和立体感。

3）轻重感：色彩的轻重感主要取决于明度，明度越高越轻，明度越低，感觉越重。花卉装饰过程中经常运用色彩轻重来调节作品的重心平衡。此外，色彩还会给人以方向感受、面积感受、运动感受等视觉反应，都可在花卉装饰创作中灵活运用这些特点。

4）色彩的性格：每一种色彩都有它的寓意，会影响人的情绪，引起不同的心理反应。在花卉装饰的色彩配置中，有效地利用这一特性，就可深切感受到色彩的艺术魅力。

另外，还要注意到光源色和环境色对作品色彩的影响。因为立体的物体在光线的照射下会产生强烈而丰富的光影变化。光能表现不同的体量、质感、色彩，从而形成不同的装饰气氛，光线的集中可以表现插花作品的视觉中心。光线可以造成神秘、温和、亲切的各种效果，因此在进行室内花卉装饰时还要考虑光线的作用。

关键与要点

红色：喜庆、热烈、富贵、艳丽的特征，适用于婚礼、喜庆、开业剪彩，以改变冷漠的环境气氛。

黄色：富丽堂皇，浅黄色柔和温馨，纯黄端庄、高贵，实际应用中，可将深浅不同的黄色搭配，可产生微妙的观赏效果。

橙色：明亮、华贵，带给人以甜美、成熟、温暖的感觉，适用于在丰收、喜庆、收获场景中作主色调。

蓝色：深远、安静，使人心胸豁达，情绪镇定，适用于医院、咖啡屋、茶馆等安静场所。

紫色：华丽、高贵，淡紫使人感到柔和、娴静、典雅，适用于布置居室、舞厅等。

白色：纯洁，使人产生神圣、高雅、清爽的感觉，能有效增加其他花卉的鲜明度和轻快感。

绿色：大自然的气息，生机勃勃，平和安静，适用于庄严肃穆的会场。另外还可缓冲过于强烈的对比。

灰色：给人以朴素、稳重的感觉。最适与各色调和，现代插花创作中多采用银灰色金属丝等辅助材料。

黑色：神秘、庄严、含蓄，多为花器选择的色彩及插花作品的装饰背景。

小知识：色彩的构成法则

色彩的推移：色彩的推移也叫色彩的渐变。色彩的构成可以通过一定等差级的明度、色相和纯度按一定规律进行变化，产生如空间、协调、对比等色彩构成效果，这种等差级变化被称为色彩的渐变。色彩推移包括以下几种推移方式：

- 明度推移：也叫明度渐变，是明度由浅到深的逐渐变化过程，形成不同的明度台阶。
- 纯度推移：也叫纯度渐变，一种色彩由纯色向无彩色的黑、白、灰渐次变化就叫纯度渐变构成（图1-34）。
- 色相推移：也叫色相渐变，是色相向其他色相逐渐变化、推移的方法，分为梯级渐变和无级渐变。色相变化分为同类色之间渐变、类似色之间渐变、互补色之间渐变、对比色之间渐变、全色相渐变等（图1-35）。

图1-34 纯度推移

对比：色彩的对比是指两种以上不同的色彩放在一起，相互映衬与对比，组成一定形式的构成作品。任何颜色都不是孤立存在着，都在与周围的颜色有着一定的对比关系，但是这种对比关系不一定是和谐与美观的，好的色彩设计必须有科学的色彩理论来指导。

1) 明度对比：即深浅度产生的对比。明度最强烈的对比是黑白对比，被称为"极色对比"。在平面构成、黑白画、木刻中经常采用，可以产生鲜明、确定的效果。

2) 色彩明度对比：色彩明度对比的强弱，取决于强弱差别的大小，常用调性的长短来表示对比的强弱。

- 长调对比作品，对比色的明度差别在6级以上，给人以强烈、醒目的印象。

图1-35 色相推移

- 中调对比作品，对比色的明度差在4~5级左右，给人以温和、平静的印象。
- 短调对比作品，对比色的明度差在3级以内，给人以模糊、平和、柔弱的印象。

3) 纯度对比：指纯度较高的色彩与纯度低的色彩并置，即纯色与浊色的对比。这种纯与浊的关系是相对而言的，纯色也可以是浊色中较高纯度色与较低纯度的色之间的对比，以及不同色相间的纯度对比。色彩的纯度改变，则明度也会随之变化。为了容易掌握可将每种色相的纯度都分为12级。其中构成的对比可以分为：

- 高纯度基调，也叫鲜强对比，相差8级以上，具有鲜明、强烈向上、朝气、积极的特点。
- 中纯度基调，也叫中中对比，相差5～8级，具有平和稳定、自然、冷静、文雅的特点。
- 低纯度基调，也叫灰强对比，相差4级以内，具有简朴、陈旧、平淡的特点。

4) 色相对比：即运用不同色相之间差异并置在一起形成的对比关系。
- 同类色对比，也叫同一色相对比，在24色相环中，色相角在5°以内的颜色形成的对比是同类色对比，这种对比关系较弱。
- 邻近色对比：色相角在30°以内的对比为邻近色对比。
- 类似色对比：色相角在45°左右称为类似色对比。
- 中间色对比：色相角在90°左右为中间色对比。
- 对比色对比：色相角在120°左右为对比色对比。
- 互补色对比：色相角在180°左右为互补色对比。

其中前四种对比方法属于弱对比，较容易得到协调对比效果；后两种属于强对比范围，运用得好可以产生强烈、鲜艳、刺激的效果；运用不好则容易产生过分强烈的冲突和刺激感，俗称"火"气，破坏了画面气氛。

调和：任何色彩在自然或人工环境中都不是独立存在的，必然与周围或其他的色彩产生对比、映衬的关系。几种色彩，摆放在一起彼此之间也会产生对比或调和的组合关系。如果两种以上的色彩组合在一起产生美感，就说明其关系是协调的，适合色彩调和的规律。这种把两种或两种以上色彩按照美学规律组合到一起，产生美感的色彩搭配方式称为色彩的调和。

色彩调和的原理如下：
- 色彩搭配在一起，既不过分刺激，也不过分平板，配色是调和的，没有个性的。完全缺乏变化的颜色，也不能算是调和的。
- 没有对比就没有调和，对比与调和是相辅相成的。按照人的视觉需要，补色搭配以求得生理平衡。
- 色彩的对比只是认识色彩变化的手段，调和才是运用色彩、解决色彩问题的关键。

色彩调和的方法（图1-36）
1) 单色相调和（只变化明度与纯度）：这是一种最简单的调和手段，容易产生调和感和统一感。可以在主色与配色中选一项进行加白、加黑、加灰的处理，反衬另一项，进而取得对比中调和的效果，以及浊度与纯度间的调和效果。
2) 类似色调和：利用色相环相互临近的颜色进行搭

图1-36 色彩调和的方法

配取得调和的方法称为类似色调和。

3）对比色调和：选择24色相环距离角120°～180°的颜色进行搭配产生的调和关系，应运用色彩手段避免对比过分强烈。

4）色调调和：使画面或空间统一在一种暖或冷的色调中容易产生调和效果，这种调色称为色调调和，可分为暖色色调、冷色色调、中性色色调等。

5）多边色调和：利用24色相环将等边三角或正方形，每角选一种色进行搭配则产生调和效果，这种方法称为多边色调和。

3. 立体构成在花卉装饰中的应用

立体构成是指在三维空间内，通过材料的组合形成立体造型，并以立体造型的实际厚度、高度和宽度来塑造形象。立体构成要求对物体或造型进行多方位的观察与思考，采用不同材料，按照一定的法则组合成新的立体形态的过程。在花卉装饰过程中，很多地方需要运用立体构成的原理，最典型的是立体花坛的设计和综合花展的设计等。

按照组成立体造型的材料和方法的不同，分为线立体、面立体和块立体。不同的材料组成的立体构成，给人的感觉也不同，线材给人一种轻快和空间感，面材给人一种充实感，块材给人以厚重感。

立体构成的特征如下：

光影感　所有立体造型都会通过光影加强自身的体积效果，因此造型本身的明暗变化与落影是立体构成必不可少的条件（图1-37）。

图1-37　光影感

空间感　人们要欣赏立体造型的全貌，领略空间的感受，视点必须移动，这样就由于身体的移动而形成空间感（图1-38）。

图1-38　空间感

动感　立体造型是静止的，但组成它的点、线、面所产生的斜面、曲面及形体，它们在空间部位的转动而取得动感（图1-39）。

立体构成的形式法则如下：

节奏和韵律　立体构成设计在整体关系上要表现出一定的节奏和韵律美，即表现出一种协调的秩序和有规律性的变化，使人们看过之后产生柔和、优雅的感觉。

图1-39　动感

对比与调和 对比指突出形象之间的差异，使个性鲜明化；调和是指在对比中找出统一的因素。在立体构成中，对比可使得形态生动、个性鲜明，而调和又使对比双方起着过渡中和作用，使双方产生协调关系。对比与调和是相互对立的一个统一体，在任何设计中，它们都是不可缺少的。

均衡与对称 均衡是一件作品的整体布局，对称是最完美的均衡形式，比如中国古代宫殿建筑的设计常采用对称形式。

形象的重复 在观察事物的过程中，形象的重复很容易引起人们的视觉注意，也往往会成为表现对象的重点。重复形象的造型从美学角度来看，呈现出一种秩序美的视觉形象，而且这些重复造型会产生一种相互呼应的作用，在客观效果上会有一种和谐的气氛。

形象的变异 形象的变异就是指在一种有秩序的设计形象整体中，有个别变异的表现。这种构成形式在整体中使人感到富有变化、烘托气氛，可达到"画龙点睛"的作用。

线立体构成是以线材为基本形态，采用渐变、交叉、放射、重复等方法构成。线材是以长度为特征的型材。在线立体构成中按线材不同，可划分为软质线材构成和硬质线材构成两种。

硬质线材包括木材、塑料及其他金属等条材；软质线材包括棉、麻、丝、化纤等软线，还有铁、铜、铝丝等金属线材。

线材本身并不具有表现空间形体的功能，而是需要通过线群的集聚和利用框架的支撑形成面的效果，然后再用各种面加以包围，才可以形成空间立体造型，转化为空间立体。

线材构成所表现的空间立体效果，具有半透明的性质。由于线群按照一定的规律集合，线与线之间会产生一定的间距，透过这些线之间的空隙，可观察到各个不同层次的线群结构。这样便能表现出各线面层次的交错构成。这种各线面不同层次交错产生的效果，呈现出疏密不同的网格状变化，具有较强的韵律感。

由于受材料限制，线材所围合成的空间立体造型，必须借助于框架的支撑。常用的框架有木框架、金属框架以及其他能起支撑作用的材质做成的框架。

用金属条、玻璃柱、木条、塑料等材料组成的立体造型，就叫硬质线材构成。在构成前，要按照作者的设计意图，确定好框架。构成后，可将临时支撑框架撤掉以保留硬线本身构成的效果。这种构成形式可运用到灯具、商品展架、装饰品等产品设计的造型中。选用透明的材质，如玻璃柱、塑料细管等所构成的立体造型，可呈现出晶莹剔透的效果。

硬质线材构成主要有以下几种造型形式：

1）垒积构造：以直线形条材，组成方形、圆形、扇形等基本体造型。然后，按一定规律排列重叠，可以进行渐变排列，也可以进行变向、转体、穿插等各种变化，这种构成形式可以表现构成群体的韵律美。按照这个原理可以用枝条设计出新颖的花艺设计构架。

2）桁架构造：它是由六根硬线材组成的正四面体。这种六根硬线材组构的正四面体是虚体(消极的体)。它的最大特点是能够用少量的材料造出较大的构成物（图1-40）。

图1-40 桁架构造

3）框架构造：它是将条形硬质材料先制成框架，然后再按照一定规律进行组合排列。有的面层用平行或垂直的有秩序排列，有的面层可以进行部分的斜向排列，有的局部也可以留出空间。各层次在整体造型上形成各种变化，便能造成相互交错的韵律美。再加以变化就可以是一个立体花坛的初步造型（图1-41）。

用棉线、麻绳、纸绳以及各类装饰软线组成的立体构成，称为软线构成。在构成前，要按照设计师的意图，先做一个框架，然后将线缠绕其上形成面，由面与面形成一个立体的构成（图1-42）。

图1-41　框架构造

图1-42　软线构成

实践训练 1　平面构成作品制作

目的要求

为了更好地掌握平面构成的要点，通过用花瓣或叶片做平面构成的实践，学生理解平面构成要求，了解用花瓣或叶片做平面构成的基本制作过程，掌握用花瓣或叶片做平面构成的制作技巧，在老师的指导下完成一件用花瓣或叶片制作的平面构成作品。

材料准备

1. 20cm×20cm的加框镜框。
2. 花材：创作所需时令花材的花瓣、叶片等。
3. 固定材料：胶水。
4. 辅助材料：绿铁丝、美术纸等。
5. 插花工具：剪刀、美工刀、镊子等。

操作方法

1. 教师示范：

步骤一：将镜框的玻璃取下，在底板上铺上合适色彩以及质地的美术纸。

步骤二：根据所构思的图案，依次用胶水粘上花瓣和叶片。

步骤三：整理、加框、安上玻璃等。

2. 学生分组模仿训练：按操作顺序进行制作。

评价标准

1. 构思要求：独特有创意。
2. 色彩要求：新颖而赏心悦目。
3. 造型要求：符合平面构成的要求。
4. 固定要求：整体作品及花材固定均要求牢固。
5. 整洁要求：作品完成后操作场地整理干净。
6. 合作要求：与其他同学共同合作良好。

提交实训报告

内容包括：对用花瓣或叶片做平面构成操作过程进行分析、比较和总结。

实践训练 2　立体构成作品制作

目的要求

为了更好地掌握立体构成的要点，通过用枝条或竹子做立体构成的实践，学生理解立体构成要求，了解用枝条或竹子做立体构成的基本制作过程，掌握用枝条或竹子做立体构成的制作技巧，在老师的指导下完成一件用枝条或竹子制作的立体构成作品。

材料准备

1. 50cm×50cm的纤维板。
2. 花材：创作所需时令枝条、竹子等。
3. 固定材料：胶水、绿铁丝、小铁钉等。
4. 辅助材料：绿胶布、美术纸等。
5. 插花工具：剪刀、美工刀、小榔头等。

操作方法

1. 教师示范：

步骤一：在纤维板上铺上合适色彩以及质地的美术纸。

步骤二：根据构思，依次用胶水、绿铁丝、小铁钉固定枝条和竹子。

步骤三：整理、起名等。

2. 学生分组模仿训练：按操作顺序进行制作。

评价标准

1. 构思要求：独特有创意。
2. 色彩要求：新颖而赏心悦目。
3. 造型要求：符合立体构成的要求。
4. 固定要求：整体作品固定要求牢固。
5. 整洁要求：作品完成后操作场地整理干净。
6. 合作要求：与其他同学共同合作良好。

提交实训报告

内容包括：对用枝条或竹子做立体构成的操作过程进行分析、比较和总结。

综合训练

通过网络或实地考察收集一个成功的开店案例，提供以下报告。

序号	项目	具体内容	自我评价
1	描述花店	初步印象、风格、产品介绍单、名片、具体位置	
2	描述产品	初步印象、照片、说明等	
3	意见建议	有清晰的建议方案和对作品的改善和改变计划	
4	比较	提供有创意的比较，包括风格、技法、色彩等方面	
备注	自我评价按提供了完整的信息、有创意的描述、比较和建议为★，较次之为▲，不完整、不准确为●的符号填入		

相关链接

赵晓军,齐海鹰,李莉.2001.鲜花店开店诀窍[M].济南:山东科学技术出版社.

商蕴青,霍丽洁.2004.花店营销100例[M].北京:中国林业出版社.

思考题

1. 花店开设之前应该有哪些心理准备?
2. 花店开设应准备哪些物品?
3. 开设花店应该办理哪些相关手续?
4. 怎么定位花店的经营方式?
5. 什么是花语?常见花材有哪些象征意义?
6. 什么是用花习俗?怎样根据用花习俗选择花材?
7. 花卉装饰的含义是什么?
8. 赏花方式有哪四点?
9. 分别列举十种红、黄、蓝、白色系花卉。
10. 列举五种具有香味的花卉。
11. 春节、端午节、重阳节的主要用花习俗是什么?
12. 列举中国十大传统名花。
13. 分别列举三种室内、室外、商业、公务花卉装饰类型。
14. 分别列举五种环境、园林花卉装饰类型。

1.2 花卉装饰的形式、手法与设计原则

【教学目标】

1. 了解花卉装饰的特点、作用以及设计的原则。
2. 掌握花卉装饰的基本形式及装饰手法。

【技能要求】

初步会进行花艺装饰。

▍案例导入

小丽的花店终于办妥一切手续,合法地开张了。但随着花店经营业务的不断拓展,小丽遇到了很多问题,诸如如何选择插花与盆栽?如何设计花卉造型?……

分组讨论:

1. 列出4个花卉装饰的设计方案。

序 号	途 径	自我评价
1		
2		
3		
4		
备 注	自我评价按准确★、基本准确▲、不准确●的符号填入	

2. 如果你是小丽,你会怎么做?

我认为正确的做法:

1.2.1 花卉装饰的特点

花卉装饰所选用的材料是植物。植物的特性决定了花卉装饰所具有的特点。

自然性 大自然千变万化，各种植物材料有着不同的形态特点，同一个品种的不同植株又有着不同的姿态，所以在进行花卉装饰设计时，就要充分考虑植物的自然状态，以及各种植物所具有的个性形态，使之与环境有机结合，真正达到装饰美化的效果。

生命力 花卉装饰所选用的材料主要是植物，而植物是活的生命体，对环境条件有不同的要求，条件适宜则生长良好，否则生长不良，难以发挥其应有的观赏价值，甚至死亡。影响花卉装饰材料的环境因子主要包括光照、温度、水分、土壤、生物等。在设计时就要考虑这些影响植物生长的环境因子，使花卉更能发挥其应有的美化装饰效果。

时效性 既然植物是一个生命体，就会自然生长，它会随着时间的推移改变其形态，因此在进行花卉装饰设计时要注意远近期结合，保持景观的相对稳定，从近处着手，从远处着眼。还要考虑养护问题，使景观一直保持预计效果。

1.2.2 花卉装饰的作用

花卉园艺是人类经济、文化发展的产物，花卉可以反映出一个国家的文化、科学和艺术水平的一个侧面。这不仅表现在花卉品种的丰富新奇和栽培技术的科学先进上，同时也表现在花卉装饰的艺术布局、设计、施工以及养护上。花卉是园林绿化中美化、彩化、香化的重要材料。在绿化、美化我们的城市和生活方面起着重要的作用。

1）净化空气，提高环境质量。花卉装饰不仅为人们创造优美的工作和休息环境，还起到防尘、杀菌和吸收有害气体等净化空气及卫生防护作用。有资料表明，一公顷树林一天可以蒸发水分1800t，吸收热量1.8×10^8J，吸收二氧化碳1005kg，呼出氧气735kg，足够9810人一天呼吸之用。此外，一公顷树林一年可吸附各种灰尘300t，一昼夜分泌出杀菌素30kg。而花卉同样具有降温、呼氧、吸尘、杀菌的作用。

2）美化环境，提高城市品位。花卉本身有其独特的形态美、线条美、色彩美、品质美，在环境中起主景、衬景、障景的作用，通过艺术构思可以创造出更加丰富多彩的艺术作品，使其与环境协调、美化城市。由于花卉是有生命力的，逐日生长，千变万化，使景色更加生动活泼，丰富多彩，从而提高了城市的品位，丰富了城市精神。

3）优化生活，提高生活质量。花卉是美丽、纯洁的象征，是幸福、吉祥的象征，是和平、友谊的象征，也是文明和希望的象征。花卉丰富了人们的精神文化生活，是人们不可缺少的精神食粮之一。当今社会，花卉已不再是上流社会少数人专享的高档奢侈品，而是大众也能享用的普通消费品。紧张工作之余，欣赏花卉艺术，可以调节精神、消除疲劳、陶冶情操、有益身心健康。花卉可以用来装饰居室、会场、阳台、道路等，花卉以它独特的姿色、风韵、香味给人美的享受，而通过艺术加工，重新设计布置的花卉装饰场所，就更给人以赏心悦目的感觉。这不仅反映了大自然的天然美，也反映了人类匠心的艺术美。人们在庆贺结婚及寿辰、探亲、访友、看望病人、迎送宾客、庆祝节日等场合，用花来作为馈赠礼物或装点环境已成风尚。

用花美化生活环境，优化了人们的日常生活，提高了生活质量。

4）促进生产，提高经济效益。用花卉装饰环境需要花卉材料，因此花卉生产有着广阔的前景，从而对农业结构的变革与经济发展起促进作用。我国花卉种类相当丰富，花卉输出事业的发展有着巨大的潜力和广阔的前途。可将种球、种苗、切花、盆花投入国际市场，尤其是一些特产花卉，如漳州的水仙、兰州的百合、云南的山茶、菊花等，历年来都有大量的出口。很多花卉还有药用、食用等作用，如牡丹、芍药、桔梗、麦冬、凤仙等均为重要的药用植物，杭菊、茉莉、薄荷等花香馥郁，可以用来熏茶，月季、玫瑰、晚香玉、薰衣草等能提取芳香油、香精等。还有一些花卉，如玫瑰、桂花、荷花、百合等可以用来食用，通过加工能生产出许多绿色食品、饮料、化妆品等，有的还是造纸和制麻的原料，其发展对国民经济将起到一定的作用。

> **小知识：几种抗污染的花卉种类**
>
> 美人蕉：美人蕉科，美人蕉属。对氟化氢、氯气的抗性和吸收能力强，对二氧化硫、三氧化硫、氯化氢的抗性较强，对汞蒸气的吸收能力较强。美人蕉的花色艳丽多彩，叶如芭蕉，舒展、潇洒大方、风姿绰约。似美女红装翠袖，于绿茵丛中遨游，美丽动人。
>
> 紫茉莉：紫茉莉科，紫茉莉属。对氟化氢的抗性强，对二氧化硫、氯化氢的抗性也较强。有杀菌能力，能分泌出一种杀菌素，在5min内可将原生动物杀死。紫茉莉花色艳丽多彩，尤以深玫瑰紫色为佳，黄昏发散出浓郁的香味，令人赏心悦目，心旷神怡。
>
> 鸢尾：鸢尾科，鸢尾属。对二氧化硫的抗性较强。鸢尾花色秀丽、风姿绰约、奇特美观，是世界著名的商品花卉。
>
> 金鱼草：玄参科，金鱼草属。对二氧化硫、氟化氢的抗性较强。金鱼草花色艳丽、丰富多彩。依其高、中、矮的不同高度栽培，可以形成不同的观赏层次。
>
> 郁金香：百合科，郁金香属。对氯气、氟化氢有一定的抗性。郁金香花色繁多、艳丽美观，用以丛植布置花坛花境，作盆栽和切花供室内布置均佳。具有较高的观赏价值，是当今世界上最主要的商品花之一。

1.2.3 花卉装饰的基本形式

花卉装饰的基本形式包括插花艺术、盆栽植物、水培植物、花坛、花境等形式。

1. 插花艺术

插花是一门古老而又新奇的艺术，由于种种历史原因，插花事业在我国曾几度兴衰。随着人类文明进步，人民生活水平的不断提高，人们将丰富多彩的文化内涵及艺术创造不断地融入插花之中，使其重新焕发出生机，不断发展完善成为一门高雅艺术，并越来越多地走入大众生活，成为一种能够完美地表达人类情感的艺术手段，成为一种世界通用的语言。

（1）插花艺术的概念和范畴

插花虽来源于民间的生活习俗，但将其作为一门艺术，就应有别于民间信手拈来、随心所欲的插作。那么，什么是插花艺术呢？简单而通俗地讲，插花艺术就是将有生命植物体（如花、草、树木等）具有观赏价值的枝、叶、花、果枝等部分剪切下来，以其为素材，经过一定的技术和艺术加工成型，插到盛水的容器中或保水的基质上，从而形成的具有生命力的花卉艺术装饰品。插花艺术是以切花花材为主要素材，通过摆插以表现其活力和自然美的造型艺术（图1-43）。

图1-43　《幽堂探春》
作者：朱迎迎

随着插花技艺的不断创新和发展，人们将更为新奇的创作理念和丰富多彩的插花材料应用于插花创作之中，这样就使插花艺术涵盖的内容越来越广泛了，插花所使用的材料不再是单一的鲜花材，也可以是干花以及人造花、玻璃花、金属花、泥塑花等非植物性的异质材料等。插花时可以用花器，也可以不用花器。在现代插花创作中，插花体量日趋大型化，更多注重其浓厚的装饰效果和时代感。另外，插花艺术又有别于其他的造型创作，它不仅追求形式美，更注重追求意境美，它是无声的诗、立体的画。作者着意通过创作的作品来表达一个主题，传递一种情感，暗示一种哲理，使人观之赏心悦目，从而获得身心的愉悦。

插花是一项有意识的创作性活动，在创作过程中需要不断地将美学、绘画、雕塑、植物学、造园学、建筑学、文学等学科的相关知识应用到插花创作之中，可以说插花艺术是一门综合性的艺术学科。要创作出好的作品，不但要有丰富的自然知识，而且还要具有人文科学和艺术创作的知识，并且要多深入生活，在生活中去寻找创作灵感。

图1-44　广义插花形式
——壁挂式插花《浪花》
作者：朱迎迎

插花艺术作为一门学科，体现了系统性和科学性，具有本学科必学的基本知识、基本技巧和基本理论。它研究的范围主要包括插花的发展史、插花的基本原理及造型法则、插花的造型和基本插作技巧、插花的色彩配置、花材及花器的选择、花材的保鲜、插花作品的命名、插花作品的陈设、插花作品的品评与欣赏等内容。插花有广义和狭义两个范畴。广义范畴是指凡利用切花花材进行造型，达到艺术创作或装饰效果的，都可称为插花艺术，它包括展示的花艺作品、装饰环境用的插花作品和人们礼仪活动中的各种用花形式（图1-44）。而狭义范畴是指仅以使用器皿来插作切花花材的摆设花而言。

插花有艺术插花和生活插花之别。艺术插花在艺术创作上不但追求造型的完美，更多追求精神内涵和意境的创作，多用于花艺展中。而生活插花在花材、花器的选择以及造型上都比较自由和随意，更多追求形式美，主要用于增添生活情趣（图1-45）。

（2）插花艺术的特点

插花艺术虽与雕塑、盆景、造园、建筑等学科同属于造型艺术范畴，在创作原理上有很多相似之处，但作为一门在民间广为流传的技艺，深受人们的喜爱，自有其独有的特点。其特点如下：

- 有生命力：插花是以活的植物材料作为创作的主要素材。插制的作品具有自然花材的色彩、姿韵和芳香，春天的嫩芽、盛夏的绿叶、金秋的硕果、严冬的枯枝，无不让人感受到自然的脉动，令人赏心悦目，这是其他造型艺术无法与之相比的。
- 可操作性：插花作品装饰性强，具有立竿见影的美化效果。花是自然界最美的产物，集众花之美而造型，随环境需要而陈设的插花作品，更是美不胜收，其艺术魅力是其他造型艺术所不能及的。
- 具创造性：插花艺术在选材、造型、陈设应用上，都表现了极大的创造性和灵活性。花材种类可多可少，

图1-45 狭义插花形式——瓶插

品质档次可高可低，即使是其貌不扬的干枯植物，经精心插作，也会展示其生命的震撼力，令人回味无穷。构图形式多种多样，可简可繁。摆放作品可随环境需要，随时调整更换。通过作者精心构思可以创造出丰富多彩、形式各异的插花作品。
- 有时效性：插花属于瞬时性艺术创作和艺术欣赏活动，时间性强。花材脱离母体后，失去了根压，难以更好地吸收水分，加之其他因素的影响，使花材寿命相应缩短，少则1~2天，多则10天或1个月，所以一方面要加强鲜花插花作品的保鲜，另一方面在展览以及观赏时要考虑最佳观赏期。

（3）插花艺术的作用

随着时代的发展，人类文明程度的提高，人们在物质生活得到满足的基础上，将更多的热情投注在如何提高生活质量上。体现自然，具有情感，又能美化生活空间的插花艺术就迎合了人们的这种要求。所以，近些年来插花越来越多地走入寻常百姓的生活，正发挥越来越多的作用，也越来越受到人们的欢迎和喜爱。其作用如下：

- 美化环境：插花艺术具有美化生活环境的作用。插花艺术作为鲜花最为重要的应用方式，已成为人们日常工作和生活的一部分。各具特色的插花点缀在居室的书房、卧室、厅堂，可以把自然的脉动带入室内，增添生活情趣；应用在商业空间、文艺演出、宾馆饭店、学校、医院等公共场所，美化环境；摆放在开业庆典、婚丧礼仪上，或喜庆热闹，或庄严肃穆，烘托气氛。
- 传递情感：插花艺术具有传递情感、增进友谊的作用。鲜花是探亲访友、看望病人的首选礼物，也是最浪漫的礼物。花为人们传递着一份情感、一份友谊，这是任何礼物都无法替代的。
- 陶冶情操：插花艺术具有陶冶情操、提高人们艺术品位和生活水准的作用。时代的进步为插花艺术的创作提供了更为广泛的空间，那些更富内涵、更具感染力的作品，备受人们的喜爱。
- 增进健康：插花者在创作插花作品的过程中不仅得到体力的锻炼，而且带来身心的愉悦。另外，鲜花本身对环境有着净化空气的作用，插花作品对环境的美化都有利于增进人的健康。

相信随着时代的进步，插花艺术会有更为广阔的发展空间，会为人们带来更高品位的精神享受。

（4）插花艺术的分类

由于受地区民族文化传统、生活习俗、宗教信仰以及时代背景等诸多因素的影响，世界上插花艺术的表现形式多种多样，艺术风格多姿多彩，艺术流派众多，现就国内外常见的插花类别与流派分类如下。

图1-46　西方式插花《月色浪漫》
作者：朱迎迎

按地区民族风格分类　插花艺术的表现在很大程度上受到地区民族习惯及历史背景的影响，自然使得东、西方的插花各具特色，形成世界上风格迥异的两大插花流派，即东方式插花和西方式插花（图1-46）。西方插花受到西方造型艺术、绘画、西方艺术思潮以及文化背景的影响，形成了独特的风格与特点。东方式插花以中国和日本的传统插花为代表，受中国传统文化的影响，其主要特点和风格与前者迥异，多以线条构图为主，呈现出各种不规则不对称的优美造型（图1-47）。

图1-47　东方式插花《孤芳斜影》
作者：朱迎迎

按时代特点分类　插花艺术随着时代的进步，不断得以发展和完善，可以说它从一个侧面也能反映出时代的特点。从其发展的不同时期可将插花艺术分为传统插花和现代插花两种风格。

按艺术表现手法分类　插花作为一门以植物材料为主要素材的造型艺术，有着其独特的艺术表现手法，除花色和造型给人以美感外，还要有非常广泛的表现内容和深刻的内涵。主要表现手法

■ **小知识：传统插花与现代插花**

中国插花艺术历史悠久，中国人在1500多年前已将人文思想结果，透过花卉之美，在花器上展现寰宇人间的第二生命奥秘，之间经过历代文人的倡导，风格各异，形成了一项至为优美的古典艺术，影响日、韩颇巨，在插花史中，我国最早"瓶供"载于史籍就是在五世纪的南齐之《南史·晋安王子懋传》："有献莲花供佛者，众僧以铜罂盛水，渍其茎，欲华不萎。"铜罂就是一口小腹大的盛酒器，形体与印度的贤瓶相似，除装酒外，用于贮水插花以供佛，成为我国瓶供原始形态。后来瓶花与"皿花"相结合，发展为盘花，北周的诗人庾信的"金盘衬红琼"便是以铜盘插作红色杏花以招待宾客，因此六朝时代用铜罂或盘器插花应用在佛堂或日常生活中。

唐代著名插花家罗虬对插花所使用的花器：剪刀、给水、花台、配件、花等都非常考究。五代为发挥盘花艺术，郭江洲发明了占景盘，使花枝可以挺立，盘花创作空间因而加大。宋代以后，插花也相当盛行，有"理念花"的诞生，结构清疏，条理分明是其特色。元代为异族统治，部分文人不满现

实，借花浇愁，而有"心象"插花的风格表现（图1-48）。明代盛行瓶花，有初期隆盛理念花，中期的文人花、晚期的"格花"与"新古典花"。清代初期插花风格仍沿袭明代传统，但当时已有类似剑山定枝器的发明，适合盘花发展。而写景风格的盛行，如"谐音造型花"、"多体插花"等，都有清代的特色。

中国古典花艺从历史演变历程上而言自成系统，但从横面看，众相杂陈，形色缤纷，尤其一经整理归类后，更能显示其系统与属性，而各类之间形成不可分割的互动关系。例如以花器分为瓶花、盘花、缸花、碗花、筒花、篮花；以创作心态分为理念花、写景花、心象花、造型花；以摆设环境属性分为殿堂花、堂花、室花、斋花、茶花、禅花；就作者身份或生活应用分为官廷插花、宗教插花、文人插花、民间插花；就主花的比例结构分为盘踞体、高踞体、高兀体等。将各类项的内容进行细分，更可以看出其精微之处，体系庞大而富有深度。

图1-48　东方传统插花《观物情》
作者：中华花艺

现代插花既不要求严格按照插花艺术的基本原则去进行创作，也不只是单纯地表现自然界的和谐美，更多的是要通过插花作品来表达个人的观点和心态。现代插花尊重个人创作意念，只要有想象力，任何花材和物体都可用来创作作品。花器品种越来越丰富，有碗、碟、盆、罐等，也可用竹、铁、铜、银、水晶、陶瓷、塑料等材料制成。花材不再局限于鲜花，更进一步广泛使用干花、人造花、枯木甚至胶管、贝壳等异质材料。

现代插花需要丰富的想象力，花材、花器的选择以及造型设计，都随意、大胆、有创意。现代插花融合了东西方插花艺术的精华，款式趋于自由，表现力更为丰富，在继承传统插花的基础上，吸收了现代雕塑、绘画、建筑等艺术造型的原理，使之更能表现现代人的情感，更具时代美（图1-49）。

现代插花在欧美及日本有较显著的发展，日本的"自由插花或前卫插花"、欧美的"抽象插花"都属于现代插花。

图1-49　现代插花《聚散两依依》
作者：朱迎迎

有写景式、写实式、写意式。

1）写景式插花。指用模拟的手法来表现植物自然生长状态的一种特殊的艺术插花的创作形式。不是自然美景的翻版，模拟中要去粗存精，对美景作夸张的描写，集自然与艺术于一体。容器宜选择制作水石盆景的浅盆，多用剑山固定花枝，表现手法多样，可借鉴园林设计和盆景艺术的布局手法，并与插花的基本成形方法糅合在一起，"缩崇山峻岭于咫尺之间"再现富有诗情画意的自然美景。为了补充画面的意境和渲染气势，常配置以山石、人物、动物、建筑等摆件，使创作更为生动感人，呈现出更具天然之趣的自然风光。写景式插花是传统插花中写景花的继承和发扬。（图1-50）。

图1-50 《夏日池塘别样韵》
作者：朱迎迎

图1-51 《柿柿如意》
作者：台湾中华花艺

图1-52 《山峦叠翠》
作者：朱迎迎

2）写意式插花。指借用花材属性和象征意义表现宇宙哲理、社会伦理或个人心态的一种艺术插花创作形式。选材时要注意植物的名称、色彩、形态及其象征寓意与主题的意念联系，另外花器与摆件的选择也不能忽视。只有恰当选材，才能很好地表达主题（图1-51）。如我国传统插花中宫廷插花，常以牡丹作为主景，意在牡丹素有富贵花的好口彩，而将南天竹、梅花、苹果和爆竹来进行插花构图，其花名的谐音便构成了"竹报平安"的吉祥名称。根据花材的象征意义，将松、竹、梅合插在一起，誉为"岁寒三友"；将莲、菊、兰合插在一起，则有"风月三昆"的美好寓意。写意式插花是传统插花中理念花的继承和发展，与理念花属同一类型。

3）抽象式插花。指运用夸张和虚拟的手法来表现客观事物的一种插花创作形式。可以拟人，也可以拟物。选材时注重材料的个别形象与主题的联系，根据作者的想像，达到成为抽象意念心境创作的目的（图1-52）。

按装饰的位置分类 插花除了可以用于装饰美化环境外，还可以作礼服等人体仪表的装饰品。所以根据插花装饰的位置，一般分为摆设花和服饰花。

1）摆设花，是指用来摆放在所要装饰的环境或场所中的插花饰品，其中包括用于美化装饰公共场所或家庭居室的小型摆设花，用于典礼、集会等各种场所营造气氛的大型摆设花以及命题性摆设花等，应用非常广泛，深受人们的喜爱（图1-53）。

图1-53 《家居插花》 作者：朱迎迎

2）服饰花，是指用来装饰礼服等人体仪表的花卉饰品。常见的有胸花、肩花、帽饰等，只在婚礼、大型会议等特殊场合使用（图1-54）。

按插花花材的性质分类 随着花卉制作工艺的不断进步，出现了干花、人造花等仿真花，为了使插花作品具有更长的观赏时间，除了用鲜花插花外，还会选用诸如干花、人造

图1-54　头花、手花　　　　图1-55　鲜花插花　　　　图1-56　干花插花

花，或者混合鲜花、干花、人造花在一起的插花作品。

1）鲜花插花，是指以新鲜的切花花材为素材，所创作的插花作品（图1-55）。在大多数场合，人们都喜欢插制鲜花，因为鲜花比干花、人造花更富有艺术感染力，尤其是是在盛大、隆重、庄严的场合及人生重要时刻，往往需要鲜花的陪衬和点缀。鲜花的缺点是水养持久性不长，在养护管理上比干花、人造花麻烦，在暗光下装饰效果不好，还有装饰和欣赏的时间比较短也是其主要弱点。

2）干花插花，是室内常用的装饰物之一（图1-56），以自然干燥或人工干燥的切花为素材所创作的插花作品。其作品保留了植物原有的自然姿态和色泽，也可进行人工着色，观赏期长，管理方便，干花插花的缺点是怕放在潮湿和风口处摆放。

3）人造花插花，是指全部用人造花进行插花。人造花又称仿真花，是以自然植物资源作为模拟对象，进行人工仿制、创造的仿真植物材料。人造花的形式繁多，有的遵照原形，仿真性很强，有的重视表现，有的则移花接木，随意设计和着色。制作人造花的材料很多，如布、纸、塑胶、羽毛、木片、果壳、玻璃、纱、金属、绢等。仿真性强的人造花插花作品常常可以以假乱真，颇具艺术魅力，在商场橱窗、宾馆酒店大堂装饰及家居摆放中应用得较多（图1-57）。

图1-57　人造花插花

4）混合花插花，是指将鲜花、干花及人造花互相混合插作，视季节、环境及具体条件的需要进行组合。插作时可用干花和鲜花组合，将一些既可乱真的人造花代替容易凋谢的鲜花，与其他保鲜期较长的鲜花混合插制，可

图1-58　混合花插花

以运用在放置时间较长的场合，也可用干花和人造花组合，后者应用较多，比较实用。真真假假，趣味性很强（图1-58）。

2. 盆栽植物

凡用盆钵栽培的草本或木本花卉都称为盆栽植物。盆栽植物创始于我国，早在东汉时期就有盆栽花卉了，到元、明、清时期盆栽已经盛行。盆栽先于盆景出现，盆景起源于盆栽。近些年，我国盆栽植物发展极其迅猛，2001年销售量达8.1亿盆，销售额52.5亿元，出口额近1.95亿美元。每年的春节花市上蝴蝶兰、大花蕙兰、凤梨、杜鹃、仙客来、一品红、红掌等盆栽植物都深受人们的青睐。

盆栽植物可用于室外和室内装饰，特别适合临时性的装饰需要，便于搬动，成效明显。既可布置于公园、风景区、街道、广场、台阶，又可供室内陈列展览、布置会场、宾馆、办公室、居室等处。

（1）盆栽植物的特点

盆栽植物因搬动灵活，可随时采取措施，克服不利自然条件，如冬季搬花入室，可保温防冻；夏日搬置阴凉之处，可防晒、防暑；开花期移入室内，可防雨、防晒以延长开花期；通过温度、光照等处理，可提前或推迟花期。在提高移栽成活率方面盆栽花卉也有着重要作用，尤其在不适宜移栽的季节，脱盆种植，可以保证花卉成活且不受损害。这些花卉通常是在花圃或温室等人工条件下栽培形成，达到适宜观赏和应用的生长发育阶段后摆放在需要装饰的场所，在失去最佳观赏效果或完成装饰任务后移走或更换。

盆栽植物装饰用的植物种类多，不受地域和适应性的限制，栽培造型方便。布置随意性强，可装点街道、广场及建筑物周围，也可装点阳台、露台和屋顶花园，在室内可装饰会场、休息室、餐厅、走道、橱窗以及家居环境等，是花卉植物应用很普遍的一种形式。凡植物的叶、花、果实、茎干可供观赏的，都可以作为盆栽材料。盆栽植物对城市绿化、业余爱好者更为方便，不论在阳台、窗台、走廊、屋顶、墙根、院角、均可摆设。

（2）盆栽植物分类

根据栽植的形式和手法可以分为盆花（图1-59）、组合盆栽（图1-60）、盆景。盆花是指在一个容器里只栽种一个品种植物，可以是观花植物也可以是观叶植物。

图1-59　盆花

组合盆栽　是指在一个容器里根据艺术构成法则可以栽种多个生态习性相近的植物品种，使盆栽更富有艺术效果和更好的观赏价值。盆景起始于我国，是我国独特的一门艺术形式，是中华民族光辉灿烂文化艺术的组成部分。

盆景　是在我国盆栽、石玩的基础上发展起来的以树、石为基本材料，在盆内表现自然景观并借以表达作者思想感情的艺术品。盆景是"无声的诗，立体的画"。盆景是在有限的

图1-60　组合盆栽　　　　图1-61　微型盆景　　　　图1-62　树桩盆景

小小空间中创作，要求"藏参天复地之意于盈握间"，"一峰则太华千寻，一勺则江湖万里"，若无高度的概括性是不能达到的。盆景按规格可以分为特大型（120cm以上）、大型（80～120cm）、中型（40～80cm）、小型（40cm以下）和微型（10cm以下）（图1-61）。按类别可分为树桩盆景（图1-62）、山水盆景、山石盆景（图1-63）。按山水类各型可以分为水盆型、旱盆型、水旱型。按流派可以分为扬派、苏派、川派、岭南派、徽派、通派、海派等。

3. 水培植物

水培植物主要是通过生物诱变技术，诱导非水生花卉组织产生类似于水生花卉的组织结构，这样花卉的根部可以长期浸泡在水中而不会出现烂根的现象。其主要特点是清洁、环保、格调高雅、便于组合、养护。水培植物是在众多的花卉品种中经过特殊筛选、诱导变异、特殊驯化和水培适应性强化等过程培育而成的新型花卉。目前我国已经成功培育了观叶类、观花类、仙人掌类等8个系列400多个品种的水培植物。水培植物不仅经济、卫生、清洁，而且观赏价值极高，是花卉居家装饰的首选，更是陶冶情操、修身养性的花卉精品。

图1-63　山石盆景

水培植物经过特殊筛选、诱导变异、特殊驯化和水培适应性强化等过程的培育后，很容易养活。无需浇水，不必松土、除草、换土、施肥，只要定期更换水培植物营养液即可。水培植物不需泥土，因此消除了泥土栽培因施肥、换土和浇水等过程造成的有害细菌在室内的滋生、蔓延和传播。由于采用了特殊的水培植物装置，从而防止了蚊虫在营养液中的滋生，使居室更清洁、更卫生（图1-64）。水培植物的特点：

1）水培植物植株生长快，根系发达，长势强，品质好。生长健壮、整齐，叶色浓绿，色泽鲜艳，花多而大，花期长。
2）容器工艺化，材质透明化，形状多样化。
3）营养液的特殊功效，使花卉更鲜艳可爱，婀娜多姿。
4）适当的小鱼养殖，花鱼共赏，更加让人欣欣不已。

水培植物打破了传统养花带来的种种限制，可以选择各种材质、各种造型的工艺器皿作为花盆，大大提高了盆花的观赏效果和艺术价值，实现了植物、容器、环境的完美结合。

图1-64　水培植物

在花卉出口方面，水培植物作为具有我国特色的花卉品种，由于具有环保清洁的特点，可以很容易通过相关的进出口检验。目前我国已经有相当一部分水培植物出口到美国、日本、比利时等国家，填补了我国花卉在国际贸易上的空白，增强了我国花卉业的国际竞争力。

水培植物中，还可以添加各类水草、装饰物材料（如彩色的水晶泥、水晶球等）；可以采用的形式多种多样，盆、瓶、槽、缸等，室内、室外、牵藤、草本植物都使用，也可以制作精美的无土山水盆景；可以生长彩色辣椒、黄瓜、番茄、生菜等蔬菜，实现观赏食用两不误，生长自己种的绿色蔬菜；更可以提供套装给各中小学校作为学生生物教材的辅助材料，帮助学生全面了解植物的生长发育现象。

4. 花坛

花坛在城市及各种环境中随处可见，"无孔"不入。它是五彩缤纷、绚丽夺目的缀景，又好似碧绿如油、形如翡翠的宝石，装饰和美化着各种环境，尤其是在现代城市的建筑群中，更形成为大大小小、星罗棋布的亮丽风景，是城市现代化中运用极为普遍、作用相当重要的一种城市生态景观。

（1）花坛的概念

花坛是一种古老的花卉应用形式，源于古罗马时代的文人园林，16世纪在意大利园林中广泛应用，17世纪在法国凡尔赛宫达到了高潮。

花坛是将同期开放的多种花卉，或不同颜色的同种花卉，根据一定的图案设计，栽种于特定规则式或自然式的苗床内，以发挥其群体美的效果。花坛具有规则的、群体的、讲究图案（色块）效果的特点，以几何形为主。它是公园、广场、街道绿地以及工厂、机关、学校等绿化布置中的重点。

对于花坛的概念，历来有种种大同小异的理解，早在1933年商务印书馆发行的《万有文库》一书中，认为花坛的特征是"专为观赏，自乐其美，综合各种色彩，制成若干轮廓，锐意配置，以博新奇"；在同年出版的农学小丛书《造园法》中则认为花坛是"在室外用丛生草花与观赏植物，依其色泽作种种配合，以为园景上的重要点缀品。"而在新中国成立后辞书认为花坛是园林绿地中成丛种植花卉的地面或土坛，它可以种植一种或多种花卉形成各种图案，或根据花卉植株的高低而有不同的花坛形式。在大百科全书中则认为花坛是"在一定范围的畦地上，按照整形式或半整形式的图案栽植观赏植物，以表现花卉群体美的园林设施。"农业大百科全书《观赏园艺卷》中对花坛也持相同的看法，但更为简练，认为花坛是"按照设计意图在一定形体范围内栽植观赏植物，以表现群体美的设施。"

有人则从科学概念及功能方面来理解花坛，认为花坛应是"集中栽植低矮草本花卉于一定形体的地段上，用以装饰环境，分隔地面或空间、进行美育或组织交通等多种功能的植床"。还有人认为，在园林绿地中划出一定面积、较精细地栽种草花或木本植物，不论赏花或观叶的均可称为花坛，并且认为，为了同时加强花坛的色彩与形态，用建筑材料砌边，形成明显的轮廓，故"花坛是建筑材料与植物材料的混合体"。

（2）花坛的作用

花坛主要有如下作用：

美化环境 有生命的花卉组成的花坛，有较高的装饰性，是美化环境的一种较好的方式。在住宅小区、写字楼等高密度建筑楼群间，设置色彩鲜艳的花坛，可以打破建筑物造成的沉闷感，增加色彩，令人赏心悦目。在剧场、车站前广场及商业大厦等公共建筑前设置花坛，可以很好地装饰环境，结合花坛造型，还兼有渲染气氛的作用。在公园、风景名胜及游览地布置花坛，不仅美化环境，还可构成一个景点。城市立交桥、高速公路边不宜种植高大树木，若布置花坛，则可丰富城市道路景观，使城市具有现代化风貌。

标志、宣传 市花是城市的象征，以市花组成的花坛可成为城市的标志。一个单位、一件事物结合其标徽或吉祥物，配以相应的花坛，也可起到标志的作用。而用花卉组合成的字体，标语图示更能直接起到宣传作用。如在设计时构思一定的主题，配以饰物或立体的形象，更可寓文化教育于观赏之中，从而获得一种时代气息的感染。

基础装饰 以花坛作配景，装饰和加强其他景物的，称为基础装饰。一座雕像如果以花坛装饰为基座，会使雕像富有生命感；山石旁的花坛，可使山石与鲜花产生刚柔结合、相得益彰的效果；喷水池旁的花坛，不仅能丰富水池的色彩，还可作为喷水池的背景，使园林水景更亮丽；建筑物的墙基、屋角设置花坛，不仅美化了建筑物，而且使硬质的墙体与地面连接的线条显得生动有趣，又加强了基础的稳定感觉。

分隔、屏障 花坛的形状、大小，特别是花木枝叶的浓密度、花卉栽植的密度及其生长的高度等，可作为划分和装饰地面，分隔空间的手段，还可起到一种隐隐约约、似隔非隔、隔而不死的生物屏障作用。

组织交通 城市街道上的安全岛、分车带、交叉口等处，设置花坛或花坛群(或称带状花坛、连续花坛)，可以区分路面，提高驾驶员的注意力，增加美感与安全感；火车站、机场、码头的广场花坛，往往是一个城市环境的标志和橱窗，对一个城市的艺术面貌起着十分重要的作用。

增加节日的欢乐气氛 五颜六色、鲜艳夺目的各色花坛，往往成为节假日欢乐气氛最富表现力的一种形式。近年我国南北方城市，每到节假日都是广设各式花坛，气氛热烈，色彩缤纷，游人赏之雀跃，纷纷拍照留影，故在节假日的花坛（尤其是有一定主题的花坛）往往是城市环境美化的主角，成为最受游人欢迎的一种生态形式。

（3）花坛的类型

花坛的类型很多，分类方法各有不同，但从不同时期、不同地区的分类方法来看，都能反映出花坛发展的思路。不论是按设计形式、花坛材料、气候季相还是按花坛的作用、花坛所在环境、位置等来分，也不论花坛中花卉所占比重的多少，还是花坛组合的方式如何，但都是以观赏功能为基本点组成的生态景点。

根据花坛形式　可分为立体中心式花坛、模纹式花坛、整形式花坛、组合式花坛以及对称式花坛群（沉床式花坛）。

1）立体中心式花坛。位于园路的叉口、草坪中央。花坛通过整地和选择花卉相结合，组成中间较高、四周渐低，便于四周观赏的花坛。

2）模纹式花坛。利用不同品种镶嵌成各种曲线、图案或文字，形似毛毡，故又称毛毡花坛。采用的花卉种类要求枝叶细密，分枝性强的植物，也可用植株矮小、多花性的花卉，一般要求株高整齐一致。

3）整形式花坛。常见于我国北方地区，设在路口、街头的重要景点。一般以动物造型为多（图1-65），也有小的亭子、人物、吉祥物等。采用耐修剪、分枝性强的植物，如红绿草等，植物的养护要求较高。

4）组合式花坛。由几个小型花坛组合成一个整体的花坛（图1-66）。各小花坛往往可以立体的上下分布，组成一定的造型，达到既允许花坛轮廓的变化，又有统一的规律，观赏者移动视点就能欣赏花坛的整体效果。这种利用连续景观，来表现花坛的艺术感染力，是花坛美的延续，其中的花卉只要满足花坛的总体要求，可以用不同种类或品种。最重要的是观赏期一致，体现整体效果。

5）对称式花坛群（沉床式花坛）。在较大的绿地中要求有大面积花坛，而用一个花坛又难以办到，可以通过一组花坛以对称布置的方式来完成。花坛间可铺石筑路，以便游人步入其间；各小花坛的花卉材料也应注意对称布置，强调整体性；中央的主花坛可以设置喷泉、雕塑等。周围的花坛材料，不限于草本、木本，可以多样化，使整个花坛群的观赏期尽量延长，利用不同花期的材料达到目的。

图1-65　整形式花坛

图1-66　组合式花坛

根据花坛空间位置 可将花坛分为平面花坛、斜坡花坛、台阶花坛、高台花坛以及俯视花坛。由于环境的不同,花坛所处位置不一,设置花坛的目的各异,因此在园林中可根据空间位置设置不同形式的花坛。

1)平面花坛。花坛与地平面基本一致,为观赏和管理上的方便,花坛与地面可构成小于30°的坡度,既便于观赏到整个花坛的整体,又利于花坛的排水,其外部轮廓线,则应依环境需要采取各种不同的几何形轮廓。

2)斜坡花坛。利用坡地设置斜坡花坛,但坡度不宜过大,否则水土流失严重,花材、花纹不易保持完整和持久。斜坡花坛多为一面观赏,可设在道路的尽头,面积大小、形状依实际环境、面积而定。

3)台阶花坛。在坡度过大或台阶两边设置的花台,层层向上,有斜面和平面交替,成为台阶两边的装饰,除利用开花花材外,也可适当加入持久的观叶材料,更富变化。

4)高台花坛。在园林中,为了某种特殊用途,如为了分隔空间,或者为了与附近建筑风格取得协调统一的效果,或受该处地形的限制,可设置高于地面的花台,其形状、大小、高度依所在地的环境条件而定。

5)俯视花坛。花坛设置在低于一般地面的地块上,必须从高处向下俯视,才能欣赏到花坛的整体纹样和色彩。在地形起伏的庭园中,利用低地设置,显示最美的俯视效果,俯视之余,可由小路走近花坛细赏。

根据花坛应用的植物材料 可分为一二年生草本花卉花坛、宿根花卉花坛、球根花卉花坛、五色草花坛等。

1)一二年生草本花卉花坛。花坛选用的植物以一二年生草本花卉为主,一二年生草本花卉种类繁多,品种各异,色彩鲜艳,花期整齐一致,将各种草花的优点同时集中在一个花坛内,五彩缤纷,生气盎然,可成为园林中耀眼的视点,尤其是寒冬过后的早春,这些由苗床、阳畦过冬后早早开放的草本花卉,就成为报春的使者。在春光中显示其报春、闹春的气息,是园林中不可缺少的先行者。但是草花花期不长,需要及时更换以保持繁花似锦的画面,因此费工、费料,只适于主要地区使用。

2)宿根花卉花坛。花坛选用的植物以宿根花卉为主,宿根花卉一经种植,开花后有的仍可观叶,入冬地上部分死亡,而地下部分在土壤内过冬,翌年春天又能萌芽发枝开花。年复一年且管理方便,隔数年后,根据长势,可行分根栽种,扩大种植面积,省工省料,但基本上一年开花一次,花后枝叶有的可维持青绿(如玉簪花),而有的则花落叶枯(如蜀葵),故宿根花卉花坛只适于偏僻、远赏之处应用。

3)球根花卉花坛。利用球根花卉布置花坛,虽然一年也仅仅开一次花,但其花期有的较长,且花色艳丽,如美人蕉、大丽花等,一经种植,从夏至深秋开花不断。郁金香品种繁多,花形美丽,但花后休眠,为保持球茎在土壤中继续生长,保证翌春开花,不宜移动,北方过于寒冷地区,严冬时节还必须掘球入室过冬,投资甚大。

4)五色草花坛。以五色草为主布置花坛,五色草是苋科植物,极耐修剪,植株矮小,宜于布置毛毡花坛。一经种植,只需进行修剪、浇水工作,可一直延续到霜降,其观赏时间之长,为所有花坛材料之冠,但其色彩较暗,因此可适当配种少量鲜艳色彩的其他花卉，以增加亮度，常进行更换，较之一二年草花花坛节约花材，节省人力，较之宿根、球根花坛也略胜一筹。只要经常进行修剪，保持花纹清晰即可。

根据花坛功能　可分为观赏花坛、标记花坛、主题花坛、基础花坛、夜景花坛、时钟花坛等。

1）观赏花坛。包括：纹样花坛、立体花坛、雕塑花坛和水景花坛。

- 纹样花坛：在纯观赏花坛中，以各种不同色彩、不同姿态的花卉组成各种花纹图案，以显示花卉群体美的花坛。其中有利用低矮植物作材料，使花纹贴近地面，犹如地毯一般，多配置在大型建筑物前后的开阔空间，后渐渐广泛应用于一切公共场合及城市道路系统中。有的地区，特别是住宅区庭院更多地出现一种自由式、多种类、小范围的纯观赏花园，突破了"纹样"与"花坛"的概念，纯粹欣赏不同花木或花卉本身的个体姿色美。

- 立体花坛：用红绿草作为主要材料，在预先设计好的构件上种植形成立体造型，造型十分丰富，有人物、动物、建筑物（图1-67）和其他形象，尤以动物为多。如作为中华民族象征的龙，几乎从来都是花坛的主要造型，并以"双龙戏珠"以及长龙与花坛结合的形式最常见。近年来

图1-67　立体花坛

随着经济的发展，也会以"飞龙"向上的形象作为时代的象征。至于表现吉祥的"鲤鱼跳龙门"、"孔雀开屏"、"万象更新"，以及象征和平宁静的吉祥物"熊猫"等都是常见的饰物花坛。表现人物的如"老寿星"、"天女散花"等。表现其他的如亭子、塔、花瓶、地球、花球、花柱、花车等都已成为园林绿地或街道路旁点缀环境的纯观赏性花卉装饰。

- 雕塑花坛：以人物雕像或其他雕塑，或以形象优美的山石作为主体而设置的花坛，称为雕塑花坛。如在某名人、英雄塑像下种植花卉，其花卉色彩、花坛面积的大小要与主体协调统一，能起到纪念与赏花又美化环境的作用。

- 水景花坛：在园林绿地中，花坛常伴随着水景出现。或在水域中，或在水池边，设置自然式的花坛，或以不同形式的喷泉与花坛结合，使花卉增加了动感，使水域增添了色彩，这种相得益彰的手法，在近代庭园中应用颇多。

2）标记花坛。利用花卉组成各种徽章、纹样、图案或字体，或结合其他物品陪衬主体，作为宣传之用，其中可分为：

- 标徽花坛：属于一个单位或机构，起印记宣传作用，如香港的紫荆花花坛，原区城市的标徽花坛，比较固定展现。

- 标志花坛：指一个事件或一种活动的标志或记录，带有纪念性质，不同时期的活动其标志也随着变化，如香港一年一度的花卉展览，每年的标志花坛设计或有不同，或则大同小异。而一次性的会议或过程，如1999年昆明世界园艺博览会的花坛，迎接新世纪来临的花坛等，都属于标志花坛的类型。

- 标题花坛：是直接将设计的主题用花坛形式表现出来，如纪念党的十一届三中全会，以十一条放射线伸向花坛顶部的一面红旗来表现，也有以音符标记，配以圆环、花带表示音乐主题的花坛。昆明世博会以5根高耸的花柱来表示五大洲的大型花坛。又如有以花卉组成和平鸽以表示主题内涵的花坛。
- 招牌花坛：是用植物花卉组成文字表示地点及机构名称的花坛。
- 标语花坛：以不同色彩的花卉，组成标语、口号、警语性质的花坛。

3）主题花坛。有一定的主题，以多种园林要素，即以花卉、花木乃至树木结合山石、水体、建筑小品、台阶等庭园形式综合表现主题的内容。其形象比较完美，也较复杂，它和标题花坛的不同是前者仅仅是点题，多以花卉为主，一般多采用常规的、面积较小的花坛形式，而后者则已超越花坛的概念，而成为小小的园林了，但人们仍习惯地称它为花坛。

4）基础花坛。为掩饰建筑物、园林小品乃至树木基部，使之与地面的接壤处更为生动、美观，当然也有保护基础的作用。建筑物墙基一般多采用带状的花缘或花境，而点状基础的如小品、树木则以花坛或花堆的形式为多。基础花坛的面积一般不宜过大，以免占用太多的地面，只要能达到掩饰、美化及保护的作用就可以了。

5）夜景花坛。夜景是花坛艺术欣赏的一个特殊方面，也是现代化城市景观要求的一个"亮点"。夜是暗的，要求有亮的对比。夜是静的，也是净的，从视觉感官来看，在夜间，其余的复杂景物都看不到了，故在设计花坛夜景时，最好有动态的景观对比，如采用动态的喷泉花坛，从造型及色彩上都可以将静态的花坛"活"起来。

6）时钟花坛（图1-68）。即利用低矮的花卉或观叶植物栽植装饰，并与时钟结合，通常可用植物材料栽植出时钟12小时的底盘，将指针设在花坛的外面。这类花坛一般在背面用土或框架将花坛上部提高，形成呈斜面的单面或三面观赏的半立体状。

图1-68 时钟花坛

5. 花境

花境是源自于欧洲的一种花卉种植形式。在欧洲园林中，早期宿根花卉的布置方式主要以围在草地或建筑的周围成狭窄的花缘式种植；植株按一定的株行距栽植，植株之间的裸地需要经常除草来保持洁净。直到19世纪后期，在英国著名园艺学家William Robinson（1838～1935）的倡导下，自然式的花园受到推崇。这一时期，英国的画家和园艺家Gertude Jeckyll（1843～1932）模拟自然界中林地边缘地带多种野生花卉交错生长的状态，运用艺术设计的手法，开始将宿根花卉按照色彩、高度及花期搭配在一起成群种植，开创了景观优美的被称为花境的一种全新的花卉种植形式。虽然第一个草本植物的花境是简单的矩形栽植床，植物多成行种植，但Gertude Jeckyll倡导用不同大小、不同形状的不规则式花丛并列或前后错落种植。她认为颜色应该互相渗透从而形成画境效果。观叶植物由于具有不同的绿色度，在花境中也有用武之地。在Gertude Jeckyll的时代，花境至少宽2.4m，以保证有足够多的植物种类从早春至晚秋花开不断。即使花境较短，也必须保证2m的宽度使不同种类的花、叶的颜色和姿态彼此掩映交错。

Gertude Jeckyll也打破了植物从后到前依次变低的规则，在花境中创造出高低错落、更为自然的效果。如果生长季有植株死亡，那么可以用一年生或盆栽花卉立即补植。这种花卉的种植形式因其优美的景观而在欧洲受到欢迎。随着历史的发展，花境的形式和内容发生了许多变化，用于花境的植物种类也越来越多，但花境基本的设计思想和形式仍被传承下来。

（1）花境的概念

花境是园林中从规则式构图到自然式构图的一种过渡的半式的带状种植，它利用露地宿根花卉、球根花卉及一二年生花卉，栽植在树丛、绿篱、栏杆、绿地边缘、道路两旁及建筑物前，以带状自然式栽种，表现植物个体所特有的自然美以及他们之间自然组合的群落美。它是根据自然风景中林缘野生花卉自然分散生长的规律，加以艺术提炼，而应用于园林景观中的一种方式。它一次设计种植，可多年使用，并能做到四季有景。另外，花境不但具有优美的景观效果，还有分隔空间和组织游览路线之功能。

（2）花境的特点

花境主要有以下特点：

- 花境有种植床，种植床两边的边缘线是连续不断平行的直线或是有几何轨迹可循的曲线，是沿长轴方向演进的动态连续构图。这正是与自然花丛和带状花坛的不同之处。
- 花境植床的边缘可以有边缘石也可无，但通常要求有低矮的镶边植物。
- 单面观赏的花境需有背景，其背景可以是装饰围墙的绿篱、树墙或格子篱等，通常呈规则式种植。
- 花境内部的植物配植是自然式的斑块式混交；所以花境是过渡的半自然式种植设计。其基本构成单位是一组花丛，每组花丛由5～10种花卉组成，每种花卉集中栽植。
- 花境主要表现花卉群丛平面和立面的自然美，是竖向和水平方向的综合景观表现。平面上不同种类是块状混交；立面上高低错落，既表现植物个体的自然美，又表现植物自然组合的群落美。
- 花境中各种花卉的配置比较粗放，不要求花期一致。但要考虑到同一季节中各种花卉的色彩、姿态、体型及数量的协调和对比，整体构图必须严整，还要注意一年中的四季变化，使一年四季都有花开。
- 一般花境的花卉应选花期长、色彩鲜艳、栽培管理粗放的宿根花卉为主，适当配以一二年生草花和球根花卉，或全部用球根花卉配置，或仅用同一种花卉的不同品种、不同色彩的花卉配置。

（3）花境的类型

根据花境的轮廓　可分为直线形花境、几何形花境和曲线形花境。

1）直线形花境。花境的边缘为笔直的线条，具有规则式的风格。一般在布置时常将植物排列成某种图案。

2）几何形花境。花境外形为几何图形，如方形、圆形等。建造几何形的花境通常是为了突出它们的外形，为此，种上低矮的植物或边缘围种低矮的花篱来突显外形。

3）曲线形花境。花境的边缘为曲线形，具有自然有趣的风格。一般在布置时边缘曲线要柔和舒展。

根据花境的观赏形式 可分为单面观赏花境、双面观赏花境和对应式花境。

1）单面观赏花境。是一种传统的应用设计形式，多临近道路设置，并常以建筑物、矮墙、树丛、绿篱等为背景，前面为低矮的边缘植物，整体上前低后高，仅供一面观赏（图1-69）。

2）双面观赏花境。多设置在道路、广场和草地的中央，植物种植总体上以中间高两侧低为原则，可供两面观赏（图1-70）。这种花境没有背景。

3）对应式花境。在园路轴线的两侧、广场、草坪或建筑周围设置的呈左右二列式相对应的两个花境（图1-71），在设计上统一考虑，作为一组景观，多用拟对称手法，力求富有韵律变化之美。

根据花境所用植物材料 可分为灌木花境、宿根花卉花境、球根花卉花境、专类花境以及混合花境。

图1-69　单面观赏花境

图1-70　双面观赏花境

图1-71　对应式花境

1）灌木花境。花境内所用的观赏植物全部为灌木。所选用材料以观花、观叶或观果且体量较小的灌木为主。

2）宿根花卉花境。花境全部由可露地过冬、适应性较强的宿根花卉组成，如鸢尾、芍药、萱草、玉簪、耧斗菜、荷包牡丹等。

3）球根花卉花境。花境内栽植的花卉为球根花卉，如百合、石蒜、大丽菊、水仙、郁金香、唐菖蒲等。

4）专类花境。由一类或一种植物组成的花境，称专类植物花境。如由叶形、色彩及株形等不同的蕨类植物组成的花境、由不同颜色和品种的芍药组成的花境、鸢尾属的不同种类和品种组成的花境、芳香植物组成的花境等。可用来布置专类花境的植物，在同一类植物内，其变种和品种类型多，花期、株形、花色等须有较丰富的变化，才有良好效果。

5）混合花境。主要指由灌木和耐寒性强的多年生花卉组成的花境。混合花境与宿根花卉花境是园林中最常见的花境类型。

1.2.4 装饰手法

1. 平摆式

平摆式主要是指利用盆花或者组合盆栽在一个平面组成各种图案来美化装饰环境。一般有点状布置（图1-72）、线状布置（图1-73）、面状布置（图1-74）。

图1-72 平摆式点状布置

图1-74 平摆式面状布置

点状布置 一般选用较大容器按照艺术手法组合栽植观花、观叶等习性相近的植物，布置在较宽的人行道或广场进行美化城市。

线状布置 一般是将不同品种的盆花在地面或者隔离带利用花槽在一个面上摆成线条状，既美化了环境又起到了分隔空间的作用。

面状布置 就是用较大的平面空间利用各种不同品种的盆花按照设计要求排放成不同的图案造型。盆花摆设应根据各种花卉的生长习性，所需要的生长条件和观赏期分别设置，除在不同的季节装饰适时花卉外，还要考虑室外的使用性质和立地条件，如光线、温度、湿度、通风等。在室外布置中，花盆的选配也十分重要，可选用质地较好的紫砂、陶瓷、釉盆、玻璃钢盆等进行换盆或套盆，若能选配精致、美观、色泽调和、形式统一且有特色的盆座和几架、则更能显示盆花的珍贵，进一步陪衬花卉，收到相映成趣的效果。

图1-73 平摆式线状布置

2. 挂壁式

挂壁式主要利用沿街墙面根据设计要求将盆花挂在墙面上组成丰富多彩的墙面效果（图1-75）。因为挂壁式装饰手法主要是利用墙壁进行装饰，所以首先要考虑墙面的

图1-75 挂壁式

质地、颜色、高度等因素。就质地而言，有砖墙、石墙、土墙、木板墙等，考虑质地主要是基于安全的因素，选用合适的固定方案，使挂壁式装饰安全无患。考虑墙体的颜色主要是为了选择合适的设计方案和选用适宜的颜色和品种的花卉与之相协调。考虑高度主要是为了设计方案和安全性，力求在视角最佳角度布置且不影响行人的行走安全。

3. 悬挂式

悬挂式装饰手法主要用于较高的装饰位置如灯柱（图1-76）、窗台（图1-77）、檐口（图1-78）以及栏杆（图1-79）。要注意的是装饰风格要与周围环境相协调，悬挂装置要充分考虑安全性，使用的盆花最好用轻型介质，以减少盆花的重量以达到其安全性。还可根据主题设计出丰富多彩的装饰效果（图1-80）。

图1-76 灯柱悬挂式

图1-77 窗台悬挂式　　　　　　图1-78 檐口悬挂式

图1-79 栏杆悬挂式

图1-80 奥运主题栏杆悬挂式

4. 组合式

组合式装饰手法是指在一个空间中运用多种形式的植物或者多种形式的装饰方式进行布置。如在室内空间既有插花作品的排放，又有水培植物、组合盆栽的布置；或者在宾馆室内大堂既有栏杆悬挂式盆花装饰又有室内庭院的种植布置（图1-81）。在室外既有立体花坛的布置又有自然花境的布置（图1-82）等。或者有几个连续的花坛在一起布置形成一个整体。总之组合式装饰手法需要设计者充分考虑立地条件，充分运用各种花卉装饰形式和手法有机组合，形成精彩纷呈的美化效果。

图1-81 室内组合式花卉装饰

图1-82 室外组合式花卉装饰

1.2.5 花卉装饰设计的原则

花卉装饰是以花卉植物为主，根据功能要求对环境进行装饰美化的过程，要做到科学性与艺术性、人造与自然环境的完美结合，满足人们对环境的功能和审美需求。根据美学与生物学原理，利用花卉植物将所要装饰的空间装点成赏心悦目的环境形象和使人心旷神怡、奋发向上的精神环境。花卉装饰主要遵循六个基本原则。

以人为本的原则 花卉装饰的对象虽然是环境与空间，但最终是为人服务的，是为人所享用的，所以首先必须遵循的是以人为本的原则。其中所包含的主要内容首先要符合功能的要求，如不同场合的花卉装饰要符合其特殊的功能需求，如对居家的花卉装饰，要考虑主人的性格、生活习俗；公共场合大型会议的花卉装饰就要考虑会议的层次、规模、性质等，根据不同的功能要求进行不同的设计；其次要符合生理的要求，如花卉是活的生物体，它本身具有独特的特性，如有的花卉具有各种香味，有的花卉具有浆汁，有的花卉有各种不同的刺等，这些植物的特性对人类来说不一定都有好处，就如香味而言，有的人是敏感体质，在其居住的居室不宜布置有香味的植物，有小孩的居室不宜布置有刺的植物等；最后要符合安全的要求，任何装饰设计，安全都是第一位的，花卉装饰也是，除了对一些特定人员的安全以外，如在道路上进行花卉装饰，就必须考虑交通以及行人行走的安全问题，最佳效果是不仅美化了环境，而且起到了组织交通、梳理交通的作用。

经济适用的原则　在花卉装饰中必须做到适用、经济、美观，坚持少花钱、多办事、办好事的原则。要走出钱越多、花卉装饰越好的误区，树立正确的经济观，在花卉装饰过程中必需的钱是要用的，但并非钱越多越好。有时同样的钱可以设计出更好的作品来，关键是将花卉装饰与立地环境紧密地结合、与地方花卉紧密地结合、物尽其用，巧妙构思，创造出适用、经济、美观的花卉装饰作品。

持续发展的原则　因为花卉装饰所运用的主要材料是花卉植物，而花卉植物是有生命的，随着时间的推移，不断地生长会改变形态，因此在花卉装饰时要考虑花卉的远期与近期的结合，保持景观的相对稳定性，要从远处着眼，近期着手，走可持续发展之路。

因地制宜的原则　花卉装饰要注重因地、因时、因材制宜的原则，在花卉装饰过程中，尽量考虑本身的环境特征，尽量利用乡土植物，尽量利用景观效果最好的适时植物，以体现季相效果。

个性特色的原则　任何一种装饰设计都有个性表现的要求，不管是在插花艺术还是场景花卉装饰，或者是花坛、花境设计都要求尽最大努力体现个性特征和民族特色，民族特色在世界范围也是个性特征的体现，只有民族的才是世界的，是设计中最需要把握的。

植物造景的原则　这是由花卉装饰的特点所决定的，花卉装饰所采用的材料主要是花卉植物，那么在花卉装饰设计中就需要把握住利用植物来造景的原则，中国是世界园林之母，主要是指中国的植物资源相当丰富，中国每一区域的植物均表现了其特有的面貌，利用丰富的植物资源进行装饰设计是花卉装饰的重要原则。

=== 思考题 ===

1. 什么是插花艺术？它有何特点？
2. 插花艺术按其艺术表现手法可分为哪几类？各有何特点？
3. 结合实际谈谈如何学好插花艺术这门课程。
4. 按花材的性质可将插花分为哪几类？各有何特点？应用时要注意什么？
5. 插花艺术按其艺术表现手法可分为几类？各有何特点？
6. 盆花、组合盆栽、水培植物各有哪些特点？
7. 什么是花坛？有什么特点？可以分成哪几类？
8. 什么是花境？有什么特点？可以分成哪几类？
9. 花卉装饰有哪几个设计手法？举例说明。

1.3 花卉装饰业务与花店经营

【教学目标】
1. 了解花卉装饰商务洽谈技巧与要点。
2. 了解花店或小型花艺环境设计企业经营管理技巧。

【技能要求】
初步会经营花店及小型花艺环境设计公司。

案例导入

小丽的花店终于办妥一切手续，合法地开张了，但随着花店经营业务的不断拓展，小丽遇到了很多问题，诸如业务如何拓展？拓展到什么程度？如何掌握经营管理、商务洽谈技巧使花店不断壮大？……

分组讨论：

1. 列出4个花店拓展业务的途径。

序 号	途 径	自我评价
1		
2		
3		
4		
备 注	自我评价按准确★、基本准确▲、不准确●的符号填入	

2. 如果你是小丽，你会怎么做？

我认为正确的做法：

1.3.1 花店经营的基本原理

1. 花店销售的4P循环理论

成功的销售是花店经营的基础,在销售方面有一套4P循环理论。

4P是指计划(planning);采购(purchasing);价格(pricing);展示(presenting)。周详完备的计划是一切经营行为的根本。为主流产品、节日新款花艺等做好准备,是成功运作的一半。花材、资材的采购直接影响着花店的风格、经营理念、花艺创作以及花店的经营成本,也是落实计划的关键环节。价格对顾客的影响是至关重要的,所以定价也大有学问,按规律,零售价应该是成本价的3.3倍。好的陈列可以增加顾客的购买欲,花店的外观和橱窗布置能够表现花店的灵魂和气质,同时也能展示设计师的水平。经常变换展示能使顾客有耳目一新的感觉。

一个合理的运营成本公式可以看出花店成功的秘诀。

业绩=5%税金+10%损耗+20%利润+35%固定费用(人员、房费、水电、通信费等)+30%变动成本(鲜花、花器、包装纸等)

2. 花店的成本控制

中小型花店一般不做开店前营业额预估,也不做年度的预算和销售计划。经营状况的好坏必须通过成本与利润核算后来衡量。花店经营过程中会有部分资金被暂时压一段时间,如已购买了货物还没有销售出去的那部分。因此要真正反映花店某一段时间的经营状况,应该做好有关记录,定期统计进货付款、货物库存、销售收入和日常支出以及赊账,综合几个方面判断花店的盈亏,从而更有效地提高花店的经营水平。

(1)充分利用原材料

花店经营的主要原材料是鲜切花,在进花出货过程中要控制好保鲜期和存货量,既要保证货物的新鲜,又不应报废或少报废不新鲜的货物,这是降低经营成本的重要环节。需要经营者善于观察和总结花店的经营过程和经营状况。掌握进货和销售的规律,正确地对花店的经营销售进行预估,认真组织销售才可以避免浪费。充分利用已剪切下来的鲜切花的废料,也可以取得意想不到的效果。如鹤望兰、马蹄莲、唐菖蒲等剪切下来的茎段、叶片等都还可以用作艺术插花的材料;月季花、菊花等花材上修下来的花瓣也可以收集起来用于结婚典礼的散花。很多木本花材的茎段可以用作艺术插花的线状花材等。

(2)详细记账

详细记录花店经营的所有账目,是花店利润核算的重要依据和财务管理的基础。记账应该包括商品销售流水账、商品存货账、应付账款和应收账款明细账及总账等。账目不同作用也不同,因此,应分类记录。流水账是按照收支顺序逐一记录,是各类账目的原始资料。商品的存货账包括进货账和销售账,通过它能了解存货还剩多少,哪些货好销,哪些货难销,存货占用资金还有多少,还需要进什么货等。应付账款及应收账款明细账可表明何时要付款,何时催收未付款。总账则是各类分类账的汇总。

（3）计算损益平衡点

损益平衡点是指成本和营业额收支平衡的点，即经营额达到这个点花店才不会亏损。计算损益平衡点先要计算出每月的固定成本，包括每月的房租、薪金、水电费、税费、工商管理费、宣传费、交通费、通信费、装潢折旧费等，然后测算要达到固定成本量的利润需要完成多少营业额。这个数即是损益平衡点。估算了损益平衡点，就可以知道至少要达到多少营业额花店才不会亏损。只有超过损益平衡数值以上的营业额才是真正的利润。

（4）控制存货，回笼资金

商品从进货到卖出的时间是商品的周转期。从订货到货物进店是商品的订购前置时间。这些时间的长短决定了花店安全存花的量。商品的周转期短，花店的存货少，进货频率应高，资金回笼快，经营风险小。商品订置时间长，要保证有一定数量的货物，就必须对花店经营有较好的预估能力，提前预定货物或有一定数量的存货，会占用部分资金，增加经营风险。花店经营从一开始就会面临存货和存货控制的问题，应该根据每日的平均销售量、订购前置时间长短、货物存缺状况、节庆状况等适当地进行调整。

及时地收回资金并进行资金周转，有利于花店的经营。在花店经营初期，难免经验不足，经过经常统计货物的积压情况，找出适销对路的商品，可多进货。对一些销路差、占用资金多的商品少进货，积压过多的应降价或亏本处理，回收资金，让有限的资金发挥最大的效益，换取更多的利润。

1.3.2 花店的经营技巧

1. 进货和储存

花店的经营以鲜切花为主，鲜切花的保鲜期较短，应该勤进花、每次少进花，保证所经营鲜花的新鲜与品种多样。不同的季节鲜花的保鲜期长短不一致，夏季较短、花价较低，冬季稍长、花价较高，因此进花要考虑鲜切花的特殊性联系销售和与季节的关系再决定进货量。

鲜花的进货量还与节日和当地的重大活动有关。很多节日的到来和当地重大活动的开展都会使鲜花销售量大增，花店经营者应该充分利用这些机会扩大花店的销售量。一般都要提前注意预估销售量，备足货源。准备不足，可能会造成缺货，丧失销售机会；储存太多，销售不了，又会造成鲜花积压甚至报废，增加经营成本。预估销售量的方法一般可以根据经验和鲜花的预定状况来确定。

鲜花的储存时间不宜太长，尽量不储存或少储存。一般只在鲜花销售的高峰期，即一些较大的节假日前夕，为避免鲜花价格的较大波动和保证鲜花货源时才进行储存。对鲜花销售有明显的影响节日主要是春节、情人节、清明节、中秋节、圣诞节、教师节、劳动节、国庆节等。

2. 扩大销售

花店的经营一般采取多种经营方式同时进行，可以根据自己的具体情况来决定以何种经营方式为主。

店内零售 大多数中小型花店所选位置较好，都以店内零售经营为主，收入相对稳定，一般营业额不太大，插花作品的制作常根据顾客的要求进行制作，对店员的花艺制作水平、速度和服务态度有较高的要求。以零售服务为主的花店也必须有一定数量的适宜当地顾客的特色艺术插花，提前制作一些艺术插花作品既展示宣传自己的制作特色，又便于顾客挑选购买。同时零售业务还有利资金的回收，便于资金的周转。除特殊的情况以外，零售花店的营业额变化不大。

长期客户业务 长期客户是花店在经营过程中与一些需要鲜花服务的客户达成协议，由花店长期为客户提供包括花材、花艺制作等相关方面业务的服务形式。

长期客户的服务对花店经营来说，意味着有长时间的较高的固定收入。通常，长期的客户服务一般要求花店上门服务，并且有时间要求。这就要求花店的经营者要有较好的组织经营能力，准备好插花的人力和各种材料。如宾馆、饭店、会议的插花布置等。要注意的是，应该尽早地收回已垫付的资金。

临时性的送花业务 花店的经营应该利用一切可以利用的机会，为客户提供服务。有时顾客会提出一些临时性送花业务，如代客户送花、代客户购买特种花材或花艺设计等。一般花店可以根据自己的人员状况，制定统一的服务标准，热忱地为顾客服务。这样可以保持花店良好的商业信誉和促销花艺制品。在承接临时性送花服务时，应注意记录好客户要求的送花地址，并记录送花者和收花者联系电话，以便在找不到地点的时候询问。送花时，送花人员应外表形象端庄、态度和蔼，并在收花者接到鲜花作品后请其签字立据。

承接大型花卉装饰工程 承接大型的花卉装饰工程可以为花店经营者带来较大的利润和良好的宣传效果，但需要经营者有较高的插花技术和良好的组织能力。这类业务可以是大型企业的开业典礼、大型的庆祝活动等，一般在承接时必须签订具体的合同，并按合同要求完成花卉装饰工程要求的相关项目。

预留部分流动资金 在花店的经营过程中总是充满了风险，在经营中要尽可能地回避这种风险，但完全回避是不可能的。在花店的经营初期（花店开业的3~6个月内）和花材大量上市的时期最容易出现。这时花店经营往往处于亏损或持平状态，进货和用于其他开销的资金会紧张。根据经验认为，较好的解决办法是随时预留部分流动资金备用。在出现资金周转困难的时候，提供资金的保障。

借助连锁经营 连锁经营是近年来逐步发展起来的一种经营方式，是实力较强的商家为了扩展业务范围，在不同的地域开设数个营业点，由配送中心统一进货和供货，各个分店采取统一的营销方法的一种营业方式。对于中小型花店可以几个花店联合经营，充分协调，制定大家都认可的合作制度，可以在进货和经营过程中取得优势，减少经营风险，增强竞争的能力。

3. 加强宣传

在商家林立、竞争激烈的今天，加强花店的宣传对促销很有好处。首先最好的宣传是顾客对花店的服务、花艺制作水平的赞誉。花店的热心服务和精湛的花艺制品，使顾客有口皆碑，顾客会自发地为花店做宣传，留住老顾客，带来新顾客。在经营过程中，花店订制一些贺卡，上面写上特殊的祝词，如生日快乐、节日快乐、早日康复、一帆风顺等，也可以留有空白由顾客自己填写，注意卡片上一定要印上花店的名称、地址和联系电话。也可以用同样的方法印制优惠卡等，既满足顾客的要求，又为花店的经营做宣传。当然也可以在报刊、杂志、电视上刊登广告，将花店的服务范围介绍给顾客，达到促销宣传的目的。广告宣传会增加开支，但广告带来的收益也是不可轻视的。一般广告宣传要达到预期的目的，要有长期宣传的准备。

4. 花店的特色营造

花店的个性是指花店在经营过程中，结合消费群体和自己的特点，在花店的装潢格调、商品的摆放布局、商品的内在与外观质量以及花店的服务方式与态度等方面都要有自己的特色。

有个性的花店，应该是有活力的，有别于其他花店。花店店员应着装整洁，店面装潢独特、有品位，插花艺术作品的摆放、制作精良，质量上乘，价格合理，可以极大地刺激顾客的购买欲望。其中插花艺术作品的品质与价格是最能让顾客记住的，真正的质优、价廉、实用的插花艺术作品是最能吸引顾客的。相反，如果花店光线暗淡，商品样式陈旧，摆放凌乱，则又会降低顾客的购买欲望。因此，在花店的装饰、布局、作品艺术水平的提高上都要根据花店的位置、地段、服务对象有精心的考虑，最好独具匠心、别具一格，有自己的特点，方可达到吸引顾客的目的。

容易使顾客做出买花决定的因素：真诚地与顾客交流，为顾客介绍花语、送花习俗，使顾客能比较准确地挑选所需要的插花作品，满足顾客的各种需要；向顾客介绍鲜花作品的保鲜和摆放知识，使顾客对所购插花作品了解增多；对顾客比较熟悉的少数鲜切花种类，如康乃馨、玫瑰、菊花等有意识地降低价格，使顾客在询问价格时很容易比较出该花店的价格便宜；对季节性大批量上市的个别花材实施特价销售，也是吸引顾客的好方法。

5. 花店的服务

花店的服务对象主要是花店的消费群体，要经营好一家花店，有针对性地搞好服务也是经营管理中的重要环节。

（1）花店服务的范围及内容

花店的服务范围主要包括：承接花艺环境设计及布置工程、批发和零售花艺作品、批发和零售花材和插花辅助材料、来料加工花艺作品、花艺技术培训等。

承接花艺环境设计及布置工程　承接花艺环境设计及布置工程是花店的重要工作，也是花店实力的真正体现。主要工作内容是要在充分了解所要布置的环境的基本条件、甲方的意图、环境布置的背景等情况，作出初步设计，并画出草图进行初步预算，然后与甲方充分沟通。经修改取得甲方同意，再出正式图纸和拿出预算，并与甲方签订工程合同。合同签订后，组织实施，包括组织货源、准备插花材料以及制作单件花艺作品、现场组织施工布置，并督促检查施工质量和最后的验收。

批发和零售花艺作品　花艺作品是花店的主要商品，也最能体现花店的花艺水平。工作内容包括制作各种大小、用途和风格的花艺作品，供顾客选择。还要根据时令、节日

的变化随时变化花艺作品的形式，也可以用图片的方式加以陈列，为顾客提供多样化的选择。如接到大宗订单就需薄利多销搞批发，增加营业额。顾客选购了花艺商品，花店还必须提供送货的业务。

批发和零售花材和插花辅助材料　为了丰富花店的服务内容，也可以批发和零售花材和插花用的辅助材料，如各种花器、各色缎带、包装材料、插花固定材料等，为那些需要自己动手进行插花体验的顾客提供材料准备。

来料加工花艺作品　有些花店还承接来料加工的业务，为那些有材料而不会插花的顾客提供帮助。

花艺技术培训　为了普及插花艺术，提高群众的插花水平，有些花店可让有一定造诣的花艺师对插花爱好者进行插花培训，提高他们的插花水平。

（2）花店顾客群体的心理

顾客心理学是如今市场的热门话题。顾客是上帝，上帝的心理你没有掌握的话，如何去面对市场？古往今来，商场如战场。如想在战场占有一席之地，就必须了解顾客的心理。

了解顾客的购买动机　摸准顾客的心理，则条条大道通罗马。如果花店营业员能准确地把握住顾客的心理，知道顾客的购买动机，并适时地给予其相当的刺激，就可使顾客愉快地掏钱包。消费心理学家们发现，顾客的购买动机有以下几种：

- 想得到快乐：每个人都有寻求快乐的欲望。以购买为例，由购买来求得快乐的人有两种，一种享受购买过程的快乐；另一种则是享受购买结果的快乐，满意自己所购买的商品。
- 想拥有漂亮的东西：人总是喜欢漂亮的东西，以满足视觉；爱听美妙的音乐，以满足听觉。这就是人们买新的、漂亮的东西之理由。
- 想满足自尊心：每个人都有希望得到别人赞美的欲望，也就是希望别人将自己看成是一个优秀而有价值的人，因此只要花店营业员稍加赞美，顾客就会乐而忘形地购买商品。
- 有模仿心和竞争心：很多人都有优越感，这是因为他们有模仿心和竞争心的缘故。刚开始，他们极力模仿别人，等到认为自己已经可以与之并驾齐驱后，便产生竞争心理，凡事都要优于别人，所以，别人拥有的东西，自己怎么可以没有呢？
- 有表现欲和占有欲：有钱的人想表现气派，没有钱的人打肿脸充胖子，这是许多人都有的心理，所以，大家都想买一些足以表现自己的身份，甚至想超越自己身份的物品，来表现自己的购买能力。
- 集体心理：别人有的东西，我们怎么可以没有？所以当花店营业员举出顾客所熟识的人都已拥有这一商品时，顾客怎能不动心呢？
- 好奇心：从来没有见过的东西，从来不曾摸过的东西，总是很吸引人。所以，花艺作品需要不断地推陈出新，如果有一种新奇的产品出现，在好奇心的驱使下，相信很多人都会掏腰包购买的。
- 冲动：受花店营业员的言语、行动所刺激，可能一时冲动而购买了某种商品。

1.3.3　花店的商务洽谈

获得信息的一般手段就是提问。洽谈的过程，常常是问答的过程，一问一答构成了洽谈的基本部分。恰到好处的提问与答话，有利于推动洽谈的进展，促使推销成功。

1. 推销提问技巧的基本原则

　　洽谈时用肯定句提问　在开始洽谈时用肯定的语气提出一个令顾客感到惊讶的问题，是引起顾客注意和兴趣的可靠办法。如："你已经……吗？""你有……吗？"或是把你的主导思想先说出来，在这句话的末尾用提问的方式将其传递给顾客。"现在很多公司都有自己独特的花卉装饰了，不是吗？"这样，只要你运用得当，说的话符合事实而又与顾客的看法一致，会引导顾客说出一连串的"是"，直至成交。

　　询问顾客时要从一般性的事情开始，然后再慢慢深入下去　向顾客提问时，虽然没有一个固定的程序，但一般来说，都是先从一般性的简单问题开始，逐层深入，以便从中发现顾客的需求，创造和谐的推销气氛，为进一步推销奠定基础。

　　先了解顾客的需求层次，然后询问具体要求　了解顾客的需求层次以后，就可以掌握说话的大方向，可以把提出的问题缩小到某个范围以内，而易于了解顾客的具体需求。如顾客的需求层次仅处于低级阶段，即生理需要阶段，那么他对花艺产品的关心多集中于经济耐用上。当你了解到这以后，就可重点从该方面提问。

　　注意提问的表述方法　下面一个小故事可以说明表述的重要性。一名教士问他的上司："我在祈祷的时候可以抽烟吗？"这个请求遭到上司的断然拒绝。另一名教士也去问这个上司："我在抽烟的时候可以祈祷吗？"抽烟的请求得到了允许。因此，推销实践中，我们应注意提问的表述。如一个花店营业员向一名女士提出这样一个问题："您是哪一年生的？生日是哪一天？"结果这位女士恼怒不已。于是，这名营业员吸取教训，改用另一种方式问："要选择生日花束，需要了解年龄和生日，不同的属相和星座有不同的花语来表示，有人愿意说大于廿一岁，您愿意怎么说呢？"结果就好多了。经验告诉我们，在提问时先说明一下道理对洽谈是有帮助的。

2. 几种常用的提问方式

　　求教型提问　这种提问需用婉转的语气，以请教问题的形式提问。这种提问的方式是在不了解对方意图的情况下，先虚设一问，投石问路，以避免遭到对方拒绝而出现难堪的局面，又能探出对方的虚实。如一花店营业员打算提出成交，但不知对方是否会接受，又不好直接问对方要不要，于是试探地问："这件插花作品的色彩很不错吧？您觉得呢？"如果对方有意购买，自然会评价；如果不满意，也不会断然拒绝，使双方难堪。

　　启发型提问　启发型提问是以先虚后实的形式提问，让对方做出提问者想要得到的回答，这种提问方式循循善诱，有利于表达自己的感受，促使顾客进行思考，控制推销劝说的方向。如一个顾客要买花器，花店营业员问："请问买质量好的还是差一点的呢？""当然是买质量好的！""好货不便宜，便宜无好货。这也是……"

　　协商型提问　协商型提问以征求对方意见的形式提问，诱导对方进行合作性的回答。这种方式，对方比较容易接受。即使有不同意见，也能保持融洽关系，双方仍可进一步洽谈下去，如："您看是否明天送货？"

　　限定型提问　在一个问题中提示两个可供选择的答案，两个答案都是肯定的。人们有一种共同的心理——认为说"不"比说"是"更容易和更安全。所以，内行的花店营业员向顾客提问时尽量设法不让顾客说出"不"字来。如有经验的花店营业员从来不会问顾客"你觉得我们公司做你们室内花卉装饰工程是否可行？"因为这种只能在"行"和"不"中选择答案的问题，顾客多半只会说："不太行，我觉得另一家公司……"有经验的花店营业员会对顾客说："您看我们何时进行具体的花卉装饰设计方案探讨？""现在也可以。"当他说这句话时，你们的约定已经达成了。

3. 推销实践中的提问技巧

　　单刀直入法　这种方法要求花店营业员直接针对顾客的主要购买动机，开门见山地向其推销，请看这个场景：有客人推开了花店的大门，营业员上前说："马上要到情人节了，是否考虑为女朋友买一件玫瑰礼盒？这是我们的最新款。"客人会马上把注意力集中到推荐的礼盒上。接着，不言而喻，客人接受了他的推销。假如这个花店营业员换一种说话方式，一开口就说："我们公司主要生产……我是想问一下您愿意购买什么？"你想一想，这种说法的推销效果会如何呢？

　　连续肯定法　这个方法是指营业员所提问题便于顾客用赞同的口吻来回答，也就是说，花店营业员让顾客对其推销说明中所提出的一系列问题，连续地回答"是"，然后，等到要求签订单时，已造成有利的情况，好让顾客再作一次肯定答复。如花店营业员要寻求客源，事先未打招呼就打电话给新顾客，可以说"很乐意和您谈一次，提高贵公司的形象和营业额对您一定很重要，是不是？"（很少有人会说"无所谓"）"好，我想向您介绍我们的花卉装饰产品，这将有助于您达到您的目标，你的公司形象将大幅提高。您很想达到自己的目标，对不对？"……这样让顾客一"是"到底。运用连续肯定法，要求推销人员要有准确的判断能力和敏捷的思维能力。

　　诱发好奇心　诱发好奇心的方法是在见面之初，直接向可能买主说明情况或提出问题，故意讲一些能够激发他们好奇心的话，将他们的思想引到你可能为他提供的好处上。如一个花店营业员对一个多次拒绝见他的顾客递上一张纸条，上面写道："请您给我十分钟好吗？我想为一个生意上的问题征求您的意见。"纸条诱发了顾客的好奇心——他要向我请教什么问题呢？同时也满足了他的虚荣心——他向我请教！结果很明显，花店营业员应邀进入办公室，一项新的花卉装饰工程即将谈成。但当诱发好奇心的提问方法变得近乎要花招时，往往很少获益，而且一旦顾客发现自己上了当，你的计划就会全部落空。

　　"照话学话"法　"照话学话"法就是首先肯定顾客的见解，然后在顾客见解的基础上，再用提问的方式说出自己要说的话。如经过一番劝解，顾客不由地说："嗯，目前我的确需要这样一件插花作品。"这时，花店营业员应不失时机地接过话头说："对呀，如果您感到选择我们这样的插花作品能使你的居室环境大为改进，那么还要待多久才能成交呢？"这样，水到渠成，毫不矫揉造作，顾客也会自然地买下。

　　一般地说，提问要比讲述好。但要提有分量的问题并非容易。简而言之，提问要掌握两个要点：一是提出探索式的问题，以便发现顾客的购买意图以及怎样让他们从购买的产品中得到他们需要的利益，从而就能针对顾客的需要为他们提供恰当的服务，使买卖成交。二是提出引导式的问题，让顾客对你打算为他们提供的产品和服务产生信任。还是那句话，由你告诉他们，他们会怀疑；让他们自己说出来，就是真理。在你提问之前还要注意一件事——你问的必须是他能答得上来的问题。

实践训练 3 分组模拟开店并虚拟经营

要求：
1. 获取相关信息——目标：尽可能提供最好的产品质量，吸引充分的购买者，获取最好的价格。
2. 遵守就业要求。
3. 对自己的工作质量承担责任。
4. 计划自己的工作。
5. 致力于创造一个高效的工作环境。

回答以下问题：
1. 你认为应如何收集及分析所需信息与资料？
2. 你认为团队成员应用何种方法相互沟通更有效？
3. 请列出5种不遵守时间的方式并阐述危害。
4. 请列出5种可能发生伤害的隐患，并说明如何防范。

综合训练

通过网络或实地考察收集一个成功的花店或花艺环境设计公司经营案例，填写下表。

1. 举出4个经营成功的因素。

序号	成 功 因 素	自我评价
1		
2		
3		
4		
备注	自我评价按准确★、基本准确▲、不准确●的符号填入	

2. 如果是你经营，你会采取哪些措施增加收益？

我认为应采取以下措施增加收益：

相关链接

商蕴青，霍丽洁.2004.花店营销100例［M］.北京：中国林业出版社.

思考题

1. 怎样协调花店进货与储存的关系？
2. 为什么要对花店的预销售进行估计？怎样预估？
3. 花店的损益平衡点怎样确定？
4. 花店的成本与利润为什么要核算？怎样核算？
5. 花店的经营诀窍有哪些？
6. 一个暴躁型的顾客需要买生日花篮，你如何为他服务？

礼仪花卉装饰

教学目标

终极目标

学会礼仪插花基本形式及其制作与应用。

促成目标

当你顺利完成本单元后，你能够：

1. 明确礼仪插花的应用范围和特点。
2. 学会宾礼花卉装饰基本形式以及花束、花篮的制作技巧和应用形式。
3. 学会婚礼花卉装饰基本形式以及新娘捧花、胸花、花车的制作技巧和应用形式。
4. 学会典礼花卉装饰基本形式以及花门、剪彩花球、讲台花饰的制作技巧和应用形式。
5. 学会丧礼花卉装饰基本形式以及花圈、祭祀用花的制作技巧和应用形式。

工作任务

1. 宾礼花卉装饰。
2. 婚礼花卉装饰。
3. 典礼花卉装饰。
4. 丧礼花卉装饰。

2.1 宾礼花卉装饰

【教学目标】

1. 了解什么是宾礼。
2. 了解宾礼花卉装饰的基本形式。
3. 掌握花篮、花束的制作技巧以及运用形式。

【技能要求】

1. 会制作相关形式的花篮及花束作品。
2. 会布置宾礼场景花卉装饰。

案例导入

4月12日是周佳的同学20岁生日,她想给自己的好友过上一个隆重、热烈、难忘的生日,为青春岁月的友情留下难忘的记忆。于是她想到了自己亲自动手用鲜花来装饰生日聚会,营造既热烈又温馨、既活泼又雅致的生日气氛。她想到了场地的布置、生日礼物的准备等,可不知从何着手去做,周佳正在为同学的生日聚会而发愁……如果你是周佳你会怎样做?

分组讨论:

1. 列出4个你认为生日聚会花卉装饰须注意的事项。

序　号	生日聚会花卉装饰的注意事项	自我评价
1		
2		
3		
4		
备　注	自我评价按准确★、基本准确▲、不准确●的符号填入	

2. 如果你是周佳,你会怎么做?

我认为可行的做法:

2.1.1 礼仪和宾礼花卉装饰

礼仪是指人们在社会交往中由于受历史传统、风俗习惯、宗教信仰、时代潮流等因素而形成,既被人们所认同,又被人们所遵守,以建立和谐关系为目的的各种符合交往要求的行为准则和规范的总和。简言之,礼仪就是人们在社会交往活动中应共同遵守的行为规范和准则。

如果说传统意义上的礼是一种涵盖一切制度、法律和道德的社会行为规范的话,今天的所谓礼则仅仅是对礼貌和相关活动的礼仪形式而言的。礼仪是在人际交往中,以一定的、约定俗成的程序、方式来表现的律己、敬人的过程,涉及穿着、交往、沟通、情商等内容。从个人修养的角度来看,礼仪可以说是一个人内在修养和素质的外在表现。从交际的角度来看,礼仪可以说是人际交往中适用的一种艺术,一种交际方式或交际方法,是人际交往中约定俗成的示人以尊重、友好的习惯做法。从传播的角度来看,礼仪可以说是在人际交往中进行相互沟通的技巧。如果分类,可以大致分为政务礼仪、商务礼仪、服务礼仪、社交礼仪、涉外礼仪等五大分支。

> **小知识:礼仪(礼节与仪式)**
>
> 中国古代有"五礼"之说,祭祀之事为吉礼,冠婚之事为嘉礼,宾客之事为宾礼,军旅之事为军礼,丧葬之事为凶礼。五礼的内容相当广泛,从反映人与天、地、鬼神关系的祭祀之礼,到体现人际关系的家族、亲友、君臣上下之间的交际之礼;从表现人生历程的冠、婚、丧、葬诸礼,到人与人之间在喜庆、灾祸、丧葬时表示的庆祝、凭吊、慰问、抚恤之礼,可以说是无所不包,充分反映了古代中华民族的尚礼精神。

在各种礼仪活动和节日中,鲜花越来越多地用来装点环境,以体现隆重、欢乐的气氛,为喜庆之日增添色彩。同时,鲜花不仅是美的化身,而且在现实生活中,它还充当情感代言人的角色。众所周知,玫瑰代表爱情,百合传达百年好合、健康长寿的祝福等,无不充满了温馨、浪漫的情怀。这些适用于礼仪活动和节日的各种场合烘托气氛和作为馈赠礼品的插花,就是我们所说的宾礼花卉装饰。

宾礼是体现人际关系的家族、亲友、君臣上下之间的交际之礼。一般宾礼用花要与一些契机结合。如拜访礼仪用花、探视礼仪用花、祝贺礼仪用花、感谢礼仪用花等都是为了融洽家族、亲友、朋友、上下级关系的礼尚往来。用于宾礼的花卉装饰形式主要有花篮、花束、花匾等。

2.1.2 花束、花篮的制作技巧

1. 花篮的制作与应用

(1)篮器与辅料

篮是一种盛物的器具,也是花篮插花的基本条件。花篮插花所用的篮类型非常广泛,没有什么特殊的限定,但是有一些专为插花所设计制作的篮,在使用上形成了一些习惯。

篮器主要由线状物为主的天然材料编制而成。中国地大物博，可制作篮器的材料甚多，不同地域出产各具特色的制篮材料。编制篮器的材料一般有柳条、藤条和竹篾，也有用纸绳、稻草、麦秆和铁丝等材料制作篮器的，另外，篮器也可通过钻孔、捆绑和钉钉等方法制作。例如用竹子或竹片制作花篮，是在其两端打孔，将竹篾从孔中穿入，并相互连接捆绑结实而成，也可利用树枝或木条按篮形裁截成段钉于框架之上。有些花篮采用混合材料和多重手法制作而成。用于插花的篮（图2-1），形状各异，在编制过程中稍加变化就会创造出不同的产品。

图2-1　各种篮器

　　常见的花篮造型有：元宝状花篮、荷叶边花篮、筒状花篮、浅口花篮；有双耳花篮、有柄花篮、无柄花篮、垂吊花篮、壁挂花篮；单层花篮、双层花篮、多层花篮、组合花篮等。日常生活中使用的菜篮、水果篮、面包篮、提篮、背篓、鱼篓等，有时也能用于插花。人们在创造陶瓷、玻璃、塑料、金属或其他材料艺术品的时候，往往会仿照花篮的形状、质感等来制作。这些仿花篮材料及形态的器具，均被统称为花篮，如瓷花篮、塑料花篮等。另有一些插花形式，原先习惯上使用花篮，后因新材料的运用和发展，花篮的地位逐步被新材料所替代，然而在创作方式上仍然遵循前法，依旧称之为"花篮"。这是一种约定俗成。例如在庆贺开张的花篮制作中，有些篮体被竹架、铁架或塑制立架等产品所替代，但从习惯上还是称其为开张花篮。花篮大部分是采用天然植物材料制成的，具有质朴和自然清新的乡土气息。也有在花篮表面着色，制成彩色花篮。传统漆制花篮同样十分美观。

　　插制花篮时还需要辅料如供水与固花材料。花篮不同于其他花器，常言道："竹篮打水一场空。"任何以编织状态出现的花篮都不具备盛水功能，若要解决这一问题，需要借助于外部条件：在篮的内壁垫上一层塑料纸或铝箔。有些商家在花篮的制造过程中已完成了这一工序。也可以在篮的内壁上抹一层树脂来达到防水和保水功能，或在篮内另设盛器。花篮内垫防水材料后放花泥插花，是目前最为简便易行的方法，但垫衬材料尽量不要暴露在视线内。花篮内花枝的固定较为复杂，是插花固定的一个难点。过去有用水苔和泥土作为基础的，现在更多的是使用花泥作为插花基础。随着环保要求的提高，未来的插花很可能恢复使用自然物质或能自然分解的物质作为固花材料。花泥是一种化学泡沫聚合物，通过充分吸水，具有很强的保持水分和固花的能力。花枝从任何一个方向插入花泥，都能获得良好的效果。在处理大体量插花和较粗重的木本花枝时，要求在花泥上用金属丝粗孔网罩住，以免因花泥碎裂造成花枝倒伏。有时进行定位插花可直接用金属丝网卷成团旋转在花篮内，花依托在金属丝网里。在制作东方风格的插花时，花篮内是另设盛器插花的。花篮的优美造型与花体合二为一十分重要，内置盛器应简练，与篮吻合，切勿喧宾夺主。盛器内可置花插座或花泥来固花。这种情况下的插花，只适合静止状态下的创作，若用于赠送，经过运输途中摇晃颠簸，容易产生变形和倒伏。

　　制作花篮还需要装饰材料。花篮在制作和使用上，为了某种需求，或达到某些效果，需要一些装饰材料来修饰与补充。常用的材料有：

缎带 缎带的作用主要有两种：一种是将缎带制成花结与花篮为伍；另一种是将宽缎带做成飘带供礼仪花篮题对联用，喜庆用红联题黄字或金字，丧仪用白联题黑字。

纱 纱有细纱和网纱。纱可以做成花结装饰，在大型花篮上配置。纱也可以对篮体表面做包装处理。

插牌 插牌是礼仪花篮的告示。插牌由两部分组成，一为插杆，形如剑状，前部尖头可插入篮内，后部夹槽用于夹牌。二是卡片，可以是贺卡，也可以是手写卡，规格大小根据花篮体量决定。

（2）花篮基本构成形式

花篮的表现是多样性的，具有很强的随意性和可变性，但是万变不离其宗，礼仪花篮造型与制作规律上仍然是有章可循的。一般可以分成四周观赏花篮和单面观赏花篮两种类型。

四周观赏花篮 四周观赏花篮的造型，要求花体四周对称，所用花材、花色分布匀称，从各个角度观赏都能获得同样的效果，不能出现主与次、正面与背面的区别（图2-2）。插花体量的大小应视用途与篮器而定，公众等大型场合花篮插得大些，家庭等小型环境可以插小花篮。一般要求花体部分的直径要大于篮口的直径。

图2-2 四面观赏花篮

单面观赏花篮 单面观赏的花篮以正面观赏为主，兼顾左右两侧的造型方式。单面观赏花篮的花体展示面较大，气氛强烈，有良好的视觉冲击效果。

■ 小知识：四周观赏花篮和单面观赏花篮的制作方法

四周观赏花篮 选择篮器，并放置花泥。选定花卉材料后，挑出5枝作为定位花枝，在花篮的中心点，和四周的四个正方向，共5个方位插入。

第一枝花在中心点垂直位置插入，是整个花体的中心，也是制高点。高度应根据需要确定。底层采用4枝定位花枝，长度相同，以第一枝为轴心画出十字交叉线向外延伸到设定长度位，形成花体的外径。在底层定位枝之间各加插1枝，底层便有了8枝花材，圆的感觉就明显了。若花的间隙仍然很大，可以按此方法增加花材的插入量。中央定位枝与底层定位枝到位之后，在两者之间画出一个弧线（心理定位）。其他花材或自上而下，或自下而上，逐层均匀插入。花朵之间的距离要求大致相同，常规要求保持约3cm为度。

花朵插完后，视实际情况补充叶材和填充花，以填补空缺和遮挡花泥。这种以块状花为主的半球形花篮，敦实稳重，易于掌握。

单面观赏花篮 制作时应先安置花泥并加以固定。花枝插入要先定位，一般采用4枝定位法，来对单面观赏花篮的花体的界定。方法是在花体中间的最高位，设立定位点，插入1枝花材，确定花篮的中轴线及花体顶点位置。选择2枝花材分列左右两侧限定花体的宽度，两边花枝至中轴线的距离相等。再用1枝花插在花篮前下部，由中轴线处花体的最低点向前伸出，限定花篮向前的最远距离。

4枝定位枝的第一枝限定高度；左枝限定左宽距；右枝限定右宽距；前伸展枝限定前展距。

单面观赏花篮在制作过程中，容易出现平面化现象。制作者对花材左右排列关系的认识会比较明确，而对前后的层次关系往往容易忽视，出现平面化现象。花枝的插入应由高至低，像走台阶一样，逐层而下，并渐渐地向前突出。

（3）花篮的应用

花篮是一种特定的插花形式，应用广泛，例如在宴会上，需要用花篮装饰餐桌；企业、商店开张，需要庆贺花篮设排场；在亲友生日时赠送花篮的做法更为普及。

不同的用途，要求配置相应的花篮。因此要掌握各种花篮的基本形式和制作方法。

餐桌花篮　在社会礼仪活动中，餐饮方面占有较大的比重，许多交流是在餐桌上完成的。小到两人世界，大到国宾宴会，人们都能见到花篮。根据餐饮习惯的不同，宴会一般可分为中餐与西餐两类。中餐宴会使用的餐桌以圆形的桌面为主，大小根据入座客人的数量确定，以每桌10～12人的餐桌居多，在一些重要的活动中，主桌人数达20～30人的餐桌也很常见。圆桌具有主次同等的含义，因为从任何一个角度看桌子，都是相同的。正是由于这一因素，餐桌上的花篮是以圆形为主，从各个位置观赏都是正面。西餐宴会使用的餐桌以矩形的桌面为主，各种用具和装饰与中餐餐桌有所不同。

餐桌花篮是餐饮活动中的一个辅助体，起到装饰与烘托作用。所以花篮不能喧宾夺主，其制作的大小应视具体情况而定，插花的高度则有较严格的限制，不能因餐桌较大而超出应有的高度。不能让花将人对视的视线挡住。常规的桌子高度在80cm左右，餐桌花篮高度应控制在15～30cm（图2-3）。如果桌椅的情况比较特殊，制作者可以先坐在座位上，以确定花枝插入的高度。重要宴会餐桌布置餐桌花篮以四周对称的形式为主，包括所用的花材与花色都是均匀分布的，这是出于对所有宴会出席者的尊重。出席者从任何角度观赏花篮都能获得同样的效果，不致出现主与次、正面与背面的区别。

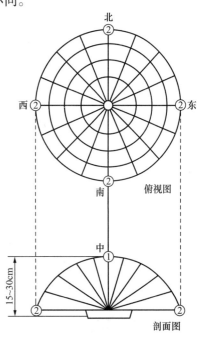

图2-3　餐桌花篮示意图

蔬果花篮　蔬菜和水果是人们日常生活中的必需品。紧张的生活节奏，往往使人们仅仅关注蔬菜和水果的可食用性，却忽视了蔬菜和水果的观赏性。其实，插花使用的花卉材料，本身就已经包含了植物的根、茎、叶、花、果实和种子等部分，蔬菜、水果也是其中的一部分。水果因为有食用价值，所以在插花设计的过程中，需要考虑水果的卫生保护和便于随意取用两个因素。这需要兼顾插花用水果的实用性和装饰性，但仍应将艺术表现放在首位，不能顾此失彼。实际运用中，较多地采用鲜花与蔬果组合的形式，根据不同需求进行不同的处理。

> **小知识：蔬果花篮使用的蔬果**
>
>
>
> 图2-4 蔬果花篮
>
> 制作蔬果花篮对使用何种蔬果没有严格的规定，只是在配置的合理性方面对制作有所要求，主要是从蔬果表面的色相与形态上加以考虑。有异味的蔬果不宜使用，过熟的水果不宜使用，因为水果过熟会大量释放乙烯等物质，而乙烯是一种催熟剂，会加速花朵和水果的成熟及衰老过程。有些无果皮的水果，如杨梅、桑葚等也不宜使用。用于花篮插花较理想的蔬菜有白菜心、胡萝卜、竹笋、红辣椒、豇豆、苦瓜、茄子、西红柿、玉米、藕、荸荠、花椰菜、大蒜头、北瓜、南瓜等。用于花篮插花较理想的水果有佛手、柠檬、金橘、苹果、生梨、葡萄、香蕉、柿子、石榴、菠萝、李子、桃子、草莓、西瓜、樱桃、杨桃、火龙果、猕猴桃、枇杷、甘蔗、山楂等。花篮中所用的蔬果可以根据本地的市场情况而定，如山东的大蒜串和湖南、四川的红辣椒串，都具有强烈的地方色彩。南方与北方的水果市场，同一季节会有不同的品种。进行插花设计时，提倡因地制宜，就地取材，不必过于苛求（图2-4）。

蔬果花篮是较为特殊的插花表现形式，有别于一般的花篮插花。许多蔬果的体量和质量较大，制作上有别于鲜花。因此，在花篮制作时，要注重结构、掌握平衡、形色协调。蔬果花篮要注重结构的合理性，蔬果与花材的配置，应当将蔬果看成是花材，两者间就有了默契。所以蔬果在整个花篮的配置中，按照插花的基本制作规律，错落有致地表现。蔬果花篮需要形色协调。蔬果的造型与色彩有别于鲜花，一些特殊品种更是新奇独特，如火龙果、菠萝、竹笋等。因此在将蔬果与鲜花配置时，应做出综合的考虑，切勿顾此失彼。

蔬果花篮有其特殊的配置"语言"。悠久的中国文化孕育了许多人文思想，它是我国优秀传统文化的一部分，应当保留和继承。送人远行时，花篮里配柳与银柳、勿忘我、石榴，寓意"留客"。在拜访朋友送的花篮中配百合花、柿子和灵芝，寓意"百事如意"。在祝贺婴儿满月时送的花篮中，放一只生梨和数个苹果，寓意"一生平安"。祝寿花篮可用桃子，表示"寿比南山"。店铺开张时，花篮可配金橘、柠檬、香蕉，表示"招财进宝"。结婚送花篮可用月季花插成心形，并配以草莓，意为"心心相印"。结婚纪念日用花篮中配置甘蔗与苦瓜，意在"同甘共苦"。在花篮中放入10种蔬果，意为"十全十美"。在花篮中放入红辣椒，喻示生活会"红红火火"。

蔬果花篮要掌握平衡性。蔬果中有相当一部分重量较重，如苹果、香蕉、生梨等，有别于鲜花。用于致贺送礼的蔬果花篮，难免会在运输搬动过程中受到摇晃和碰撞，这就需要通过包装和加固来提高花篮的稳固性。提高稳定性的方法如下：

- 设法将花泥或其他插花器具加固定位。花泥先用塑料纸或铝箔包住下半部分后嵌实在花篮内，也可使用竹签呈十字状交叉地与花篮连接起来，以达到固定的目的，若用小盆、小盒等辅助的插花器具，除了嵌实在花篮内，可以用热熔胶将其胶合在篮内。

- 防止蔬果散落。苹果、橙子、猕猴桃等圆形的水果容易散落，应该考虑用包装纸包封或用保鲜膜包封。大件的水果如香蕉等，尽管可通过相互挤压的方法固定，但从美观的角度考虑，也应做包封处理。蔬果礼品花篮在材料的配置上，应较多地使用水果，较少地使用蔬菜。还可用缎带、贺卡等附属物来进行装饰。

庆贺花篮　人们行走在街头，经常会见到新开张的商厦门前陈列的花篮，神采飞扬地排列在两旁。花篮的两条飘带上，写有贺语与致贺单位的题款。在展览中心，每当有新的展出活动时常能见到花篮的踪影；再如，举办电影节、演唱会，以及桥梁、道路、航线的开通典礼，项目建设开工奠基仪式、大型活动的揭幕典礼、和公司成立的开业典礼等。这些单位之间、个人之间互相致贺所使用的花篮都称为庆贺花篮。

庆贺花篮有诸多表现形式，大部分以单面观赏为主，一是扇面形和由扇面形变形的各式花篮；二是以半球体花形为主型，套用在各种款式篮子内；三是架子支撑，采用单体或多体的不定型插花方式等。

小知识：庆贺花篮制作

庆贺花篮大部分是以单面观赏为主，花体高度一般为50～200cm（图2-5）。有些讲究排场的客户会有特殊的要求。在制作上，有些花店是将花枝绑扎在网架上，裸露基部，没有任何保水装置，这不符合职业规范要求。以职业规范要求：制作上无论大小都需要考虑花卉的供水能力。扇面形花篮的制作，应先安置花泥，并设法加以固定。花枝的插入要先定位，方法是在中间最高定位点插入1枝花，确定花篮的中轴线及花体顶点位置；选择2枝花分列左右两侧，把花篮的宽度限定，两边花枝到中轴线距离相等；再用1枝花插在花篮前下部，由中轴线处花体的最低点向前伸出，限定花篮向前的最远距离。通过4枝花定位，从花枝顶端开始相互之间画出连接线，其他花卉则根据这些无形线的范围逐层插入。扇面形花篮的用花，在外围部分较多使用线状花卉，如唐菖蒲、蛇鞭菊、肾蕨等，让其均匀地向外伸展，给人以放射状的感觉。如果将花体比喻成喷薄欲出的太阳，外围的线状花就像光芒一样向四周放射。花体中部使用的花材不受限制，衬叶也没有太多的讲究。四周观赏的庆贺花篮，讲究丰满、稳重、得体、大方。制作方法与西方插花艺术中的半球状插花相同，采用5枝定位法确定花体框架，并逐层插入。最后在空隙处填补草类，如天门冬、文竹等。若要让花篮有更为丰富的层次，可以增加丝石竹或补血草之类的花材。

图2-5　庆贺花篮

生活花篮

1）婚礼花篮。婚礼是新人共同生活的开端、美好日子的开始。婚礼无论是繁是简，有了鲜花才浪漫。满室的芳香和娇艳欲滴的姿态能较好地烘托浪漫与幸福的气氛。花篮在婚礼上所扮的角色很多，有新房摆设花篮，新娘与伴娘手持花篮，有接待处桌花篮，有婚宴餐桌花篮，以及各种场合装饰布置用的花篮等。新娘与伴娘用的手持花篮，讲究高贵大方、端庄纯洁，并要求简洁轻巧、线条流畅，体量不宜过大。婚礼花篮是非常个性化的（图2-6和图2-7），每个女孩子都有不同的性格、爱好、气质，她们对婚姻有不同的期望，所以对婚礼花篮也有不同的需要。最好在制作前与她们倾谈，了解她们的个人品味、性格，以及礼服情况和婚礼场合，然后再进行设计，才能达到锦上添花的效果。接待处桌上的花篮，是婚礼花篮布置的重点，因为来宾出席婚礼首先要在接待处停留。接待处多放些花儿，馨香飘逸，温馨感人，更令婚礼让人难忘。花篮设计的形式不拘一格，但以丰满、热烈为主。花材采用月季、百合、红鹤芋、补血草、波状补血草、丝石竹、富贵竹等。玫瑰代表爱，在充满爱的婚礼上，不可缺少。百合花盏盏馨香、点点柔情，放在浪漫的婚礼上，正好传情达意。花色亦是婚礼上应重视的对象，白色代表纯洁，一篮白花颇为符合教堂的气氛。黄色代表富贵，像金子一样给人留下深刻印象。欢乐的中国传统婚宴上，不妨用红色来点缀满室的喜庆。

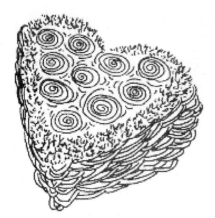

图2-6　婚礼花篮创意设计
　　　——心形花篮

图2-7　婚礼花篮创意设计
　　　——高杆球形花篮

2）儿童生日花篮。从生命降临到这个缤纷灿烂的世界起，出生的那一天就成了每年庆贺的日子。儿童生日花篮讲究造型活泼和内容的多样性、趣味性。所用花材无需十分考究，普通的常见花卉足矣，而在花篮内适当放入儿童喜爱的食品、玩具是少不了的，如巧克力、棒棒糖、小熊和气球等。当这份礼物送抵时，便会为生日创造出一种活泼欢乐的气氛。大人们因花与造型而引出话题，儿童则因花篮中的礼物而兴高采烈。如此效果远胜于赠送一大堆物品（图2-8）。

3）青年人生日花篮。青年人过生日所赠送的花篮不能一概而论，应视对象而定。普通朋友送花篮，可以采用艺术花篮的形式，但贺卡是少不了的。有些贺卡印有

图2-8　儿童生日花篮

贺词,应当挑选"生日快乐"、"岁岁如意"等贺卡。情侣之间的馈赠,讲究浪漫的情调。如用不同颜色的月季花会创造不同的感情效果:红色月季花代表火一样的热情;粉红色月季花有温馨和谐的境界;黄色月季能表现出秋天般的灿烂和金子般的高贵。花篮内别忘了插上一张赠送人亲手题写的贺卡。用花数量可以按照对方年龄来确定。如20岁就选择20枝月季花作为主花。若是对方岁数较大的话,就不宜按此方法定花量,应以造型艺术的配置效果来定用花数量。情侣之间表达情感,还可以利用花材的花语和谐音。如在主体花中加入勿忘我,就产生一种希望对方时时想着自己的效果。又如插入晚香玉,暗示对方时时都想念自己。

4)祝寿花篮。为老年人过生日被称为祝寿。旧俗甚为讲究,要用寿桃作为祝寿送礼的馈赠礼品。"蟠桃献寿"的神话故事已演变成一种传统观念,因此,在花篮中放几只桃子去贺寿颇受欢迎。"群仙祝寿"花篮也是表达祝寿的一种方式。选择数枝水仙花或仙客来花与南天竹同插。水仙之"仙"、仙客来之"仙"与神仙之"仙"同音同形,十分吉利,常被用来贺寿讨口彩。用数枝水仙或仙客来花有群仙之意。南天竹之"竹"与祝寿之"祝"谐音。把两者合起来就体现出了题意,也可称"天仙祝寿"。"松鹤遐龄"、"鹤寿松龄"是祝寿最广泛的称颂词。在花篮中可以采用鹤望兰花或与鹤形相似的花,配以松树枝叶或蓬莱松等花材为主题花,再适当补充其他花材进行表现。鹤为羽族之长,被称为"一品鸟"。民间相传其为长寿之王。鹤望兰的花形极似鹤首,故以此拟形代意。松树姿态雄健,四季常青,也为上等寿品。

5)观赏花篮。观赏花篮(图2-9)是一种具有个性化的造型艺术,每一个作品均为独立形态,没有模式化的表现。观赏花篮的造型设计与瓶花和水盆插花相同,讲究形、色、意,并有韵律关系,起伏波动,形成不对称平衡。在中国古代文人的花篮造型中,可以看到篮子已采用艺术化的编织方法,脱离了生活用篮的形式,花体呈现出高低错落和疏密搭配,有着较强的观赏性。现代的观赏花篮(图2-10)在古典形式的基础上有了进一步的发展,更强调作品的和谐关系与平衡关系。和谐的美如同自然界的生态链一样,主辅共荣,相互依托。表现自然和谐的花篮形式所用线状植物,特别是木本花卉,应占据较高的位置以展示枝条;块状植物和草本花卉插位略低。例如在冬季,用银柳和菊花等材料组合,银柳的枝条向外表现,疏影横斜,如柳似烟飘逸流畅;用菊花在花体的中下部插入,自然错落。这样的作品能够创造

图2-9 中国古代观赏花篮

图2-10 现代观赏花篮

出"东篱有菊香"的意境,情趣自然而然地流露出来。又如,当花篮摆设上是侧倾的时候,花材的造型处理需要与篮体协调,就好像一篮鲜花不小心被打翻了,鲜花在处理上有倒伏感却不紊乱,创造出一种和谐美。

观赏花篮插花需要达到左右两侧不对称的平衡,这种平衡在实际认识上涉及两个方面:一是实际质量的平衡和人视觉上的平衡。实际平衡的掌握比较容易,只要在花材插入花篮后不倒伏就算平衡;另一是人的视觉上的平衡,它并不是物体本身质量大小的平衡,而是形态表现及发展趋势所给人的感受上的平衡。因此,在设计时要限制向外伸展的长度或用相应物体在另一侧插入来达到平衡。此方法如同使用一把遵循杠杆原理的秤,一边物体质量增加时,另一边的秤砣就向外移,其重心仍旧在秤的秤纽上。将其原理运用在花篮中,要求支点(重心位置)无论如何都在花篮体的范围里。当花枝向右面斜出时,左边就增加花的体量。

观赏花篮讲究诗韵和画意,每一枝花、每一片叶都是一个音符,创造一件作品如同谱写一部乐章,需要抑扬顿挫,此起彼伏。若是一篮花儿的花朵都一般大小,所有的花枝都一样高低,看久了会让人厌倦。

观赏花篮的设计要注意以下几点:

- 选择花卉要注意大小搭配和不同品种的组合。这当然需要有良好的协调关系,如使用两种花形相近的花卉材料,应以一种为主。又如在使用叶材时,不要在一种叶群中插入近似形态的叶子。
- 同样一种花卉材料也应注意选择不同开放程度的花朵。有盛开的花,有半开的花,也有含苞待放的花蕾,组合起来就能释放出自然生态的美。
- 在排列上创造韵律。从平面花体轮廓线上看,并不是所有线条都光滑平整,而是花朵或向内收,或向外凸,进进出出,或深或浅,长短变化也随之形成。如果使用线状枝条时,让枝条大范围外展,弧线明显,再让稍短的枝以反弧线加以呼应,在韵律的处理上,着重点不一定相同,可视实际情况酌情处理。

2. 花束的制作与应用

图2-11 花束的构成

花束是一种礼仪用品,需要在人们手中传递和表示,这就要求花束能适合人的形体和体能。

(1)花束的构成

一束花一般由花体、手柄和装饰三部分组成(图2-11)。

花体部分是指花束上部以花材为主,经过艺术加工的展示部分。花束造型是十分丰富多彩的,有许许多多的款式及造型,但无论形式如何改变,花束都是为了给人创造一点视觉点,展示花及花艺造型的美感。所展示的主体是花体部分。

手柄部分是指花束上供握手的部分,也是花体部分的延续。花束是一种手持的艺术品,其表现需要考虑握手的部分,少了手柄,花束就不成其为花束。花束手柄的长度虽然没有一个绝对的尺寸,但有些花束的手柄为了与花体部分相协调,会适当加长。还有些创意花束,刻意做出长柄花束,让花束的手柄更加美化,更加参与展示。花束手柄不能太短,一般确认手柄最短限制在一手握以上,即手柄长度大于10cm。当花束体量有所增加时,应当适当调整手柄长度。根据花束用途的不同,对手柄的处理也会不同。简易的小花束和送到家里的花束,手柄部分可以让枝杆裸露;有些花束要求能有较长的展示时间,又不需要其他器皿水养,在花柄部分用包装材料处理。无论用什么方法处理花束的手柄部分,其长度和使用功能不变。

装饰部分是指花束的花体与手柄部分之间的装饰体。装饰部分在花束配置上起到补充与点缀,并非主体,所以,这个部分使用与否根据花束的实际需要确定。装饰部位的确定,要求做到合理、正确。在常规的花束配置上,装饰位是按花束的绑扎位来确定的,当花体呈伞状张开时,枝梗在中部某一个设定的位置形成相交点,这个焦点是花束最易绑扎的部位,也是装饰位。有些特殊的花束造型,在处理时要区别对待。例如单枝月季花的装饰部位,可以设定在花枝近枝梗的1/3处。装饰部分所用的材料,是以非植物性质的材料所构成的,如缎带、网纱、艺术纸等。可用这些材料加工成花结、花球等形状以供装饰花束时使用。

(2)花束造型

花束造型有很多款式。花束作为思想、情感交流的媒体,也需多种造型,以满足各式各样的需求。花束造型常见的有把束形、扇形、半球形、流线型花束;也有单枝型、迷你型等简易花束;有多层型、艺术型等变化造型;还有现代新潮款式架构型等。

单面观赏花束 单面观赏花束的种类很多,有着很大的可变性。如扇形、尾羽形、枝线形等都可以作为单面形态出现。这些形态要求花面向外,花面尽量不要朝着身体,因为花面有花粉存在,极易沾染服装,也存在美观问题。有些款式专门为花束背部设计包装制作衬垫,让花草与身体有间隔。

扇形花束:扇形花束是一种展面较大的造型,观赏的视觉冲击力较强。其实扇形花束并非展开角度如扇面一样大,而是略呈收缩的折扇造型。扇形花束的展开角度应该

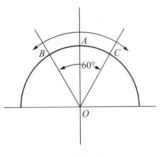

(a)扇形花束结构　　　　(b)扇形花束实例

图2-12　扇形花束

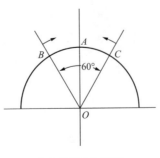

(a)尾羽形花束结构　　　　(b)尾羽形花束实例

图2-13　尾羽形花束

大于60°［图2-12（a、b）］。

尾羽形花束：尾羽形花束与扇形花束十分接近，展面略小，其展开角度小于60°。尾羽形花束造型若是做外包装处理的，展面形式仍按花材表现划定，但需要注意包装材料应附随花体形状，切勿过大，不然其形式束形会随之改变［图2-13（a、b）］。

直线形花束：直线形花束有着轻松、流畅的线条，与人体形态的整合相当的默契。该造型花体部分形比较集中在中轴线附近，只是花枝伸展的前后跨度比较大［图2-14（a、b）］。

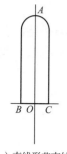 

（a）直线形花束结构　　（b）直线形花束实例

图2-14　直线形花束

四周观赏花束　四周观赏花束是一种在手持状态下，可以从四周任何一个角度观赏都具备可观性的花束，比较适合在公众的礼仪场合中使用。如颁奖典礼，领奖者举起可四周观赏的花束向观众示意，处在不同角度的观众都感受到鲜花给予的气氛。四周观赏花束的造型很多，如半球形、漏斗形、火炬形、放射性、球形等。这些形态都比较匀称，若设定中轴线，可以看到左右两半是同形同量的。当然也有变化形态的花束造型，如不对称组群、局部外挑等。

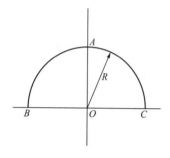 

（a）半球形花束结构　　（b）半球形花束实例

图2-15　半球形花束

半球形花束：半球形花束是一种密集型的花体组合，无论大小，花束顶面始终呈圆形凸起状态。话题部分从侧面看是圆的一部分，理想展示角度是以高度为半径，形成半球形［图2-15（a、b）］。

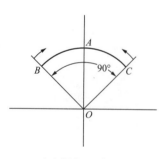 

（a）漏斗形花束结构　　（b）漏斗形花束实例

图2-16　漏斗形花束

漏斗形花束：漏斗形花束是以花体侧面造型似漏斗状或喇叭状而得名的。花体的顶面可以是平面

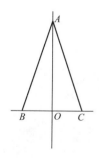 

（a）火炬形花束结构　　（b）火炬形花束实例

图2-17　火炬形花束

或弧面，也可以适当有些起伏。漏斗形花束的花体部分比半球形长，其展开角度也较小［图2-16（a、b）］。

火炬形花束：火炬形花束是由花自上而下，逐层扩展的表现形态。其造型像火炬、宝塔，从几何角度看，花体部分是一个等腰三角形。若从主体几何角度看，花体部分是一个圆锥形［图2-17（a、b）］。

放射形花束：放射形花束是运用线状花材由花束聚合点向上及周围散射的形式。这种形式从侧面看与扇形外轮廓结构有相似的地方，而从主体的角度看，造型与半球形相似。造型既饱满又通透，既简约又富于变化，适合探亲访友等拜访时使用，因为这样的花束可直接放入花瓶。

球形花束：球形花束是花材聚合成球状的花束造型。要求花束的构成完全呈球形是不可能的，因为手柄处需要留出部分空间。从其结构上分析，花束手柄的起始位置看似在圆的切线上，实际上手柄略向花体内移。花体与手柄的聚合垫在圆的切线内。

不对称组群的花束：不对称组群的花束是一种活泼、灵动的艺术形态，没有任何刻板和严肃的面孔，适合在生活中运用。这种花束造型在制作上有些难度，需要每个组群的花按规定的位置到位，又要在手柄上与其他花材结合。从结构关系上看，不同的花材分类组合，各花群按方位组合。但不论如何配置，所有的花材都必须围绕在中轴线的周围进行表现［图2-18（a、b）］。

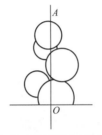

（a）不对称组群花束结构　　　（b）不对称组群花束实例

图2-18　不对称组群花束

局部外挑花束：局部外挑花束并无明确的形态定式，而是在各种规则的基本定式或形态上，用线状花材如钢草、熊草、文心兰等去突破框框，使原来规则的结构变得活泼。不同的规则形态都可以接受线条的突破，但是需要注意形体破线的位置和数量，切勿使花体出现失衡现象，做到有变化而不失固有特色［图2-19（a、b）］。

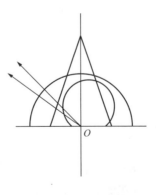

（a）局部外挑形花束结构　　　（b）局部外挑形花束实例

图2-19　局部外挑花束

单枝花束　当然，单枝花束的使用还有许多文化因素存在，通过赠花能够说出语言难以表达的意思，还能营造良好的气氛。有含意的单枝花束的花材多选用月季、香石竹、菊花等块状花，一来花枝坚挺易包装，二来每种花都有明确的含义。如月季花是友情、爱情的主体花；香石竹石感谢父母、长辈的主体花；菊花（黄菊、白菊）是丧仪上的告别花。其他花材在一般的社交中可以根据需要进行选用。单枝花束包装常见有单枝花袋包装和艺

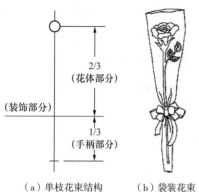

(a) 单枝花束结构　　(b) 袋装花束　　(c) 艺术纸包装花束

图2-20　单枝花束

术纸包装。手柄与花体的划分，一般是按1/3与2/3的比例［图2-20（a～c）］。

礼盒花束　花束一般都是以束状体出现，但近年来也有些花束以盒状的形式出现。花束的携带与传递一直是难点：摆放不便、怕挤压、不可重叠。有送花服务经历的花店从业者，每当有送花束业务时，都会感到不便。有了礼盒包装，这些问题就迎刃而解了。礼盒是花束的二次包装。有的花束用塑料盒包装，花束在完成包装后仍能看到全貌；有的花束用纸盒包装，通常在纸盒的顶盖上开一个窗口封以透明塑片，花束放入后可看见局部。礼盒一般是长形的，也有一些变形的盒子，花束需要根据盒形制作（图2-21）。

图2-21　礼盒花束

图2-22　架构花束

架构花束　架构花束是现代花艺的一种表现方式。架构花束可以分成两个部分考虑：一是构架的处理，二是花材的配置。构架具有装饰和固花双重作用。每一个构架都需要精心设计与制作，才能创作出独具匠心的艺术作品；构架又充当花架的作用，在中部或某一特定的位置留出空当，以便控制和保护插入的花枝。配入构架的花材是根据构架所设定的空间位置来定位的。有构架的保护，花材不会随意移动（图2-22）。

（3）花束的应用

花束的使用范围十分广泛。有迎接宾客用花，如宾客或亲友从远方而来，去机场、车站、码头等地接客，可以带一束花相赠。从礼仪的角度讲，当花束赠送之后，客人的行李应由主人或接待方搬运，客人只需拿花束与主人交谈即可。花束可以用于舞台献花。花束在舞台赠送上具有良好的装饰性，同时又具有一定的灵活性，一束花可以允许一只手提取，人身位置移动也不会影响花的装饰。花束可以作为探亲访友的馈赠礼品，在亲朋好友之间的交往中，送一束鲜花，足以表达友情和亲情。若是探望病人，送一束素雅、馨香的花束，能够给病人带来安慰和温馨。迷你情侣花束适宜于情侣之间的交往，一束小花既表达了情感，又有一个轻松而又浪漫的氛围。

（4）花束的包装

花束的常用包装材料有包装纸、包装布、丝带、绸带、缎带、细金属丝等；常用的工具有剪刀、刀、枝剪、胶带纸、胶带纸座、双面胶、订书机等。

包装纸是主要的包装材料，是花束包装中最能渲染气氛的用品。市场上销售的包装纸种类繁多，按质地分，有纸质纸、塑料薄膜纸；按外型分，有袋状、片状，其中片状纸有圆形、方形等；从色彩上分，有无色透明的、单色的、复色的；从图案上分，有碎花、网格、团花等图案。包装纸大小有别，形状各异，应选择适宜的大小、形状和色彩应用。

包装布在花束的包装中并不常用，多在各种展览、大型的庆典活动、婚礼、葬礼上才会有应用。一般采用薄纱、棉布、麻布、蜡染布等，往往可以营造出令人意想不到的效果。如用粉红纱或白纱包装的新娘捧花就能给人浪漫幸福的感觉。丝带在花艺制品包装中的应用也很重要，往往可以起到画龙点睛的作用。

小知识：花束包装方法

花束的常见包装方法有花托式包装、叶片式包装、大型花束包装等。

花托式包装 是指将包装纸像花朵的苞片一样衬于（或托于）花束的基部，使整个花束看起来如同一朵大型的鲜花。这样的包装方式多用于球形、半球形、三角形、水滴形捧花的包装，具有烂漫美丽、端庄典雅的风格。操作步骤如下：

- 选用片状圆形纸2张，可同色也可异色，但必须注意包装纸与花束、包装纸与包装纸颜色要协调。
- 将其中的一张纸对折，再对折，在带角的一端剪去一个小角，将纸展开，圆形纸的中央就有一孔，把花束基部从纸孔中穿过。
- 在花束花茎的基部裹上浸透了水的脱纸棉。
- 将另一张包装纸展开，平铺于桌上，将花束的基部立于包装纸的中央位置，左手扶住花束，右手将第二张包装纸慢慢拢起，然后左手握起花束，使包装纸形成许多的皱褶。右手适当地调整皱褶和紧密程度。
- 将花束的基部用丝带扎紧，留出丝带两端适当的长度，并在扎紧处系上一个丝带花。
- 为使丝带卷曲，可拉紧丝带，用剪刀的一边刃轻轻地刮，可使丝带自然卷曲（此方法对绸带、缎带、化纤带无效）。

这种方法也可以用方形纸代替，代替时先通过折叠，把方形纸剪成圆形状，就可以按以上步骤操作应用。

叶片式包装 是指将包装纸像叶片一样，把花束包裹起来。多用于单面观赏的扇面形、三角形花束。这种包装轻盈简洁。具体操作步骤如下：

- 包装纸一大一小。选用片状方形包装纸一张，尺寸略小于包装纸的方形衬纸一张。将花束沿对角线方向平放于衬纸上。将花束基部的衬纸一角向上折叠，而后将横向的另外两角向中间拢起，略叠压后再向外翻出，整理好后用橡皮筋在基部扎紧。将外包装纸展开，平铺于桌面上，再将包好衬纸的花束平放于外包装纸的对角线上。将外包装纸横向的两侧向内折起，并用橡皮筋固定。将花束基部的外包装一角向内折起，压平后系上丝带及丝带花即可。
- 包装纸大小相同。选用片状方形纸2张，可同色也可异色，但必须注意包装纸与花束、包装纸与包装纸颜色要协调。两张方形包装纸角错开叠在一起，形成好似8个角的一张大纸。花束沿对角线方向平放于包装纸上，将最下面的两角折叠起（可以向内折起、也可以将花束基部包上再折），再将横向的两端拢起，达到中线后，略叠压后再向外反转，折压成形，整理后用橡皮筋扎紧。系上丝带和丝带花即可。

- 简要包装。如果顾客购买的鲜花数量不多,可以选用简要的包装方法。即只用一张方形的包装纸包装,操作步骤同上。

大型花束用单张的包装纸难于包装,应该选用特殊的包装方法,具体操作如下:

- 选用3张片状方形包装纸,同色或异色均可。
- 取一张包装纸沿对角线对折,再将三角形的一侧沿虚线折叠,向外拉出,将另一侧同样折叠、拉出,不要将皱褶压成死褶。
- 将另一包装纸也按上一步操作进行折叠。
- 左手持花束,右手将折好的包装纸拿起,附在花束一侧,握紧,再将另一折好的包装纸附在花束的另一侧,2张纸将花束围起,基部用橡皮筋扎紧。
- 取第三张包装纸平铺于桌面上,将花束立于纸张的中央,再将第三张包装纸向上拢起,基部用手握紧,使包装纸上部形成自然皱褶,并进行整理。
- 在花束的基部手握处系上丝带和丝带花。

另外,鲜花还可使用塑料袋和礼品盒包装,不使鲜花裸露在外,又便于携带。专用的花束塑料袋有多种规格和形式:单支装的塑料袋,常用来包装玫瑰花;银底单面观赏的花束袋,可以挡住花卉的背部;还有印花袋,可使花束更为富丽堂皇。在花束下部扎上一只丝带制成的彩球,可以改变花束的单一性,各种花球、花结又能表现出各种不同的用途。如印有红心的彩球,扎在玫瑰花束上可以送给恋人;印有圣诞快乐字样的彩球扎在花束上,在圣诞节赠友最为合适。

花束的包装方式繁多,变化无穷。有时所用的鲜花无几,而包装材料却用了不少。有时为了让花束具有体量感,会利用包装材料向外扩展。有时为了让鲜花更具朦胧感,会让鲜花披上美丽的婚纱。在寒冷的冬季,为解决花束的防寒问题,可采用袋式包装以求两全其美。如将一束单面观赏的花束进行袋式包装,可用彩纸做底,一侧将透明塑料纸用双面胶粘住或用订书机钉住,然后放入成束状的鲜花,再把塑料纸覆盖在花上,纸边与彩纸边重叠粘住,下部用打折的方法收拢纸袋,并形成手柄,最后扎上缎带花球即成。

2.1.3 宾礼场景花卉装饰

宾礼场景主要用于生日聚会场景布置。首先要考虑在哪些地方需要进行花卉装饰,如生日宴会的桌面花、周围场景布置等,放生日蛋糕的地方是布置的重点。然后要考虑生日主角的喜好包括喜好何种色彩、何种花材或者有什么特殊的爱好要充分突出生日主角,特别是要有蜡烛的点缀营造温馨、浪漫、热烈的生日场景。

实践训练 4 蔬果花篮插作实训

目的要求

为了更好地掌握礼仪花篮插作的要点,通过插作蔬果花篮的实践,学生理解礼仪花篮的构图要求,了解蔬果花篮的基本创作过程,掌握蔬果花篮的插作技巧、花材处理技巧、花材固定技巧,丝带花的插作技巧。在老师的指导下完成一件蔬果花篮作品。

材料准备

1. 容器:小花篮、浅底盛水盆。
2. 花材:创作所需的时令花材及蔬菜水果。包括:线条花,如鸢尾、蛇鞭菊、菖兰等;焦点花,如百合、菊花、月季、非洲菊等团状花；补充花，如小菊、补血草、霞草（满天星）等散状花；叶材，如龟背、肾蕨、悦景山草等；蔬菜水果，如茄子、红黄绿各色辣椒、长豆英、葡萄、火龙果、香蕉等。

3. 固定材料：花泥。

4. 辅助材料：绿铁丝、绿胶布、丝带等。

5. 插花工具：剪刀、美工刀等。

操作方法

1. 教师示范：

步骤一：将浅底盛水盆放置在花篮中，将花泥固定在浅底盛水盆中。

步骤二：利用线条花插成不对称三角形构图的框架，然后按顺序插入焦点花、蔬菜、水果、补充花、叶材等花材及蔬果。

步骤三：制作一个丝带花，固定在花篮的篮攀一侧。

步骤四：整理、加水等。

2. 学生分组模仿训练：按操作顺序进行插作。

评价标准

1. 构思要求：独特有创意。

2. 色彩要求：新颖而赏心悦目。

3. 造型要求：符合蔬果花篮的造型要求，丝带花花形丰满完整。

4. 固定要求：整体作品及花材固定均要求牢固。

5. 整洁要求：作品完成后操作场地整理干净，保证每一朵花材都能浸到水。

6. 合作要求：与其他同学共同合作良好。

提交实训报告

内容包括：对礼仪蔬果花篮插作全过程进行分析、比较和总结。

实践训练 5 扇形花篮插作实训

目的要求

为了更好地掌握礼仪花篮插作的要点，通过扇形花篮插做的实践，学生理解礼仪花篮的构图要求，了解扇形花篮的基本创作过程，掌握扇形花篮的插作技巧、花材处理技巧、花材固定技巧，丝带花的插作技巧。在老师的指导下完成一件扇形花篮作品。

材料准备

1. 容器：小花篮、浅底盛水盆。

2. 花材：创作所需的时令花材。包括：线条花，如鸢尾、蛇鞭菊、菖兰等；焦点花，如百合、菊花、月季、非洲菊等团状花；补充花，如小菊、补血草、霞草（满天星）等散状花；叶材，如龟背、肾蕨、悦景山草等。

3. 固定材料：花泥。

4. 辅助材料：绿铁丝、绿胶布、丝带等。

5. 插花工具：剪刀、美工刀等。

操作方法

1. 教师示范：

步骤一：将浅底盛水盆放置在花篮中，将花泥固定在浅底盛水盆中。

步骤二：利用线条花插成扇形构图的框架，然后按顺序插入焦点花、补充花、叶材等花材。

步骤三：制作一个丝带花，固定在花篮的篮攀一侧。

步骤四：整理、加水等。

2. 学生分组模仿训练：按操作顺序进行插作。

评价标准

1. 构思要求：独特有创意。

2. 色彩要求：新颖而赏心悦目。

3. 造型要求：符合扇形花篮的造型要求，丝带花花形丰满完整。

4. 固定要求：整体作品及花材固定均要求牢固。

5. 整洁要求：作品完成后操作场地整理干净，保证每一朵花材都能浸到水。

6. 合作要求：与其他同学共同合作良好。

提交实训报告

内容包括:对礼仪扇形花篮插作全过程进行分析、比较和总结。

实践训练 6 双纸衬底单面观花束插作实训

目的要求

为了更好地掌握双纸衬底单面观礼仪花束插作要点,通过双纸衬底单面观礼仪花束的插做实践,学生理解双纸衬底单面观礼仪花束的构图要求,了解双纸衬底单面观花束插作的基本创作过程,掌握双纸衬底单面观花束的制作技巧、花材处理技巧、花材固定技巧以及花束包装技巧。在老师的指导下完成一件双纸衬底单面观花束作品。

材料准备

1. 花材:创作所需的时令花材。包括:线条花,如鸢尾、蛇鞭菊、菖兰等;焦点花,如百合、菊花、月季、非洲菊等团状花;补充花,如小菊、补血草、霞草(满天星)等散状花;叶材,如肾蕨、悦景山草等。

2. 辅助材料:塑料纸、包装纸若干张、丝带、绿铁丝、绿胶布等。

3. 插花工具:剪刀、美工刀等。

操作方法

1. 教师示范(图2-23):

(a)在补血草上放一支菊花,按照螺旋形法加入花枝

(b)第二层花加在第一层的空隙处,长度比第一层短一个花头,并加入补血草

(c)花束的中间加入焦点花百合

(d)百合的左右按等距加入菊花

(e)用塑料纸兜底

(f)用手揉纸和无纺布纸双层包装

图2-23 双纸衬底,单面观花花束操作步骤

（g）再用手揉纸兜底，兜底注意中点要找准

（h）绑扎后系上丝带花

（i）作品完成

图2-23 双纸衬底，单面观花花束操作步骤（续）

步骤一：利用线条花在手中扎成高低错落的造型，然后按顺序循环插入手中焦点花、补充花、叶材等花材扎紧。

步骤二：先将塑料包装纸将花材剪切部分包裹，保持湿润。然后将包装纸根据造型包在花束的外面扎紧。

步骤三：制作一个丝带花扎在花束握手处的上方。

步骤四：整理等。

所用花材：菊花、百合、补血草等。

2. 学生分组模仿训练：按操作顺序进行插作。

评价标准

1. 构思要求：独特有创意。

2. 色彩要求：新颖而赏心悦目。

3. 造型要求：符合双纸衬底单面观花束的造型要求。

4. 固定要求：整体作品扎制要求牢固，花形不变。

5. 整洁要求：作品完成后操作场地整理干净，保证花朵在包装塑料纸内保持湿润。

6. 合作要求：与其他同学共同合作良好。

提交实训报告

内容包括：对双纸衬底单面观礼仪花束插作全过程进行分析、比较和总结。

实践训练7 螺旋式花束插作实训

目的要求

为了更好地掌握螺旋式礼仪花束插作要点，通过螺旋式花束的插作实践，学生理解螺旋式礼仪花束的构图要求，了解螺旋式花束插作的基本创作过程，掌握螺旋式花束的制作技巧、花材处理技巧、花材固定技巧。在老师的指导下完成一件螺旋式花束作品。

花卉装饰技艺

（a）以逆时针方向将①②③三枝花梗作为基本架构

（b）贴着桃红色胶布的第④枝花梗放在第③枝花梗旁边

（c）贴紫色胶布的第⑤枝花梗依逆时针方向放第④枝花梗旁

（d）贴着绿胶布的第⑥枝花梗放在第⑤枝花梗旁

（e）贴着金色胶布的第⑦枝花梗放在第⑥枝花梗旁

（f）贴着蓝色胶布的第⑧枝花梗放在第⑦枝花梗旁

（g）贴着粉色胶布的第⑨枝花梗顺序加入，此时已绕至后方

（h）贴着银色胶布的第⑩枝花梗亦顺序加入在第⑨枝花梗旁

（i）贴着红胶布的第⑪枝花梗顺序加入，使花梗由后往前入

（j）贴着金色胶布的第⑫枝花梗亦以逆时针方向由后往前加入

（k）左边贴蓝色胶布的花梗渐渐由后方绕至前面

（l）左边贴粉色胶布的花梗已绕至前方，整个花束呈逆时针螺旋状，平稳地站在桌面

图2-24 螺旋式花束基本插作方法

材料准备

1. 花材：创作所需的时令花材。包括：线条花，如鸢尾、金鱼草、蛇鞭菊、菖兰等；焦点花，如百合、菊花、月季、非洲菊等团状花；补充花，如小菊、千日红、补血草、霞草（满天星）、加拿大一枝黄等散状花；叶材，如肾蕨、悦景山草、波斯顿蕨、芦荀叶等。
2. 辅助材料：丝带、绿铁丝、绿胶布等。
3. 插花工具：剪刀、美工刀等。
4. 花器：大口浅底盆1个。

操作方法

1. 教师示范（图2-24和图2-25）：

所用花材：千日红、粉色小菊、白色月季、芦荀叶。

2. 学生分组模仿训练：按操作顺序进行插作。

评价标准

1. 构思要求：独特有创意。
2. 色彩要求：新颖而赏心悦目。
3. 造型要求：符合螺旋式花束的造型要求。
4. 固定要求：整体作品扎制要求牢固，花形不变，能站立在浅底盆中。
5. 整洁要求：作品完成后操作场地整理干净，保证每一朵花在浅底盆中都能吸到水。
6. 合作要求：与其他同学共同合作良好。

提交实训报告

内容包括：对螺旋式花束制作全过程进行分析、比较和总结。

（a）步骤一：先将一枝白色月季与数枝芦荀叶握在一起

（b）步骤二：再加入粉色小菊和几枝白月季

（c）步骤三：将千日红加入中间和四周

（d）步骤四：继续加入粉色小菊和白色月季

（e）步骤五：为使花形更丰满，再加入芦荀叶和白色月季，并在周围加入几枝千日红

（f）步骤六：用装饰带绑扎紧，并用粉色纱布做装饰。螺旋式花束完成。可以立于浅底盆中保鲜

图2-25 螺旋式花束插作步骤

综合训练

生日花卉装饰

目的要求

为了更好地掌握礼仪场景花卉装饰的要点，通过生日场景花卉装饰的实践，学生理解生日场景花卉装饰的具体要求，了解生日场景花卉装饰的基本创作过程，掌握生日场景花卉装饰的布置技巧。在老师的指导下完成一个生日场景花卉装饰。

场地准备

1. 每组 $30m^2$ 左右空间，可在花艺实训室或教室进行。
2. 每组双人课桌6个。

材料准备

1. 容器：小花篮、浅底盛水盆。
2. 花材：创作所需的时令花材。包括：线条花，如鸢尾、蛇鞭菊、菖兰等；焦点花，如百合、菊花、月季、非洲菊等团状花；补充花，如小菊、补血草、霞草（满天星）等散状花；叶材，如龟背、肾蕨、悦景山草等；蔬菜水果，如茄子、红黄绿各色辣椒、长豆角、葡萄、火龙果、香蕉等。
3. 固定材料：花泥。
4. 辅助材料：绿铁丝、绿胶布、丝带、玻璃纸、手揉纸、缎带、各色蜡烛等。
5. 插花工具：剪刀、美工刀等。

操作方法

1. 将学生分成10人一组，将6个课桌组成生日聚会的主桌。
2. 根据前面的要求让学生插做蔬果花篮、礼仪花篮、花束等。
3. 推选一位当月生日的学生作为生日主角，让其他同学了解这位学生的爱好。
4. 让学生根据生日主角以及场景的情况进行主桌、生日蛋糕台以及周围环境的花卉装饰。
5. 教师进行评价，根据每位学生的表现进行打分。
6. 可以各组交叉评价、互相交流。

评价标准

1. 构思要求：独特有创意。
2. 色彩要求：新颖而赏心悦目。
3. 造型要求：符合生日场景花卉装饰的造型要求，整体协调，重点突出。
4. 固定要求：整体作品及花材固定均要求牢固。
5. 整洁要求：场景布置完成后操作场地整理干净，保证每一朵花材都能浸到水。
6. 合作要求：与其他同学共同合作良好。

提交综合场景实践报告

内容包括：对生日场景花卉装饰布置全过程进行分析、比较和总结。

班级		指导教师		组长	
参加组员					
主题：					
所用主要色彩：					
所用花材：					
所用插花形式：					
创作思想：					

续表

小组自我评价：	○好	○较好	○一般	○较差
小组互相评价：	○好	○较好	○一般	○较差
教师评语：				

相关链接

周丽华.1999.实用花束设计［M］.台北：畅文出版社.

蔡仲娟.1998.花篮插花［M］.杭州：浙江科学技术出版社.

思考题

1. 什么是礼仪？礼仪包括哪些内容？
2. 什么是宾礼？
3. 宾礼花卉装饰有哪些形式？
4. 青年生日花篮的制作要点有哪些？
5. 生日聚会场景花卉装饰主要考虑哪些因素？
6. 为什么要对宾礼花束进行包装？
7. 花束常用的包装材料有哪些？

2.2 嘉礼花卉装饰

【教学目标】

1. 了解什么是嘉礼。
2. 了解嘉礼花卉装饰的基本形式。
3. 掌握新娘捧花、胸花、花车的制作技巧以及运用形式。

【技能要求】

1. 会制作相关形式的新娘捧花、胸花以及花车。
2. 会布置婚礼场景花卉装饰。

案例导入

朱峰的表姐5月1日要结婚了，表姐知道他学过花卉装饰技艺，希望他帮忙用鲜花布置一下结婚的场景，朱峰觉得是一个很好的实习机会，于是就答应了下来，想给表姐一个浪漫、温馨、喜庆、新颖的婚礼，但婚礼场景花卉装饰设计的面很广，不知从何处着手去做。如果你是朱峰，你会怎样做？

分组讨论：

1. 列出4个你认为婚礼场景花卉装饰需注意的事项。

序　号	婚礼场景花卉装饰的注意事项	自我评价
1		
2		
3		
4		
备　注	自我评价按准确★、基本准确▲、不准确●的符号填入	

2. 如果你是朱峰，你会怎么做？

我认为可行的做法：

嘉礼是指冠、婚之礼，其中冠是指成人仪式。目前用花比较多的是婚礼。婚礼既包括了举行结婚仪式的场合，也包括了婚礼酒会的用花以及接送新人的婚车，最后到新房的插花布置，是一个系统花艺工程。用于婚礼的插花形式包括胸花、头花、捧花、花束、肩花、腕花、腰花、耳坠花、鞋花、包花等和人物装饰有关的插花，还包括运用各种插花手法进行的环境花艺布置。

2.2.1 礼仪花卉装饰的风格

东方礼仪花卉装饰 东方礼仪花卉装饰追求哲理、情趣、意蕴，既重外形，又重内涵。中国人赞花赏花，要有畅神达意的精神享受，通过联想来完成舒缓、深沉、含蓄的审美过程。东方礼仪插花仍保持着中国传统插花的韵味（图2-26）。

西方礼仪花卉装饰 西方礼仪花卉装饰追求浪漫、华丽、雅致，既重外形，又重色彩和装饰效果。也重视花语的应用，但比较直露、坦率，充分表达礼尚往来中需表达的含义（图2-27）。

现代礼仪花卉装饰 现代礼仪花卉装饰融会了东方式与西方式花卉装饰特点，既有优美的线条，也有明快的色彩，更渗入了现代人的意识，追求变异、不受拘束、自由发挥，敢于大胆创新，就有了选材更丰富、造型更多样、色彩搭配更富创意的现代礼仪花卉装饰（图2-28）。

图2-26　传统礼仪插花
作者：台湾中华花艺

图2-27　西方礼仪花卉装饰
——西式婚礼餐桌布置

图2-28　现代礼仪花卉装饰
——二人餐桌花卉布置

2.2.2 新娘捧花、胸花、花车等的制作技巧

新娘捧花，还有伴娘和花童的捧花以及新郎的胸花是形成一个系列，相互间在造型上、色彩上均要统一，只是在体量上和装饰的量上要突出新娘捧花。捧花是新娘身份标志。捧花应与新娘的服饰相配套，并与婚礼的风格和基调相一致。

1. 新娘捧花

新娘捧花（图2-29）是一种特殊形式的花束。它在人生舞台最幸福的时刻扮演重要的角色。鲜花可以超越各种障碍，表达爱的语言。新娘捧花的制作，不是一个简单的花束造型问题，需要了解整个婚礼的规格、气氛以及新郎新娘的个性，以便设计出能够渲染氛围、令新人满意的花束。

（1）捧花选材

图2-29 新娘捧花

制作新娘捧花要根据新娘和新郎的身高、服装款式、色彩及个人喜好等选择花材和造型。如果是中式婚礼，就需选择红色或粉色的花材，如玫瑰、红掌、粉掌、粉百合、蝴蝶兰、大花蕙兰，甚至牡丹、芍药等都可以作为焦点花；造型可选择瀑布形、伞形、不对称三角形等。如果是西式婚礼，根据礼服的色彩，就可选择白色或绿色的花材，如白百合、白玫瑰、白兰、白掌、白色蝴蝶兰、绿兰、兜兰、文心兰、大花蕙兰等作为焦点花；造型可选择花束形（图2-30）、S形（图2-31）、弯月形［图2-32（a、b）］、半球形［图2-33（a、b）］、瀑布形［图2-34（a、b）］、提篮形、心形等各种造型。造型的设计可以用一些花材和叶材精心构成，如瀑布形、弯月形可选用文竹、阔叶武竹等枝条柔弱的藤蔓形植株，半球形、心形可用刚草、细柳枝、雄草等植物进行造型。在色彩的选择上一般选用与礼服色彩相协调的颜色，如礼服是红色的，就选用红色或粉红色的花材；如礼服是白色的，就选用白色或绿色的花材。总之需与婚礼的氛围、色彩相吻合和协调。还要考虑花的寓意，如在婚礼上常用白百合，寓意洁白无瑕、百年好合；用两枝红掌寓意心心相印；用绿色的大花蕙兰寓意青春朝气、生机勃勃、事业家庭两兴旺等。

（a）弯月形新娘捧花结构　（b）弯月形新娘捧花实例

图2-30 花束型捧花　图2-31 S形新娘捧花结构　图2-32 弯月形新娘捧花

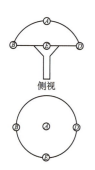  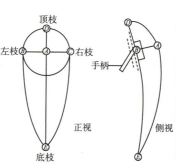 

（a）半球形新娘捧花结构　（b）半球形新娘捧花实例　（a）瀑布形新娘捧花结构　（b）瀑布形新娘捧花实例

图2-33 半球形新娘捧花　　　　　图2-34 瀑布形新娘捧花

> **小知识：捧花制作**
>
> 新娘捧花一般均选用花托（图2-35）作为基座进行插作，也有事先做好造型进行插做，如伞形、提篮形等。首先确定捧花造型，再根据造型以及礼服色彩选用花材和叶材，先用线条的植株进行造型，再插入焦点花和补充花，使捧花丰满、新颖。

图2-35　新娘捧花花托

（2）捧花装饰

一些新潮的新娘捧花均有一些植物的或非植物的装饰，如用一些小的枝条串成枝条串来装饰捧花、或用玫瑰花瓣串成花瓣串来装饰捧花，使捧花具有朦胧美。再如用装饰带、珍珠、金银丝等装饰材料来美化捧花，使捧花具有富丽堂皇的美感。

2. 胸花

胸花是一种用花卉等材料制作的装饰品，主要装饰在人体的胸部，常规的做法是低于左胸。胸花是人们参加重要活动和礼仪场合的装饰物，有时也是区分重要宾客的标志。胸花制作的好坏，直接关系到主人的形象。

（1）花材要求

制作胸花的材料，要求具有一定的抗脱水能力，要选择花瓣不易脱落的植物材料。因为胸花在佩戴过程中，处于一种没有任何保养的环境中，完全依赖自身积蓄的能量和水分来维持生机。用于制作胸花的常用花材主要有玫瑰、香石竹、洋兰、蝴蝶兰、惠兰、百合、扶郎花、唐菖蒲等。配花可以选择霞草（满天星）、补血草（情人草）、一枝黄花、澳洲梅、大花补血草（勿忘我）等。配叶可以选择文竹、高山羊齿、阔叶武竹、蓬莱松、熊草等。

佩带胸花有时会有特定的要求，例如母亲节使用康乃馨胸花，情人节使用玫瑰胸花，会议、庆典贵宾用洋兰胸花等。使用之前应对参加活动的内容有所了解，以免造成误会。

（2）佩戴方法

胸花佩带是有讲究的。男士佩带，穿西服者，以左侧领为佳；穿衬衣者，以左上袋口为着花点。女士着装比较复杂，如果是职业装，可以参照男装方式佩戴；若是礼服，特别是晚礼服，可将胸花倒过来佩饰。因为女性礼服较薄，对胸花的承载能力较弱，将胸花倒过来可使重量向下。将花束倒置，从近肩处衣带向前胸发展，就能自然而流畅地将花与服装合为一体。如将一束花以花头向下，花柄向上，略带倾斜地佩于近肩处，可烘托出女性的雍容华贵。

■小知识：胸花的制作

胸花在整个花艺设计领域里，是一个很小的表现形式，但是麻雀虽小，五脏俱全，胸花也需要通过许多步骤来制作完成。从素材而言，可以由主花与陪衬花、陪衬叶，以及饰物组成。主花以块形花和团形花为主，陪衬花以填充花为主，陪衬叶以填充叶和小型叶为主，装饰物是指附和在胸花上的缎带花、装饰花边和网纱等异质素材（图2-36）。

图2-36　各式胸花造型

（a）单柄胸花　　（b）尾部分叉胸花

图2-37　胸花

从胸花组成的结构而言，可以将胸花划分成三个部分，即花体部分、装饰部分和花柄部分。花体部分主要负责视觉吸引和展示美貌，一般由1~2朵主花和适量衬花、衬叶组成，是胸花的主要观赏部位。装饰体部分位于花体的下部，起烘托和陪衬作用。装饰材料和品种很多，可以制成各种花结，但体量应与花体协调。花柄部分是花体的延伸，具有平衡作用。常见的形态为单柄造型和分叉造型（图2-37）。

胸花在制作时，首先选取新鲜素材，并逐一缠上20~24号铁丝，如果做成分叉状，须对每支素材柄都用绿棉胶带缠上。如果做成单柄状，只需将中段缠紧即可。尾部分叉的胸花的制作方法是将每朵花、每张叶都用22号铁丝作双线缠绕，若花体较大，可用20号铁丝制作，然后用绿棉胶纸将铁丝包裹起来。所有的胸花"零件"都准备好之后，将它们组合在一起，扎上缎带即成。

3. 肩花、颈花与腕花

（1）肩花的设计

肩花是一种人体的装饰方式，需要根据人的肩部结构和着装情况进行设计与制作。肩花较多采用弯月形设计。这是根据人体形态，将花从肩部向前胸延伸的自然表现。弯月形肩花以肩膀为中心，在前后两侧似瀑布状往下饰花，中部可以扶郎花为主体，体量控制在不影响人的自身活动为度（例如头部转动时，不可碰到花）。花体在前面、侧面和背面观赏时，都具有良好的展示效果（图2-38）。

肩花使用的花材，要求具有一定的耐旱能力，需要保证花体在整个活动中完好无损。那些花瓣单薄、易脱水的花卉，不宜选用。常用的花材有玫瑰、香石竹、扶郎花、洋兰、蝴蝶兰、蕙兰、满天星、情人草、勿忘我、高山羊齿、蓬莱松、文竹等。

> **小知识：肩花的制作**
>
> 肩花的制作是采用分解组合的方法。先将每一朵花用铁丝做柄，并由前至后依次缠绕，再用绿棉胶带覆在铁丝表面，小花用24号铁丝，大花用22号铁丝，前后连接的龙骨用20号铁丝。

图2-38　肩花

（2）颈花的设计与制作

颈部的修饰能给人以灿烂而又青春的美感，女性用鲜花来装饰，更能显示光彩夺目、妩媚动人的姿彩。颈花装饰一般是在重大的礼仪与社交场合使用，如婚礼、开业典礼、晚会等。

颈饰用花要求轻松、随和，与服装、服饰相协调，花形要求优雅、美丽，如白洋兰、蝴蝶兰、小苍兰、茉莉花、白兰花等。配叶要纤细、秀美，如文竹、蓬莱松、阔叶武竹等。用色讲究淡雅简洁，或跟服装用色一致。一般白加绿是最佳的用花色彩，与任何服装颜色都能配合（图2-39）。

图2-39　颈花

> **小知识：颈花的制作**
>
> 要根据花材情况决定，如主花为总状花序或穗状花序，可以用铁丝缠绕定型后直接做成颈花。第二种方法是将花朵全部摘下后，用22号铁丝加工后重新组合。这种组合的随意性较大，可以是单一品种的组合，也可以是多品种的组合，或用间隔状组合等。第三种是采用花串的方法制作。这种方法广泛流传于民间，每年仲夏时节，街上时常碰到叫卖茉莉花、白兰花的人，他们有时会将花串成颈花出售。

（3）腕花的设计与制作

手腕用鲜花装饰，是模特饰花的一部分，能够创造出美艳动人的效果，常见于女子在礼仪场合中装饰和新娘在婚礼上装饰。手腕是人体活动最为频繁的一个部位，容易碰到身体和其他物体，所以用花要选择较坚挺硬实的素材，如洋兰、小玫瑰、蝴蝶兰等。手腕是一个活动部位，花体与手腕之间要保持适当的距离，防止花体影响手部的转动（图2-40）。

腕花的表现形式有两种，一种是链式的造型，另一种是表式的造型。链式造型制作时，可将花朵逐一用22号铁丝加工固定，再将整体串联起来。表式造型是选择

图2-40　腕花

一朵定型花或块型花，如蝴蝶兰等，定位于手腕的中间，边上用小花形和填充花及叶材来连接。这种形式的腕花饰，易使人的视觉点集中，艺术感较强。

4. 婚礼花车的设计与制作

结婚是人生中的一件大事，用鲜花装饰接新娘的车辆成为婚礼中不可缺少的一个时尚，并演变成一列分主花车、副花车和从花车的花车队。

制作花车，首先要对车辆有一个大概的了解。车辆的品牌很多，有红旗、桑塔纳、夏利、标致、别克、奔驰、尼桑、林肯等。但不管是名牌车，还是普通车，都有一个基本的外型特点，只要对此有所了解，就能合理设计，沉着应对。

> **关键与要点**
>
> 一辆轿车可装饰花的位置有前车盖、车顶、尾车盖和车的两侧。
>
> 饰花的主要位置是前车盖。前车盖位于车辆之首，是人们视觉的第一切入点，又有较大的平面位置可以装饰花。但是这些位置是驾驶员的视线前沿，故花体以尽量不遮挡驾驶员视线为宜。所以，在近驾驶员位置的部位不放花，花体以贴近车盖面的方式出现。在副驾驶座位的前方，可以允许有些高的花体出现。据此可以在前车盖进行斜线饰花，即副驾驶座位的花体较高，驾驶员的一侧没有高大的花体，以保证驾驶员安全驾车。
>
> 车顶是第二处饰花处。从上向下看，车顶的面积最大，但站在与车同一层面看车顶，只有一个很狭的线。所以在处理车顶时，可以利用视觉差来配置花体，以求合理使用花量。斜线装饰是车顶饰花的一种形式，是花体以车顶的对角拉一直线，用花组成宽带状。人们无论是从正面，还是从侧面观看花车顶部，都能见到一个较大的花面。
>
> 后车盖是第三处饰花处，属次要位置，有时可以简单化或省略。后车盖上的花是根据前面的用花情况决定的，前面体量大，后面也略大；前面体量小，后面也略小或省略。所用花材也是前后统一。花体位置的确定，一般设置在中间，高度没有限制，但不得比前部的花体大。
>
> 轿车两侧的装饰只能作为陪衬性的点缀，可以沿车顶两边以点饰跑花边装饰并向前后车盖汇合。车门把手上可挂花球或在门上贴小花束或单枝花朵等方式进行装饰。

"V"形花饰花车　"V"形花饰是一种低平、密集型的轿车前车盖上的花体装饰方法。造型取意"V"字之胜利、欢乐。通过"V"字寓示新人的美好前景。"V"字造型的插花，比较贴近车体，不会影响驾驶员的视线，又具有良好的装饰性，比较容易产生强烈的色彩效果。"V"形花体从几何结构而言，具有一定的稳定性，人们观看花车时，有一种四平八稳的感觉。所以，在综合设计花车时，要以前后一直线方案为主（图2-41）。

设置摆件的花车　在婚礼花车上设置摆件和装饰品，一般都是与婚礼这个主题有关的。例如用网纱做成花球、花带等造型，用心形的饰件组合在花里，也有用一对宠物娃娃扮成新郎新娘的摆件装饰。如在花车造型中，设计在前车盖上以一对宠物娃娃为中心，组成一个花组造型（图2-42）。此时的鲜花造型十分简单，都围在娃娃周围，形成一个圆环状，起到烘托作用，在人们的视觉中，并不因为花少而觉得乏味，而会被两个摆件的趣味性所吸引。在花材价格贵的冬季可多用这一设计。现在花卉市场上专门有售花车专用"新人"娃娃摆件。一对娃娃的底座下是吸盘，只要放在花车的合适位置上，使吸盘收紧，即可牢固地立在车上了。

组字花车　组字插花在花车上的应用，是一种可以直接表达心意的形式。花车在前车盖上有一块很大的"空地"，是组字的最佳表现场所。婚礼花车组字的内容一般与爱有关，如"LOVE"、心形图案、双喜等（图2-43）。每一种字或图案都应根据使用的花卉密集组合，并找出亮度对比的素材烘托陪衬。如在一辆花车设计中，花车前车盖上用了很大的面积组字"LOVE"。字母用大红色的玫瑰双朵排列，字底用武竹和满天星构成，白色、绿色将红色的花字衬托得光彩夺目。花字的定位很重要，可以在插花前，先在花泥上划刻好图形，然后按此图形插花。

彩带与花车　花车的装饰，不完全是鲜花的世界，彩带也有一席之地。将鲜花与彩带对花车造成的影响进行评判，可以说是伯仲之间，难分高下。用于花车装饰的彩带品种很多，有缎带、无纺布、花边、网纱等（图2-44）。其色彩更是千变万化，不胜枚举。在选择彩带之前，先要对需进行包装的车辆情况和用户要求有一个大致了解，例如车的颜色、用花色彩、客户要求等，然后进行具体操作。在用花量不大的花车上，例如只有前车盖上有一丛花，通过缎带结花球和拉线装饰，使花车的表现达到完善。彩带的装饰方式很多，可以用拉线装饰，将车的前后连成一体，表现为飘带状，使花车产生动感；也可用彩带做成花结和花球，装饰在车上烘托气氛。

花车的点饰　在花车装饰上，点饰尽管没有大面积插花来得豪华富贵，但也能起到装饰和提示作用。点饰一般作为大花体的辅助装饰，可以使花体得到延伸和发展，使花车装饰更趋完善合理。点饰的方法是将单朵或几朵花并拢，配入少量满天星、蓬莱松、文竹、武竹、情人草、勿忘我等填充素材，组成花团。点饰花固定到车上有两种方法：一种是在花上安置小吸盘，让吸盘吸附在车的外壳上；另一种方法是直接用玻璃胶带将花粘贴在车上。比较科学的方法是采用小吸盘

图2-41　"V"形造型花车设计

图2-42　米老鼠玩偶花车设计

图2-43　"LOVE"花车设计

图2-44　用粉色纱装点的花车

固定，既能随意设定和改变位置，又不会对车体造成任何影响。有些车顶是皮制的，玻璃胶和吸盘都无法固定，可以设法先拉出缎带，再将花朵粘在缎带上。点饰布置时，可以采用均匀的定位，如在前车盖对称布置点饰花（图2-45）或者与主花体相配，点饰花还可以沿着车的框线位等距离地粘贴花朵，俗称为"跑花边"。也可以采用不规划的点饰，车的某些重要位置或与主花体呼应的位置，适当多贴一些，并用点花组成连线和花纹等。点饰花的用花一定要与主体花保持一致，一般以玫瑰花为主，也可用蝴蝶兰、大花蕙兰、洋兰等。

多方位装饰花车　花车的装饰是没有定论的，它主要取决于人的审美观和社会潮流。进行花车装饰时，可以在某一个点布置，也可以将整辆车子铺满。花车的装饰依主花车、副花车、从花车隆重程度递减，从花车只作点饰。多方位装饰的花车显得豪华富贵，更能衬托出婚礼的隆重与尊贵。多方位装饰的装饰部位有：最前部的保险杠插花，可用红掌、百合、玫瑰为主体花，寓意红红火火，永结同心，上方用两支鹤望兰高低错落，表示比翼双飞。前车盖上方插花，有组字型、摆件形、"V"形、斜线形，即对称或不对称的构型。车顶的眉头部位插花可插在中间，在不对称形可插在左边或右边。车的后车盖插花，一般花型较小，可在中间，也可在两边插花，要注意与前面部分的呼应与协调。车门、后视镜的花饰也不容忽视，可以与主花饰遥相呼应［图2-46（a、b）］。以上介绍的各个局部装饰组合花车，实际应用时，可以有选择地使用。彩带拉线、做花球以及网纱的应用等也要配合得默契和井井有条。

图2-45　花车的点饰

（a）车门花饰　　（b）后视镜花饰

图2-46　车门及后视镜的花饰

其他花车　包括了迎宾花车、葬礼花车、游行花车等。

迎宾花车：车型多为大中型客车。主花体装饰车前方保险杠处，其他地方以点饰为主或以彩带装饰。

葬礼花车：用花有白玫瑰、黄玫瑰、白菊、黄菊、白百合、勿忘我、萱草等。突出哀悼气氛。

游行花车：为大型特定花车，用于庆典活动、商业宣传、旅游节、花卉节等。花车用花量大，设计风格多样。

5. 丝带花

丝带花的样式很多，形状各异。在礼仪花中应用较多，花束、花篮、胸花、腕花、花车中均有应用。常见的丝带花有法国结丝带花、球形（半球形）丝带花、钻石花丝带花、单面"8"字形丝带花等。一般花束上运用法国结丝带花较多，花篮上运用球形（半球形）丝带花较多，也可用法国结丝带花、胸花、腕花上运用单面"8"字形丝带花较常见，而钻石花丝带花一般应用在礼品花饰上。

2.2.3 婚礼场景花卉装饰布置基本要求

结婚是人生一个重要的里程碑，很多新人都希望自己的婚礼隆重、新颖、浪漫和别致，因此除了准备新房和布置新房以外，很重要的工作是婚礼当天的安排。而花卉装饰在婚礼当天起到了不可或缺的作用，可以营造婚礼热烈而浪漫的气氛，可以体现新人的内涵和气质，因此婚礼场景花卉装饰是相当重要的。婚礼场景按婚礼风格和婚礼场地进行分类，不同风格和不同场地决定着花车装饰风格。

1. 按婚礼风格分

婚礼场景的风格可以分为中式和西式风格。不同的风格采用的花卉装饰的形式、花材、色彩是不同的。如中式婚礼的色彩以大红为主，新人的服饰装扮是中式古装凤冠霞帔或旗袍、马褂，服饰富贵、艳丽、色彩丰富。场景布置一般也是采用中式厅堂的布局，红绸绕梁、红灯笼高挂、红双喜字贴窗户，呈现一片喜庆、吉祥、热闹的景象。花卉装饰一般用大红色系为主烘托传统婚礼的喜庆，如迎宾装饰用大量的红色月季做成心形，然后用中国结加以装饰，起到了很好的装饰效果；来宾签到台上放置的红色水晶与两个身着中色服装的玩偶增添了高贵又不失浪漫的气氛；整个大厅的布置以红色系为主，庄重而热烈，中间的红双喜更是突出了主题；餐桌中间的瓶花用红色的月季做成半球形，并用悦景山草加以点缀，色彩对比强烈；玻璃瓶中放置了白色石斛兰既浪漫又起到了色彩调和的作用［图2-47（a~d）］。

(a) 迎宾牌　　　　　　　　　　(b) 签到台花饰

图2-47　中式婚礼花卉装饰

(c)中式婚礼场景布置　　　　　　　　(d)中式婚礼餐桌花

图2-47　中式婚礼花卉装饰（续）

西式婚礼的色彩一般以白色为主，体现纯洁、浪漫的氛围。新人的服饰一般是以白色为主，新娘一身白色婚纱，新郎是白色或黑色的西服，场景布置一般也以白色为主，或者加以粉色紫色以增强浪漫色彩。用白色月季和白色石斛兰做成的拱门迎接这一对新人走向美好的未来。餐桌上用酒杯作为花器，用白色紫罗兰、白色月季、白色石斛兰以及桉叶做成的插花作品增添了神圣而浪漫的气息。用树枝和白色石斛兰做成的路引，使来宾仿佛置身于春花烂漫的田园。主舞台的布置也极富层次感，后面的大屏幕述说着新人从相识到相知到相爱以及对美好未来的憧憬［图2-48（a~d）］。

2. 按婚礼场地分

由于中国的习俗婚礼要邀请亲朋好友喝喜酒，所以婚礼一般是在室内进行，但由于西方文化的渗入，现在很多年轻人喜欢将婚礼放在不同的场地进行，如草坪、教堂、城堡、甚至空中婚礼和海底婚礼。于是婚礼场景布置就需要因地制宜，根据新人的喜好、新人的习俗结合实际场地和氛围精心设计。按婚礼场地分一般可分为室内大厅婚礼、室

（a）花门　　　　　　　　　　　　（b）主礼台花饰

图2-48　西式婚礼花卉装饰

(c)西式婚礼场景花卉装饰主礼台花饰　　　　　　(d)西式婚礼餐桌花

图2-48　西式婚礼花卉装饰（续）

外草坪婚礼、教堂婚礼、古堡婚礼、游泳池婚礼等。如室内大厅粉色永恒婚礼，整体色彩以粉色为主路，引用粉色、白色月季、粉色康乃馨、粉色、白色桔梗插在欧式的花盆里用缎带加以连接，地毯上撒满月季花瓣，周围用玻璃烛台相配引导新人走向幸福的未来[图2-49（a）]。来宾签到台的布置用粉色月季、粉色康乃馨、百合、白色蝴蝶兰配以星点木，用刚草和黄金球增加线条感，配以烛台营造浪漫氛围。婚礼上新人手把手共同切蛋糕是一个经典项目，蛋糕台的花卉装饰也是点睛之笔[图2-49（b）]。中国式婚礼喝喜酒是免不了的，于是餐桌上的花卉装饰也是很重要的，不仅父母桌和宾客桌的瓶花要有区别[图2-49（e）]（左为父母桌右为宾客桌的餐桌花），而且在口布[图2-49（c）]和椅背[图2-49（d）]上都可以进行花卉装饰，让一对新人在极富浪漫和喜庆氛围的花卉装饰

（a）婚礼场景　　　　　　　　（b）蛋糕台花饰　　　　　　　　（c）口布花饰

图2-49　室内大厅婚礼花卉装饰

（d）椅背花饰　　　　　　　　　　　（e）餐桌花

图2-49　室内大厅婚礼花卉装饰（续）

布置婚礼上步入新的人生。

　　室外草坪婚礼一般在比较开阔的草坪举行，而且多举行西式的婚礼。色彩一般以白色绿色为主。一般草坪比较开阔，因此在布置婚礼场景时要注意选择和重点布置仪式台的背景，如背靠建筑、或者做一个帷幔庭，或者用"LOVE"组字为背景。新人从鲜花拱门出发，走过路引走向仪式台［图2-50（a）］，路引的设计也很别致，由玻璃瓶和青竹做花器插上了白色蝴蝶兰、白色桔梗、绿色小菊和星点木并用刚草和白色缎带拉线条，既有层次感又有纯洁而浪漫的感觉［图2-50（b）］，与之相协调地布置了迎宾牌。通过用白色蝴蝶兰、白色马蹄莲、绿兰以及阔叶武竹装点的迎宾牌清新、素雅，给来宾留下了深刻的印象［图2-50（c）］。

（a）草坪婚礼场景　　　　　　（b）路引　　　　　　（c）迎宾牌

图2-50　室外草坪婚礼花卉装饰

　　信教的年轻人或者有父母是信徒的新人喜欢把婚礼放在教堂举行，教堂婚礼一般有神圣肃穆的气氛，因此在花卉装饰上也要体现神圣、纯洁、浪漫的氛围。根据教堂的布局可以在中间过道利用座椅做成鲜花路引［图2-51（a）］，重点布置圣坛，可以作为证婚处［图2-51（b）］。如可以选用白色、粉色、蓝紫色为主要色彩，用白色和粉色的月季、白色的百合、紫色的绣球等装点场景鲜花拱门和路引，都采用心形的元素表达心心相印、白头到老的意愿，拱门的心形和迎宾牌的心形很好地结合相互呼应、相得益彰［图2-51（c、d）］。

（a）教堂婚礼场景

（b）证婚台花饰

（c）花门和路引

（d）迎宾牌

图2-51 教堂婚礼花卉装饰

实践训练 8　胸花制作实训——尾部分叉胸花、单花主花胸花

目的要求

为了更好地掌握尾部分叉胸花、单花主花胸花制作要点，通过尾部分叉胸花、单花主花胸花的制作实践，学生理解尾部分叉胸花、单花主花胸花的构图要求，了解尾部分叉胸花、单蝴蝶兰主花胸花制作的基本创作过程，掌握尾部分叉胸花、单花主花胸花的制作技巧、花材处理技巧、花材固定技巧。在老师的指导下完成尾部分叉胸花、单花主花胸花作品。

材料准备

1. 花材：创作所需的时令花材。包括：主花，如月季、非洲菊、百合、蝴蝶兰等；补充花，如补血草、霞草（满天星）等散状花；叶材，如肾蕨、悦景山草、星点木等。

2. 固定材料：绿铅丝、绿胶布。
3. 辅助材料：缎带、专用大头针、串珠等。
4. 插花工具：剪刀、美工刀等。

操作方法

1. 教师示范：

步骤一：将主花、补充花、叶材根据需要绑扎绿铅丝和绿胶布。

步骤二：将主花在手中扎成胸花的造型、然后按顺序循环插入手中补充花、叶材等花材扎紧。如果是尾部分叉胸花就将每张叶子每朵花的尾部分开留着，如果是单柄胸花就将每张叶片和每朵花的尾部聚在一起用绿胶布缠成单柄。

步骤三：制作一个丝带花扎在胸花基部。

步骤四：插上固定用的专用大头针，整理。

参见图5-52。

2. 学生分组模仿操作：按操作顺序进行插做。

评价标准

1. 构思要求：独特有创意。
2. 色彩要求：新颖而赏心悦目。
3. 造型要求：符合尾部分叉胸花、单花主花胸花的造型要求。
4. 固定要求：整体作品扎制要求牢固，花形不变。
5. 整洁要求：作品完成后操作场地整理干净。
6. 合作要求：与其他同学共同合作良好。

提交实训报告

内容包括：对尾部分叉胸花、单蝴蝶兰主花胸花制作全过程进行分析、比较和总结。

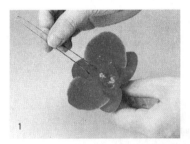
1
取一朵蝴蝶兰或非洲菊或月季，将长度约10cm的铁丝对折，从花朵中心穿过

2
用绿胶带将铁丝包起来

3
花朵后端加几片绿叶，用绿胶带包起来

4
前端加满天星，然后再加一支星点木，用绿胶带包起来

5
可以是单朵，如觉得单朵太小可以再加一朵，组合起来用绿胶布包起来别上蝴蝶结和串珠即可

图2-52 单花主花胸花制作步骤

实践训练 9　头箍式头花制作实训

目的要求

为了更好地掌握头箍式头花制作要点，通过头箍式头花的制作实践，学生理解头箍式头花的构图要求，了解头箍式头花制作的基本创作过程，掌握头箍式头花的制作技巧、花材处理技巧和花材固定技巧。在老师的指导下完成头箍式头花作品。

材料准备

1. 花材：创作所需的时令花材。包括：主花，如月季、石斛兰、百合等；补充花，如补血草、霞草（满天星）等散状花；叶材，如悦景山草、文竹等。
2. 固定材料：绿铅丝、绿胶布。
3. 辅助材料：白纱、串珠等。
4. 插花工具：剪刀、美工刀等。

操作方法

1. 教师示范：

   步骤一：将主花、补充花根据需要绑扎绿铅丝和绿胶布。

   步骤二：将主花在手中扎成头箍式头花的造型、然后按顺序循环扎入补充花扎紧成头箍形状。

   步骤三：整理等。

   见图2-53。

2. 学生模仿：按操作顺序进行插做。

评价标准

1. 构思要求：独特有创意。
2. 色彩要求：新颖而赏心悦目。
3. 造型要求：符合头箍式头花的造型要求。
4. 固定要求：整体作品扎制要求牢固，花形不变。
5. 整洁要求：作品完成后操作场地整理干净。
6. 合作要求：与其他同学共同合作良好。

提交实训报告

内容包括：对头箍式头花制作全过程进行分析、比较和总结。

摘下单朵月季或石斛兰或百合或康乃馨，用26号铁丝在花萼处穿过，再用绿胶带将铁丝包起来

将1的半成品后上方加一支文竹或其他叶材，下端加一小片白纱，三者用绿胶带一起包起来

将多个2的半成品连接成头箍状，并用绿胶带缠绕

作品完成

图2-53　头箍式头花操作步骤

实践训练 10　瀑布形新娘捧花插作实训

目的要求

为了更好地掌握瀑布形新娘捧花插作要点，通过瀑布形新娘捧花的插作实践，学生理解瀑布形新娘捧花的构图要求，了解瀑布形新娘捧花的基本创作过程，掌握瀑布形新娘捧花的插作技巧、花材处理技巧、花材固定技巧。在老师的指导下完成一件瀑布形新娘捧花作品。

材料准备

1. 花材：创作所需的时令花材。包括：线条花，如常春藤、阔叶武竹、文竹、蝴蝶兰等柔弱能下垂的花材；焦点花，如百合、月季、非洲菊、安祖花等团状花；补充花，如多头康乃馨、补血草、霞草（满天星）等散状花；叶材，如肾蕨、悦景山草等。

2. 固定材料：捧花花托。

3. 辅助材料：丝带、网纱、绿铁丝、绿胶布等。

4. 插花工具：剪刀、美工刀等。

操作方法

1. 教师示范：

步骤一：利用线条花在捧花花托上插成瀑布下垂的造型、然后按顺序循环插入手中焦点花、补充花、叶材等花材。

步骤二：将网纱点缀在花托旁。

步骤三：制作一个丝带花扎在花托握手处。

步骤四：整理等。

见图2-54。

所用花材：蝴蝶兰、非洲菊、月季、阔叶武竹、书带草、珍珠草等。

2. 学生模仿：按操作顺序进行插作。

评价标准

1. 构思要求：独特有创意。

2. 色彩要求：新颖而赏心悦目。

3. 造型要求：符合瀑布形新娘捧花的造型要求。

4. 固定要求：整体作品插制要求牢固，花形不变。

5. 整洁要求：作品完成后操作场地整理干净，保证花朵都插在花泥中。

6. 合作要求：与其他同学共同合作良好。

提交实训报告

内容包括：对瀑布形新娘捧花插做全过程进行分析、比较和总结。

1　将蝴蝶兰自顶端向下插满花托，四周呈瀑布状

2　将非洲菊与月季插在中心点，并有几枝适当下垂

3　将珍珠草插在花与花之间，在左右后上方及下方插入阔叶武竹。在上前方插入几枝书带草增加飘逸感

4　作品完成

图2-54　瀑布式新娘捧花操作步骤

实践训练 11 合成花捧花制作实训

合成花是用许多花瓣、叶片组合而成的圆形合成花，合成花不但可以作为新娘捧花，也可以装点在身上成为服饰花。可使用的花材有月季、百合、鸢尾、郁金香、水仙、百合、君子兰等花材的花瓣；而任何的圆形的叶片如银荷叶、沙巴叶、尤加利、常春藤等都是制作合成花最合适的叶片。

目的要求

为了更好地掌握合成花的制作要点，通过合成花制作实践，学生掌握合成花的制作技巧。在老师的指导下完成一朵合成花。

材料准备

1. 盛开的月季、银荷叶、百合、白色羽毛等。
2. 辅助材料：20号铁丝、26号铁丝、28号铁丝或30号铁丝做成U形。
3. 直径为11～15cm的中等厚度的硬纸板一块。
4. 药用棉花少许。
5. 花用胶水一支、花用胶带一卷。
6. 花瓣同色的喷漆一罐。
7. 工具：剪刀。

操作方法

1. 教师示范：

步骤一：使用铁丝缠绑。

1）月季、茶花等花瓣或叶片以类似扇形的方法两两交叠，用28号或30号铁丝穿入固定［图2-55（a、b）］，作为合成花的花瓣，依照月季或茶花的样子组合成一朵合成花，最终以叶片做边饰收尾。

2）铁苞百合等百合花，先剪掉喇叭形花朵基部2～3cm，再剪开喇叭形花瓣，展开成扇形，用缠上白色花用胶带的20号铁丝弯成两个不同大小的椭圆形环，大椭圆放在百合花瓣背面上方，小椭圆放在花瓣正面下方，用1根26号铁丝穿刺过花瓣，然后将所有铁丝绑在一起固定［图2-55（c）］，做成扇形花瓣。将扇形花瓣组合成一朵合成花。用羽毛加以装饰就可以成为一件时尚的新娘捧花（图2-56）。

图2-56 百合花瓣合成花的新娘捧花

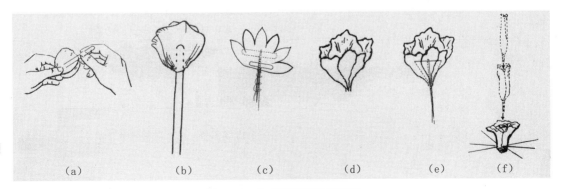

图2-55 合成花捧花操作步骤

3）剑兰或鸢尾花瓣处理方式：将大花瓣在后小花瓣在前的位置稍稍压扁［图2-55（c）］，约在1/2处用26号铁丝水平假缝，再十字交叉穿上1根26号铁丝。然后将4根铁丝尾部缠在一起［图2-55（d）］即成为扇形花瓣。将扇形花瓣组合成一朵合成花。

4）合成花花心可用不同大小的剑兰小花、百合花串成紧密的花心，再以铁丝穿刺固定［图2-55（f）］，或用开放约1/2的月季作为花心。

步骤二：粘贴。

制作合成花非常耗时，利用粘贴的方式可以缩短工时，也可减轻重量，还能减少花瓣的使用量。以中等厚度的硬纸板为衬底（直径为11～15cm），粘上半球形棉花，喷上黏胶以及类似花瓣颜色的喷漆晾干，粘花瓣前再喷胶一次，从外围大型扇形花瓣开始黏起，慢慢以同心圆向中央粘贴花瓣，最后以一朵2/3盛开、花萼处以铁丝固定的花朵插入为合成花的花心（图2-57）。

2. 学生分组模仿操作：按操作顺序进行制作。

评价标准

1. 造型要求：造型丰满、完整、协调。

2. 固定要求：固定牢固、扎紧。

3. 整洁要求：作品完成后操作场地整理干净。

4. 合作要求：与其他同学共同合作良好。

提交实训报告

内容包括：对合成花制作全过程进行分析、比较和总结。

图2-57　百合花瓣和银荷叶做成的合成花

实践训练12　半球形丝带花制作实训

目的要求

为了更好地掌握礼仪插花的要点，通过半球形丝带花制作实践，学生掌握丝带花的制作技巧。在老师的指导下完成半球形丝带花。

材料准备

1. 各种丝带、缎带。

2. 辅助材料：28号铁丝。

3. 工具：剪刀。

操作方法

1. 教师示范（图2-58）。

2. 学生分组模仿操作：按操作顺序进行制作。

评价标准

1. 造型要求：造型丰满、完整、协调。

2. 固定要求：固定牢固、扎紧。

3. 整洁要求：作品完成后操作场地整理干净。

4. 合作要求：与其他同学共同合作良好。

提交实训报告

内容包括：对半球形丝带花制作全过程进行分析、比较和总结。

单元2 礼仪花卉装饰

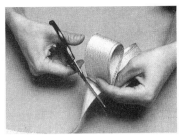

步骤一：先预设好蝴蝶结球形的直径，然后绕上第一层圈

步骤二：叠上第二层圈

步骤三：重复多绕几层，一圈就是半球结的2个花瓣。对齐后，剪去多余的缎带，也可预留一段缎带作为半球结的飘带

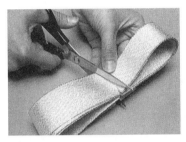
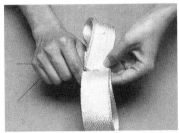

步骤四：测量好中心位置后，在缎带两侧剪出小V形状

步骤五：用28号铁丝从中间绑紧

步骤六：将其中一端的每一个圈由里至外一左一右拉开，调整均匀

如想做球结，可多叠几层，拉开调整均匀即可。如想做更大的球结，只要在步骤一的直径放大，然后再多叠几层即可

步骤七：另一端的做法同步骤六

步骤八：完成后的半球结

图2-58 半球形丝带花操作步骤

实践训练 13 法国结丝带花制作实训

目的要求

为了更好地掌握礼仪插花的要点，通过法国结丝带花制作实践，学生掌握法国结丝带花的制作技巧。在老师的指导下完成法国结丝带花。

材料准备

1. 各种丝带、缎带。
2. 辅助材料：28号铁丝。
3. 工具：剪刀。

操作方法

1. 教师示范（图2-59）。

步骤一：先将缎带的一端绕一个圈，当作中心点

步骤二：在食指与拇指交汇处扭转出缎带正面

步骤三：在第一个圈的一边再绕一个圈

步骤四：在相对的地方绕上一个大小相同的圈

步骤五：下面再绕上对称的两个圈

步骤六：在步骤五的两个圈中再绕一个较长的圈

步骤七：再做一个与步骤六相对的圈

步骤八：将缎带尾部预留所需的长度

步骤九：用28号铁丝从中心的圈穿过并绑紧

步骤十：剪开缎带尾部，分成两条

步骤十一：完成的法国结。如想做更大的法国结，只要重复五到七步骤即可

图2-59 法国结丝带花的制作步骤

2. 学生分组模仿操作：按操作顺序进行制作。

4. 合作要求：与其他同学共同合作良好。

评价标准

1. 造型要求：造型丰满、完整、协调。
2. 固定要求：固定牢固、扎紧。
3. 整洁要求：作品完成后操作场地整理干净。

提交实训报告

内容包括：对法国结丝带花制作全过程进行分析、比较和总结。

综合训练

婚礼场景花卉装饰

目的要求

为了更好地掌握婚礼场景花卉装饰的要点，通过对婚礼场景花卉装饰的实践，学生理解婚礼场景花卉装饰的具体要求，了解婚礼场景花卉装饰的基本创作过程，掌握婚礼场景花卉装饰的布置技巧。在老师的指导下完成一个婚礼场景花卉装饰。

场地准备

1. 每组30m²左右空间，可在花艺实训室或教室进行。
2. 每组双人课桌6个。

材料准备

1. 容器：花托、各种花器。
2. 花材：创作所需的时令花材。包括：线条花，如常春藤、阔叶武竹、文竹等柔弱能下垂的花材；焦点花，如百合、月季、非洲菊、安祖花、大花蕙兰、蝴蝶兰等团状花；补充花，如多头康乃馨、多头月季、补血草、霞草（满天星）等散状花；叶材，如肾蕨、悦景山草等。
3. 固定材料：花泥。
4. 辅助材料：绿铁丝、绿胶布、各色丝（缎）带、各色串珠、白色网纱、缎带、胸花别针等。
5. 插花工具：剪刀、美工刀、花胶等。

操作方法

1. 将学生分成10人一组，将6个课桌组成婚礼场景主、客桌。

2. 将学生分成各类角色，如扮演新郎、新娘、伴郎、伴娘、主婚人、花童及宾客。
3. 根据前面的要求让学生插做新娘和伴娘的捧花、新娘头花、腕花、肩花、新郎、伴郎、主婚人的不同胸花、花童头花、来宾胸花等。
4. 利用学校的轿车装饰一辆婚礼花车。
5. 让学生根据场景的情况进行主桌、宾桌以及周围环境、婚礼仪式所需的花卉装饰。
6. 教师进行评价，根据每位学生的表现进行打分。
7. 可以各组交叉评价、互相交流。

评价标准

1. 构思要求：独特有创意。
2. 色彩要求：新颖而赏心悦目。
3. 造型要求：符合婚礼场景花卉装饰的造型要求，整体协调，重点突出。
4. 固定要求：整体作品及花材固定均要求牢固。
5. 整洁要求：场景布置完成后操作场地整理干净，保证每一朵花材都能浸到水。
6. 合作要求：与其他同学共同合作良好。

提交综合场景实践报告

内容包括：对婚礼场景花卉装饰布置全过程进行分析、比较和总结。

班级		指导教师		组长	
参加组员					
主题： 所用主要色彩： 所用花材： 所用插花形式： 创作思想：					
小组自我评价：	○好	○较好		○一般	○较差
小组互相评价：	○好	○较好		○一般	○较差
教师评语：					

思考题

1. 什么是嘉礼？
2. 嘉礼花卉装饰有哪些基本形式？
3. 东西方礼仪花卉装饰有哪些异同点？
4. 现代礼仪花卉装饰有哪些特点？
5. 新娘捧花的制作要点有哪些？
6. 婚礼花车的制作要点有哪些？
7. 中式婚礼场景布置需注意的要素有哪些？

2.3 典礼花卉装饰

【教学目标】

1. 了解什么是典礼。
2. 了解典礼花卉装饰的基本形式。
3. 掌握花门、花球、讲台花饰的制作技巧以及运用形式。

【技能要求】

1. 会制作相关形式的花门、花球以及讲台花饰。
2. 会布置典礼场景花卉装饰。

案例导入

马上要毕业了，2011届园林（1）班的同学非常兴奋，都想给母校留下美好的影响，也给自己的大学生活画上一个圆满的句号。于是在班长的带领下大家策划装扮自己的毕业典礼，准备展现给大家一个隆重、热烈、新颖、别致的毕业典礼，对大家来说也是一个很好的实习机会，于是班长就组织几个学生骨干开始策划根据花卉装饰的技巧和办法用鲜花来布置自己的毕业典礼。

分组讨论：

1. 列出4个你认为典礼场景花卉装饰需注意的事项。

序 号	典礼场景花卉装饰的注意事项	自我评价
1		
2		
3		
4		
备 注	自我评价按准确★、基本准确▲、不准确●的符号填入	

2. 你会怎么做？

我认为可行的做法：

典礼主要是指一些比较正式而隆重场合举行的仪式，如开业庆典、毕业典礼、文艺演出、时装表演、节庆典礼等，主要是为了烘托气氛的热烈和隆重。用于典礼的插花形式主要有：胸花、花束、花篮、花匾、花门、剪彩花球等。

2.3.1 节庆典礼花卉装饰的表现技巧

一年有着许许多多的节日，有政治意义的节日如"五一"国际劳动节、"七一"党的生日、"八一"建军节、"十一"国庆节等；有不同年龄和类别的节日如"六一"国际儿童节、"五四"青年节、"三八"国际妇女节等；有民俗意义的节日如正月初一春节、正月十五元宵节、清明节、五月初五端午节、七月初七七夕节、九月初九重阳节、八月十五中秋节、腊月初八腊八节等；有特殊职业的节日如5月12日护士节、9月10日教师节、11月8日记者节；有国外的节日如2月14日情人节、4月1日愚人节、5月的第二个星期日母亲节、6月第三个星期日父亲节、12月25日圣诞节；有个人的节日如生日、结婚纪念日等个性化的节日。节庆花卉装饰要求突出不同节庆主题，烘托热烈的气氛。

春节　春节时，现代家庭常用鲜花装饰居家。在一些公共场所，如宾馆、商店的厅堂，也大量地用鲜花进行装饰。春节用花要突出吉庆、祥和、幸福、一年红运、四季平安等主题，一般要选用艳丽、明快的花材，同时要尊重各地民俗，有侧重性地选用花材（图2-60）。如花都广州，在春节喜好用大丽菊、金橘装饰居室，有"大吉大利"之意，而商家在厅堂中心用大株的桃花装饰并在上面挂红包，有"一年红运""招财进宝"之意；在春城昆明，春节期间，市民大量购买发财树、百合花、富贵竹、水仙花等已蔚然成风。另外，春节礼仪插花还可配置一些饰件来烘托春节的气氛，如爆竹、灯笼、水果、礼物、贴金字画等。

圣诞节　圣诞节（12月25日）花饰的特点是配合季节性和宗教性，选用一些冬季常用的观叶、观果植物与干花、饰物搭配而成（图2-61）。

情人节　每年的2月14日为情人节，这是一个非常浪漫的节日。在设计情人节的插花时，应尽可能表现热烈、雅致和优美的情调，同时配以亲切的贺语赠言来传情达意。最能

图2-60　春节插花

图2-61　圣诞节插花

表达情人节的花材有玫瑰、红掌，配件有心形装饰品及个人喜好的小品，红色和粉红色是情人节的主色调，红色为火一般的热情，粉红色为温婉的柔情（图2-62）。

母亲节　母亲节始于美国，定于每年5月的第二个星期日。母亲节的代表花为康乃馨，除此之外，依据母亲的喜好，还可以配置一些其他的花材及贺卡、饰物，使作品更加活泼而富于变化。所采用的色彩、构图也可以从母亲的性格、爱好、工作性质、环境等方面寻找灵感，或温馨典雅，或现代新潮，或古朴庄重（图2-63）。

儿童节　在"六一"国际儿童节里，设计一款颇具儿童个性色彩的插花作品，会给节日中的小朋友一个意外的惊喜。可以采用色调典雅、柔和的花材并配以玩具糖果来庆贺孩子的节日，呈现出梦幻般的美感（图2-64）。

教师节　每年的9月10日是教师节。节日期间为辛勤耕耘的老师献上一束鲜花，正是学生表达对老师敬意的好机会（图2-65）。

端午节　农历五月初五是我国民间传统节日端午节。民间有吃粽子、划龙船、喝黄酒、挂香袋、门上悬艾草和菖蒲的习俗。在插花作品中，配以香袋、粽子、酒等来渲染端午节的气氛，再现节庆特色。

图2-62　情人节插花　　　　　　　　图2-64　儿童节插花

图2-63　母亲节插花　　　　　　　　图2-65　教师节插花

中秋节　农历八月十五是我国民间传统的中秋节。民间有设酒肴、果品、月饼祭月的习俗。中秋节花艺可配用芦苇、枝杆、花材来表现秋季自然花草的景色，配以桂花酒、果实、谷穗，还可以用月饼来表现丰收的景象；将花枝编成圆环可表现抽象化的月亮等来突出主题，象征团圆。

2.3.2　典礼花卉装饰花带、剪彩花球、讲台花饰的制作技巧

典礼嘉宾的胸花、庆贺的花篮可以参照嘉礼胸花、花篮的制作。本节主要介绍典礼花卉装饰花带、剪彩彩球、讲台花饰。

1. 典礼花卉装饰花带

典礼花卉装饰花带，在典礼中运用相当广泛，因为通过花带可以组合成各种形状，然后对环境、典礼主席台、欢迎牌等进行装饰。花带可以分为单朵花做成的线形花带，也有多朵花做成的宽窄不同的条形花带。单朵花一般用康乃馨做主花较多，当然也可以用大花蕙兰、石斛兰等作为主花（图2-66）。康乃馨在脱水的状态下可以保存较长的时间，比较适合做花带，一些补充花如波状补血草（勿忘我）、霞草（满天星），也是可以保存较长时间的品种。还可以用装饰缎带、串珠等加以装饰。线性花带一般用铁丝加以固定，用铁丝将散状花绑成一小丛，然后与花朵串起成花带。而宽形花带则是用花泥固定，可以用花泥吸盘固定在需装饰的墙上，每隔一段距离放置一块花泥，花泥与花泥的间隔在一枝花的长度，然后插上主花和散装花，典礼场景中央可以设计一个较大型的插花作为典礼的背景，用线条花如剑叶、刚草等加以连接（图2-67）。可以用百合作为焦点花，用唐菖蒲作为线条花，用月季和石斛兰作为补充花，用悦景山草作为铺垫，用剑叶与花带连接，而花带则是用粉色康乃馨、霞草和悦景山草制作而成，在色彩上相互呼应，在花材上突出了中间主景的地位。

图2-66　典礼花带

图2-67　典礼场景花饰

2. 剪彩花球

一般的典礼都有剪彩的仪式，而传统的剪彩花球都是用红绸做成。如果要进行整体的典礼花卉装饰，那么剪彩花球也可以用鲜花做成，用花托作为固定，可以用较粗的铅丝做一个三角支撑，便于放置在礼仪小姐的托盘中，然后插成圆球形［图2-68（a、b）］。两侧将红绸绑上铁丝插入花球，这样可以将几个花球连接起来，剪彩花球就完成了。需注意的是，如果是质地较硬的花，如康乃馨，若花球不是很大，那么也可不用粗铅丝三角支撑。如果是桔梗之类质感较柔弱的花做成的花球那就必须有支撑，否则放在托盘中底下的花会全部压扁，那就不能称为花球了。

图2-68　剪彩花球

3. 讲台花饰

典礼中必须有讲台，在电视节目中我们也会经常看到主持台用花卉进行装饰。主持人或领导讲话一定会成为典礼的焦点，那么讲台花饰也就非常重要。一般来说讲台花饰分为点状（图2-69）、流线形（图2-70）、瀑布形（图2-71），比较常见的是瀑布形。讲台花饰一般布置在讲台的檐口，不影响话筒、讲稿以及茶杯的放置。用花泥固定，可以用浅底

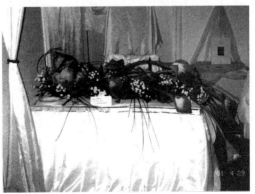

图2-69　讲台点状花饰布置　　　　　　　图2-70　讲台流线形花饰布置

图2-71 讲台瀑布形花饰布置

盆作为容器，也可以用锡纸包裹花泥直接放在讲台上，主要是不能使观众看到容器中的花泥。先插线条花，如散尾葵、星点木，将其插成所需要的形状，然后插入焦点花如百合、安祖花、蝴蝶兰、大花蕙兰等。然后插补充花如月季、康乃馨、勿忘我、桔梗等，用剑叶或刚草构纳线条，最后用蓬莱松或者悦景山草将花泥遮盖。讲台花饰的色彩要与整个场景布置相协调，既要体现隆重热烈的气氛，又要和谐、协调。

实践训练14 典礼花带插作实训

目的要求

为了更好地掌握典礼用花的插作要点，通过典礼花带插作的实践，学生理解典礼花带的构图要求，了解典礼花带的基本创作过程，掌握典礼花带的制作技巧、花材处理技巧、花材固定技巧。在老师的指导下完成一件典礼花带作品。

材料准备

1. 花材：创作所需的时令花材，如康乃馨、月季、星点木等。
2. 固定材料：铁丝、细铜丝、装饰缎带。
3. 插花工具：剪刀。

操作方法

1. 教师示范：

步骤一：康乃馨花头剪下，用手揉，使其开花。

步骤二：将星点木叶片剪下，将每一片叶片的叶尖和叶尾相接，使得中间有一个空间，然后用铜丝固定。

步骤三：用铁丝将一朵康乃馨、一片类似环状的星点木叶片顺序间隔串起。

步骤四：将各式缎带缠绕其中作为点缀。

步骤五：整理后将其弯成半圆形、椭圆形或圆形，与其他小组的一起组合布置在典礼会场四周的墙壁上、典礼主席台正面台布上或欢迎牌上（图2-72）。

2. 学生分组模仿训练：按操作顺序进行插作。

评价标准

1. 构思要求：独特有创意。
2. 色彩要求：新颖而赏心悦目。

图2-72 典礼花带示例

单元2 礼仪花卉装饰

3. 造型要求：符合典礼花带的造型要求，丰满完整。

4. 固定要求：整体作品及花材固定均要求牢固。

5. 整洁要求：作品完成后操作场地整理干净。

6. 合作要求：与其他同学共同合作良好。

提交实训报告

内容包括：对典礼花带插作全过程进行分析、比较和总结。

实践训练 15 剪彩花球插作实训

目的要求

为了更好地掌握剪彩花球的插作要点，通过剪彩花球插做的实践，学生理解剪彩花球的构图要求，了解剪彩花球的基本创作过程，掌握剪彩花球的制作技巧、花材处理技巧、花材固定技巧。在老师的指导下完成一件剪彩花球作品。

材料准备

1. 花材：创作所需的时令花材，包括：康乃馨、桔梗、月季、勿忘我、霞草、肾蕨、悦景山草、蓬莱松等。

2. 固定材料：小花托。

3. 辅助材料：绿铁丝、绿胶布、红绸等。

4. 插花工具：剪刀、美工刀等。

操作方法

1. 教师示范：

步骤一：小花托浸透水，然后插上康乃馨形成球形。

步骤二：在花与花之间插上桔梗和勿忘我，使花球更圆满。

步骤三：插上叶材如蓬莱松和满天星。

步骤四：在两侧插上剪彩所用的红绸，将几个花球连接上。

2. 学生分组模仿训练：按操作顺序进行插做。

评价标准

1. 构思要求：独特有创意。

2. 色彩要求：新颖而赏心悦目。

3. 造型要求：符合剪彩花球的造型要求，丰满完整。

4. 固定要求：整体作品及花材固定均要求牢固。

5. 整洁要求：作品完成后操作场地整理干净，保证每一朵花材都能浸到水。

6. 合作要求：与其他同学共同合作良好。

提交实训报告

内容包括：对剪彩花球插作全过程进行分析、比较和总结。

实践训练 16 讲台花饰插作实训

目的要求

为了更好地掌握讲台花饰的插作要点，通过讲台花饰插做的实践，学生理解讲台花饰的构图要求，了解讲台花饰的基本创作过程，掌握讲台花饰的制作技巧、花材处理技巧、花材固定技巧。在老师的指导下完成一件讲台花饰作品。

材料准备

1. 花材：创作所需的时令花材。包括：线条花，如唐菖蒲、蛇鞭菊、紫罗兰、大花飞燕草等；焦点花，如安祖花、百合、康乃馨、桔梗、月季等；补充花，如勿忘我、霞草、加拿大一枝黄花、多头月季等；叶材，如散尾葵、刚草、肾蕨、悦景山草、蓬莱松、龟背叶等。

2. 固定材料：花泥。

3. 辅助材料：绿铁丝、绿胶布、锡纸等。

4. 插花工具：剪刀、美工刀等。

操作方法

1. 教师示范：

步骤一：将浸透水的花泥包裹上锡纸放在讲台外侧檐口。

步骤二：将散尾葵剪成羽状插成倒三角形。

步骤三：将线条花按照散尾葵的造型依次插入，然后插上焦点花和补充花和叶材。

步骤四：最后用刚草拉线条。

步骤五：整理等。

2. 学生分组模仿训练：按操作顺序进行插作。

评价标准

1. 构思要求：独特有创意。

2. 色彩要求：新颖而赏心悦目。

3. 造型要求：符合讲台花饰的造型要求，丰满完整。

4. 固定要求：整体作品及花材固定均要求牢固。

5. 整洁要求：作品完成后操作场地整理干净，保证每一朵花材都能浸到水。

6. 合作要求：与其他同学共同合作良好。

提交实训报告

内容包括：对讲台花饰插作全过程进行分析、比较和总结。

综合训练

典礼场景花卉装饰

目的要求

为了更好地掌握典礼场景花卉装饰的要点，通过对典礼场景花卉装饰的实践，学生理解典礼场景花卉装饰的具体要求，了解典礼场景花卉装饰的基本创作过程，掌握典礼场景花卉装饰的布置技巧。在老师的指导下完成一个典礼场景花卉装饰。

场地准备

1. 每组30m²左右空间，可在花艺实训室或教室进行。

2. 每组双人课桌6个。

材料准备

1. 花材：创作所需的时令花材。包括：线条花，如唐菖蒲、大花飞燕草、马蹄莲、紫罗兰、贝壳花等花材；焦点花，如百合、月季、桔梗、安祖花、蝴蝶兰、扶郎花等花材；补充花，如多头康乃馨、多头月季、补血草、霞草（满天星）等散状花；叶材，如刚草、散尾葵、龟背叶、巴西木叶、肾蕨、悦景山草、蓬莱松等。

2. 固定材料：花泥。

3. 辅助材料：绿铁丝、绿胶布、铜丝、缎带、锡纸等。

4. 插花工具：剪刀、美工刀等。

操作方法

1. 将学生分成10人一组，将6个课桌组成典礼场景主桌。

2. 学生分工完成典礼主席台、讲台、嘉宾胸花等。

3. 让学生根据场景的情况进行周围环境、典礼仪式所需的花卉装饰。

4. 教师进行评价，根据每位学生的表现进行打分。

5. 可以各组交叉评价、互相交流。

评价标准

1. 构思要求：独特有创意。

2. 色彩要求：隆重、热烈、新颖而赏心悦目。

3. 造型要求：符合典礼场景花卉装饰的造型要求，整体协调，重点突出。

4. 固定要求：整体作品及花材固定均要求牢固。

5. 整洁要求：场景布置完成后操作场地整理干净，基本保证每一朵花材都能浸到水。

6. 合作要求：与其他同学共同合作良好。

提交综合场景实践报告

内容包括：对典礼场景花卉装饰布置全过程进行分析、比较和总结。

班级		指导教师		组长	
参加组员					
主题：					
所用主要色彩：					
所用花材：					
所用插花形式：					
创作思想：					
小组自我评价：	○好	○较好	○一般	○较差	
小组互相评价：	○好	○较好	○一般	○较差	
教师评语：					

=========== **思考题** ===========

1. 什么是典礼？
2. 典礼花卉装饰有哪些基本形式？
3. 讲台花饰有哪几种常用形式？
4. 剪彩花球的制作要点是什么？
5. 典礼花卉装饰的色彩要求是什么？
6. 典礼场景布置需注意的要素有哪些？

2.4 丧礼花卉装饰

【教学目标】

1. 了解什么是丧礼。
2. 了解丧礼花卉装饰的基本形式。
3. 掌握花圈、祭祀用花的制作技巧以及运用形式。

【技能要求】

1. 会制作相关形式的花圈及祭祀用花。
2. 会布置丧礼场景花卉装饰。

案例导入

张嘉诚同学90多岁的奶奶过世了，在悲痛之余，他想给奶奶布置一个肃穆的丧礼，以此寄托自己的哀思。于是他准备亲自动手用鲜花来装饰丧礼场景。他想到了场地的布置、花圈、祭祀用花等，可不知从何着手去做，张嘉诚正在为奶奶的丧礼而发愁……如果你是张嘉诚，你会怎样做？

分组讨论：

1. 列出4个你认为丧礼场景花卉装饰需注意的事项。

序 号	丧礼场景花卉装饰的注意事项	自我评价
1		
2		
3		
4		
备 注	自我评价按准确★、基本准确▲、不准确●的符号填入	

2. 如果你是张嘉诚，你会怎么做？

我认为可行的做法：

丧礼花卉属于凭吊、慰问、抚恤之礼，要体现肃穆、怀念的气氛。丧礼用花既包括了吊唁礼堂的花艺环境布置，也包括慰问用花的准备。主要插花形式有丧礼胸花、丧礼台花、丧礼花束、花圈等。

2.4.1 丧礼布置要点

自古以来丧礼是人们生活的重要部分。因为人们认为死亡并不意味着死者和他的家庭断绝关系，而只是生命的转移过程，死者和生者之间依然保持着亲属关系，这种永恒的亲属关系加强了家庭观念，也加强了家庭在社会上的地位。祖先赋予后代亲情以及社会地位与经济地位的安全感。家庭不是孤立的，在历史长河里，一个家庭绵延不绝、承先启后的。

西方的丧礼用花传统已很悠久。总的来说，西方丧礼用花分两大类：慰问遗属用花和悼念用花。比较而言，慰问用花的色彩一般都较为明亮温暖，它们更多是用于安抚和鼓励死者遗属；而悼念用花则偏重于寄托对死者的哀悼和怀念。在东方，白色花材是丧礼用花的主要色彩，而在西方，除了白色外，红色系花材的使用也并不少见。

西方的花艺设计者认为：社会人口老龄化导致高龄老人的葬礼数量增加，而送别他们的用花可以多一些色彩，所以一些新的丧礼用花趋势也随之显现出来。例如，明亮多样的色彩正越来越多地被选用，更新颖更富于生命力的设计成为人们新的需求。多选择一些小型花束送给遗属而不是赠送一个巨大的鲜花造型，这样的选择正变得普遍起来。花艺设计里经常还会放些纪念礼物，作为探望者送给死者亲属保留的纪念品。

丧礼用花的花材并无局限，但多用菊花，取其高洁之意。无论取用何种花材黄、白素色都是较常用的丧礼花色彩，以表肃穆稳重之感。国内丧礼鲜花的使用在上海兴起较早。丧礼花使用有一些约定俗成的规矩，比如60岁以下亡故的，其用花以黄白素色为主，80岁以上亡故的则会选择一些鲜艳的色彩，如果亡故者年高百岁以上，则全部用红色花都没问题。

西方人在制作丧礼用花时，较多地考虑死者的生前喜好等问题。比如有的人信仰基督教，可能他的丧礼花圈中就有十字架造型。在中国的葬礼上，人们表现敬意的方式显得更严肃更沉重一些，力求要营造一种肃穆的氛围。而营造肃穆气氛的一种手段，就是在花艺的造型上加以限制。整齐、规则的造型往往可以给人带来严肃的感受，比如葬礼花圈就是一个很好的例子。

丧礼花艺除了表现出对死者的哀悼，还有对生者的慰藉。有些人认为，送的丧礼花篮越大说明越重视，其实不尽然。在美国，为国捐躯者享有以国旗覆盖棺木的殊荣，为这些人做丧礼花艺布置时甚至可以考虑运用国旗的蓝、白、红色。在葬礼中，鲜花是寄托人哀思的载体，更需要我们倾注心血设计。

传统的葬俗礼仪有停灵仪式、报丧仪式、招魂仪式、"做七"仪式和吊唁仪式。花艺布置的重点是灵堂布置和追思会或追悼会场地布置。丧礼布置的要点主要是注意用花和用色，一般花材选用菊花、月季、向日葵、百合、剑叶、扶郎花、唐菖蒲、康乃馨、勿忘我等，其中菊花使用的最多，其次扶郎花、康乃馨、百合等也用得较多。色彩上要注意，一般年龄比较大过世的，属于寿终正寝的可以用颜色鲜艳一些的粉红、甚至大红。如果中

图2-73 丧礼花圈

年的比较适合粉色或者黄色、白色，而年轻的、或者是意外死亡的，就应该用全白或者是黄色和白色。还可以用一些白纱或缎带做装饰（图2-73）。

2.4.2 丧礼花卉装饰的基本形式

丧礼花卉装饰的主要形式有台式丧礼用花、立式丧礼用花、灵堂布置用花、悼念花束、悼念胸花等。

台式丧礼用花 台式丧礼用花一般可以放在遗像两侧，或者是前去吊唁的人送的花篮，所以一般以花篮形式居多，当然也可以是盆插花。色彩一般为冷色调为主，以白色、黄色、紫色为多，还可插上"奠"字牌以寄托哀思（图2-74）。

立式丧礼用花 立式丧礼用花以花圈和立式花篮为主，花圈一般用竹子做成的三角架支撑，三角架可以用手揉纸或白纱装饰。可以把花插成对称式圆形［图2-75（a）］，也可以将花布置成不对称的花型［图2-75（b）］，也可将中间空出，放上一个大大的"奠"字（图2-76）。花圈还可以做成其他形状，如心形、菱形、十字架形、方形等形式［图2-77（a～d）］。立式花篮在丧礼上也是常见的一种布置形式，一般有现成的竹制立式花篮可用，可以是单层的，也可以插成双层的花篮［图2-78（a、b）］，甚至有一些不对称构图的立式丧礼用花形式［图2-79（a、b）］。立式丧礼用花形式变化非常之多，还可以将挽联结合插花使丧礼立式用花形式更加丰富多彩［图2-80（a、b）］。

图2-74 丧礼台式花

(a)

(b)

图2-75 对称式圆形花圈

图2-76 "奠"字花圈

灵堂布置用花 灵堂布置用花一般是花篮和台式花相结合,并配以纱幔加以装饰。两侧是对称的花篮或小型艺术插花,中间可以是艺术插花,也可以是一个小花圈,三组花之间用植物或白纱加以连接。所用花材品种基本相似,使其成为一组相协调。中间可以布置遗像或"奠"字,布置成灵堂供人瞻仰(图2-81)。

悼念花束 悼念花束是用来祭放在灵堂遗像前或者灵柩上的。制作方法和任务2.1宾礼花束基本一致。主要区别是在用花和色彩上,所用花材是以菊花和扶郎花为主,色彩以白色和黄色为主,所用的配饰包括包装纸、缎带等也是以素色为主,以此来寄托哀思[图2-82(a)]。有些悼念花束也有用其他花材的,如白色马蹄莲、白色紫罗兰、绿色甘蓝等[图2-82(b)]。

悼念胸花 悼念胸花是指去参加悼念活动的贵宾所佩戴的胸花。制作方法和宾礼胸花大体一致。主要在色彩上,较多的使用白色和黄色,包括装饰带一般用白色,有时也用金色或银色(图2-83)。

(a)心形花圈　　(b)菱形花圈　　(c)十字架花圈　　(d)方形花圈

图2-77　花圈

(a)单层悼念花篮　　(b)双层悼念花篮　　(a)不对称双层悼念花篮　　(b)不对称单层悼念花圈

图2-78　悼念花篮　　　　　　　　　　图2-79　不对称悼念花篮

图2-80 结合挽联的花篮

图2-81 灵堂布置

(a)　　　　　　　　(b)

图2-82 悼念花束

图2-83 悼念胸花

2.4.3 花圈、祭祀用花的制作技巧

花圈的制作　传统的纸花圈为一个用稻草做成的圈,使用竹制三角架支撑,然后用绑有竹签的纸花插成一个花圈。而现在一般都用鲜花花圈,为了保鲜必须用花泥进行插花,在竹架中间插花的地方绑上用锡纸包裹的花泥,花泥用锡纸包裹后有利于保水,而且也方便插花。花泥固定后先插上外围的花,接下来按圆形逐步往内一支一支插上主花,形成丰满的圆形,然后在花与花之间插上补充花和叶材,使之富有层次感,最后在底部插上用纱做成的花作为装饰,在顶部插上"奠"字,这样一个简单的花圈就完成了(图2-84)。花圈的制作关键在于主花的定位要圆而丰满,也可在顶部插上几支唐菖蒲稍有变化。图2-75的花圈是在竹架上固定事先做好的圆形白色泡沫,然后将每支菊花绑上竹签插成,中间百合处绑上一块锡纸包裹的花泥用来固定,竹架也用白色缎带和白纱进行装饰,非常别致而肃穆。

祭祀用花的制作　由于台式花和立式花的形式与其他项目中的插花形式有类似,主要是用花材和用花颜色不同，制作技巧基本相同，本教材主要介绍一种十字架祭祀用花的制作技巧。十字架祭祀用花比较新颖，在小型的丧礼上可用作台式花，稍大一些的可用作立式花，也可用作灵堂布置，因此用途较广泛。要制作十字架祭祀花主要事先要用白色泡沫做一个十字架，并在其后用竹竿做支架加以固定。然后用巴西木叶子将十字架包裹用花胶水黏住固定，在十字架交叉点绑上包裹锡纸的花泥，最后插上百合、扶郎花、贝壳花、勿忘我、加拿大一枝黄花、马蹄莲、龟背叶、弯卷的巴西木以及蓬莱松，一件十字架祭祀用花就完成了（图2-85）。

图2-84 花圈制作　　图2-85 祭祀用花制作

实践训练 17 花圈制作实训

目的要求

为了更好地掌握丧礼用花的制作要点，通过花圈插做的实践，学生理解花圈的构图要求，了解花圈的基本创作过程，掌握花圈的制作技巧、花材处理技巧、花材固定技巧。在老师的指导下完成一件花圈作品。

材料准备

1. 花材：创作所需的时令花材。包括：线条花，如白色菊花、黄色菊花、唐菖蒲等；补充花，如白色康乃馨、黄色康乃馨、勿忘我等；叶材，如肾蕨、悦景山草等。
2. 固定材料：竹竿、花泥。
3. 辅助材料：锡纸、绿铁丝、绿胶布、白纱等。
4. 插花工具：剪刀、美工刀等。

操作方法

1. 教师示范：

步骤一：将竹竿绑扎成三角架。将浸透水的花泥包裹锡纸固定在三脚架中间。

步骤二：利用线条花插成圆形，构成丰满的面，然后按顺序插入补充花、叶材等花材。

步骤三：用白纱制作一个蝴蝶结，固定在花圈底部。

步骤四：整理等。

2. 学生分组模仿训练：按操作顺序进行插做。

评价标准

1. 构思要求：独特有创意。
2. 色彩要求：新颖而赏心悦目。
3. 造型要求：符合花圈的造型要求，丰满完整。
4. 固定要求：整体作品及花材固定均要求牢固。
5. 整洁要求：作品完成后操作场地整理干净，保证每一朵花材都能浸到水。
6. 合作要求：与其他同学共同合作良好。

提交实训报告

内容包括：对花圈插作全过程进行分析、比较和总结。

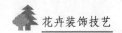

实践训练 18　十字架祭祀用花插作实训

目的要求

为了更好地掌握丧礼用花的插作要点，通过十字架祭祀用花实践，学生理解十字架祭祀用花的构图要求，了解十字架祭祀用花的基本创作过程，掌握十字架祭祀用花的插作技巧、花材处理技巧、花材固定技巧。在老师的指导下完成一件十字架祭祀用花。

材料准备

1. 花材：创作所需的时令花材。包括：线条花：如扶郎花、马蹄莲、贝壳花、菖兰等；焦点花：如百合、菊花、月季等；补充花：如勿忘我、霞草（满天星）、加拿大一枝黄花等。叶材：如巴西木、龟背、肾蕨、悦景山草、蓬莱松等。

3. 固定材料：竹竿、花泥。

4. 辅助材料：绿铁丝、花胶水、绿胶布、1～2cm厚的白色泡沫等。

5. 插花工具：剪刀、美工刀等。

操作方法

1. 教师示范：

步骤一：将白色泡沫做成20cm宽60cm长和20cm宽90cm长两块，用巴西木叶将泡沫表面用花胶水粘贴满。

步骤二：将沾满巴西木叶的泡沫叠成十字架用铁丝固定，用竹竿做成支架支撑在十字架背面。

步骤三：在十字架中间绑上浸透水并包裹上锡纸的花泥。

步骤四：利用线条花插成S形构图的框架，然后按顺序插入焦点花、补充花、叶材等花材。

步骤五：整理等。

2. 学生分组模仿训练：按操作顺序进行插做。

评价标准

1. 构思要求：独特有创意。

2. 色彩要求：新颖而赏心悦目。

3. 造型要求：符合十字架祭祀用花的造型要求，造型丰满完整。

4. 固定要求：整体作品及花材固定均要求牢固。

5. 整洁要求：作品完成后操作场地整理干净，保证每一朵花材都能浸到水。

6. 合作要求：与其他同学共同合作良好。

提交实训报告

内容包括：对十字架祭祀用花插作全过程进行分析、比较和总结。

综合训练

丧礼场景花卉装饰

目的要求

为了更好地掌握丧礼场景花卉装饰的要点，通过对丧礼场景花卉装饰的实践，使学生理解丧礼场景花卉装饰的具体要求，了解丧礼场景花卉装饰的基本创作过程，掌握丧礼场景花卉装饰的布置技巧。在老师的指导下完成一个丧礼场景花卉装饰。

场地准备

1. 每组30m²左右空间，可在花艺实训室或教室进行。

2. 每组双人课桌6个。

材料准备

1. 容器：各种花篮、各种花器。

2. 花材：创作所需的时令花材。包括：线条花，如唐菖蒲、扶郎花、马蹄莲、紫罗兰、白兰、贝壳花等；焦点花，如菊花、百合、月季、桔梗、白色安祖花、白色蝴蝶兰等；补充花，如多头康乃馨、多头月季、补血草、霞草（满天星）等散状花；叶材，如龟背叶、巴西木叶、肾蕨、悦景山草、蓬莱松等。

3. 固定材料：竹竿、花泥。

4. 辅助材料：绿铁丝、绿胶布、花胶水、锡纸、白色、银色、金色缎带、白色网纱等。

5. 插花工具：剪刀、美工刀等。

操作方法

1. 将学生分成10人一组，将6个课桌组成丧礼场景主桌。

2. 学生分工完成台式花、立式花圈、立式花篮、灵台布置用花以及祭祀花束和祭祀胸花。

3. 让学生根据场景的情况进行周围环境、丧礼仪式所需的花卉装饰。

4. 教师进行评价，根据每位学生的表现进行打分。

5. 可以各组交叉评价、互相交流。参见梅艳芳告别仪式图2-86（a～e）。

评价标准

1. 构思要求：独特有创意。
2. 色彩要求：新颖而肃穆。
3. 造型要求：符合丧礼场景花卉装饰的造型要求，整体协调，重点突出。
4. 固定要求：整体作品及花材固定均要求牢固。
5. 整洁要求：场景布置完成后操作场地整理干净，保证每一朵花材都能浸到水。
6. 合作要求：与其他同学共同合作良好。

（a）灵堂布置

（b）灵堂遗像花饰　　（c）悼念用花

（d）灵柩花饰　　（e）灵车花饰

图2-86　梅艳芳告别仪式图

提交综合场景实践报告

内容包括：对丧礼场景花卉装饰布置全过程进行分析、比较和总结。

班级		指导教师		组长	
参加组员					
主题：					
所用主要色彩：					
所用花材：					
所用插花形式：					
创作思想：					

小组自我评价： ○好　　○较好　　○一般　　○较差	
小组互相评价： ○好　　○较好　　○一般　　○较差	
教师评语：	

续表

=== 思考题 ===

1. 什么是丧礼?
2. 丧礼花卉装饰有哪些基本形式?
3. 花圈有哪几种常用形式?
4. 十字架祭祀用花的制作要点有哪些?
5. 丧礼用花的色彩要求有哪些?
6. 丧礼场景布置需注意的要素有哪些?

室内花卉装饰

教学目标

终极目标

学会室内花卉装饰基本形式及其制作与应用。

促成目标

当你顺利完成本单元后,你能够:

1. 明确室内花卉装饰的应用范围和特点。

2. 学会居家花卉装饰基本形式以及直立式、倾斜式、平卧式、悬崖式艺术插花的制作技巧及应用。

3. 学会商业花卉装饰基本形式以及插花礼盒、商品花饰的制作技巧及应用。

4. 学会宾馆花卉装饰基本形式以及东方式传统插花、中西式餐桌花的制作技巧及应用形式。

5. 学会公务花卉装饰基本形式以及毕德迈尔设计的制作技巧和公务花卉装饰布置。

工作任务

1. 居家花卉装饰。
2. 商业花卉装饰。
3. 宾馆花卉装饰。
4. 公务花卉装饰。

通常我们把建筑的内部视为室内空间，把建筑的外部视为室外空间。室内空间由地面、墙体和屋顶围合构成。但是面对多样化的当代建筑，完整的室内空间如果失去了四个侧界面中的某些部分，就失去了不同程度的"围合度"，从而削弱了室内特征，掺入了室外因素，如阳台。同样，露天的外部空间被不同程度的围合界面包围，就削弱了室外特征，而掺入了室内因素，如天井。室内花卉装饰主要是对室内空间以及与建筑内部关系紧密的空间进行花卉装饰设计。

1. 室内花卉装饰的作用

净化空气，调节湿度　植物可通过植物的叶子吸热和水分蒸发可降低气温，在不同季节可相对调节温度和湿度。此外，某些植物可吸收有害气体，它们的分泌物可杀灭细菌，从而净化空气，减少空气中的含菌量。

组织空间，引导空间　一是分隔空间的作用。如在二厅室之间、厅室与走道之间以及在某些大的厅室内需要分隔成小空间的，再如客厅与餐厅、办公室与接待区、酒店大堂、陈列室等。此外，在某些空间或场地的交界线，如室内外之间，室内地坪高差交界处等，都可用花卉装饰进行分隔。某些有空间分隔围栏、防护栏、多层围廊的围栏等，也可以结合花卉装饰加以分隔。

二是联系和引导空间的作用。联系空间的方法很多，如通过天蓬的处理、踏步的延伸或铺设地毯、地面石材、地面砖等，均可达到联系空间的作用。但相比之下，都没有利用花卉装饰联系空间更鲜明、更亲切、更自然、更让人乐于接受和喜爱。许多宾馆、酒店常利用花卉装饰的延伸联系室内外空间，以起到过渡和渗透的作用，通过花卉装饰的连续布置使空间得以连续和统一。室内花卉装饰的布置，从一个空间延伸到另一个空间，特别是空间的转折、过渡、改变方向之处，更能发挥空间的整体效果。花卉装饰布置的连续和延伸，如果有意识地强化其突出、醒目的效果，那么通过视觉的吸引就起到了暗示和引导的作用。

三是突出空间重点的作用。在大门入口处、楼梯进出口处、交通中心或转折点、走道尽端等，既是交通的关节点，也是空间中的起始点、转折点、中心点、终极点等重要视觉中心位置。因此进行醒目的、富有装饰性的花卉装饰布置，能起到强化空间、突出空间的作用。

柔化空间、增添生气　植物有着千变万化的自然形态、五彩缤纷的颜色、轻柔飘逸的神韵、生机勃勃的活力，正好与冰冷、坚硬、刻板的金属、玻璃以及僵硬的几何形体形成鲜明的对比。如，乔木或灌木可以其柔软的枝叶覆盖室内的部分空间；藤蔓植物以其修长的枝条，从一面墙攀援至另一面墙，或由上而下，吊垂在墙面、家具上，如一串串翡翠般的绿色装饰，改变了室内空间原有的形态；大片的阔叶植物可以在墙隅、沙发一角，改变这家具与设备的轮廓线，从而使几何形体的人工室内空间予以一定的柔化，而充满生机的绿色植物与五颜六色的花卉给室内空间增添了生气，这是其他任何室内陈设所不能替代的。高大的树木绿化，改变了建筑原有的几何形态，使单调、坚硬、冷漠的建筑构件得以柔化，把自然的阳光和绿叶花卉引入室内，使整个室内空间充满生机。

美化环境、陶冶情操　花卉装饰是一种源于自然而胜于自然的艺术创作，植物本身无论是其形、色、质、味，还是其枝干、花叶、果实，所显示出蓬勃向上而充满生机的力量，引人奋发向上、热爱自然、热爱生活、热爱生命。而进行艺术创作的过程无论是插花艺术、艺术盆栽还是盆景等本身要求作者具有一定的美学、文学、植物学等知识，花卉装饰布置的过程也是一个不断学习陶冶情操的过程。使人更加热爱生命、热爱自然、陶冶情操、净化心灵，与自然共呼吸。

抒发情怀、创造氛围　一定的花卉装饰布置，使室内形成绿化空间，让人们置身于自然环境之中，享受美、享受自然，使工作、学习、休息都能心旷神怡，悠然自得。同时不同的植物有着不同的形态特征、不同的寓意。硕果累累的金橘，给室内带来喜庆、欢乐的气氛；苍松翠柏，给人挺拔、庄重、典雅之感；高雅纯净的兰花使室内春意盎然，风雅宜人。不同季节的植物还能创造出不同的氛围，如春天的花、夏天的绿、秋天的叶、冬天的枝。利用植物的季相变化，精心配置使室内显示出不同的情调和气氛。

2. 室内花卉装饰布置方式

室内花卉装饰的布置方式应精心设计，仔细推敲，按不同的空间、不同的功能、不同的部位，并结合室内家具设备、陈设等，选择相应的形式进行装饰，这样才能起到美化绿化的目的和作用。

图3-1　中心视点布置

中心视点布置　中心视点是室内活动的中心位置，是人们视点的交汇中心，花卉装饰作品的形态、色彩有着特殊的魅力和吸引力，为此，在室内厅室的中央布置各种花卉装饰作品会吸引人们的注意力，以达到视觉感知的效果。如在玄关、餐桌中央、沙发前的茶几、宾馆大堂中央等中心部位布置花卉装饰作品，会使人们的视点集中，使人感到温馨并增添舒适感（图3-1）。

角隅点缀布置　室内的墙隅往往是难以利用的地方，选择墙隅布置不同的植物，既填充了剩余空间，使死角焕发出生机，又配合了中心视点的布置，使室内的绿化布置和谐统一。如在室内转角处、柱脚边、走道旁、楼梯角进行花卉装饰布置可起到点缀作用（图3-2）。

图3-2　角隅点缀布置

靠门、窗布置　门、窗是室内与室外联系的中介，也是人们活动最为频繁之处，此处布置植物，可给进出者以迎面而来的愉悦感。另外，根据植物的光合作用，能接受更多的日照，有益于盆栽植物的生长，同时，从室外感知会形成自然的绿色景观（图3-3）。

结合家具陈设布置　室内花卉装饰除一般的落地式布置，还可结合室内家具、陈设等布置，相得益

图3-3　窗台布置

彰，组成有机的整体。如在装饰柜、玄关柜、茶几、餐桌、宾馆大堂接待处等布置相应的插花作品或盆栽植物，在吊柜、壁柜、博古架上布置垂吊式或藤蔓植物，这种布置既不占地面空间，又能使室内空间增添艺术气氛（图3-4）。

沿通道、过厅旁布置　通道、过厅是室内活动必须经过的空间，在此两侧或一侧有规律地布置花卉装饰作品，既可做引导作用，又可使经过的人们增添情趣和美感，并使行走相对减少疲劳感。注意布置的植物不能影响行走路线的畅通（图3-5）。

3. 室内花卉装饰设计原则

（1）整体原则

室内花卉装饰设计的好坏直接体现在整个环境中的每个部分、每个环节是否搭配协调、衔接得当，是否体现整体性。花卉装饰设计是室内环境布置中的重要一环，它的选择与配置必须在室内环境整体性的约束下进行。不同的建筑环境对花卉装饰有着不同的要求，不同功能的空间对花卉装饰也有不同的要求。

各类建筑对花卉装饰设计的要求　建筑的功能千差万别，形式也千变万化，因此对花卉装饰的功能、形式提出了不同要求。花卉装饰的题材、形式、色彩、质感都必须符合建筑的不同功能要求，对不同功能要求下的花卉装饰都要仔细推敲，精心布置，尽量做到适度得体，特殊性的花卉装饰一定要适合人在特定情况下的需要。如办公建筑中的花卉装饰应简洁雅致，造型不宜繁杂，色彩不宜太过艳丽，而宾馆建筑或餐饮建筑，在造型、色彩可以适度丰富夸张一些，以营造热烈的气氛，达到吸引宾客的作用。

空间功能对花卉装饰设计的要求　主要是风格特征和尺度、色彩与布置要求：

室内花卉装饰设计的风格特征要求：空间的功能不同，要表现的特征就各不相同，这就对花卉装饰设计形成了不同程度的制约。花卉装饰设计应与空间功能相协调，这样才能反映不同的空间特色，形成独特的环境氛围。如客厅是一家人生活的中心，兼具家人活动休息和友人宾客造访等功能，当用花卉装饰作品来点缀时，所采用的种类和形式就要体现和谐愉快、温馨的气氛，而餐厅最好采用能营造轻松愉快、激发食欲等符合就餐氛围要求的花卉装饰作品。

室内花卉装饰设计的尺度要求：室内花卉装饰设计的大小、式样应与室内空间、家具尺度保持良好的比例关系。如果作品过大，则会使空间显得小而拥挤，过小又可能产生室内空间过于空旷，局部的花卉装饰也是如此。花卉装饰的形状、形式、线条应与家具和室内装修取得密切配合，运用多样统一的美学原则达到和谐的效果。

室内花卉装饰设计的色彩要求：室内花卉装饰设计的色彩也应与家具、室内装修统一，形成协调的整体。室内花卉装饰在色彩上可以采取对比的方式以突出重点，或采取调和的方式，和家具、室内其他陈设之间取得相互呼应、彼此联系的协调效果。花卉装饰的色彩还能起到改变室内气氛、情调的作用。如室内色调偏于冷淡，可以通过运用一些色彩鲜艳的花卉装饰作品来点缀，使整个室内的气氛活跃起来。而色彩过于浓艳的室内则可以用单一淡雅色彩的花卉装饰作品来调和，以协调空间的色彩感。

室内花卉装饰设计的布置要求：室内花卉装饰的布置应与家居布置方式密切配合，形成统一风格。若要使花卉装饰在室内产生良好的视觉效果、稳定的平衡关系、空间的对称或非对称、静态或动态、对称平衡或不对称平衡、风格和气氛的或严肃或活泼或活跃或雅静等。花卉装饰的布置方式一定要配合室内家具以及其他陈设的布置方式,以形成一个协调、有机的整体环境。

图3-4　结合家具陈设布置　　　　　图3-5　沿通道布置

（2）适量原则

花卉装饰尽管有很多好处,但也不是越多越好,在一个限定的空间中要注意适量的问题。一般情况下室内花卉装饰只是室内环境的点缀物,过多的花卉装饰不仅占有空间,而且会使室内其他功能不能充分发挥;滥用花卉装饰还将使室内变得"俗气",给人堆砌之感。花卉装饰的艺术性贵在精和巧,要精选品种、花色、造型、数量、形式等,巧做布置,巧做安排,巧做搭配,这样才能给人一种艺术享受。

（3）自然生态原则

花卉装饰除盆景、插花作品外,其他力求保持其自然的外观形状,虽然有时可做适当的修剪,但其基本外形轮廓不宜作大幅度的改变,其原因如下:一是有利于植物的生长;二是在充满无生命的几何形室内,人们更需要引入的是自然的线和形。室内花卉装饰应尽量考虑使用自然性的材料,少用或不用人工材料。如点缀的石头尽量选用自然形态的石材,如湖石、卵石等。另外,各种植物都有其自然生长习性,并非所有植物都适宜于室内生长。如不同植物需要的光照、湿度、温度、土壤环境等各不相同,有些适宜于室内生长,有些不适宜于室内生长;有些适宜于放在窗台、阳台等光照充足的地方,有些则喜阴,适合放在室内较阴凉的位置。此外,还有些植物虽然枝叶花朵美丽,但会分泌一些对人体有害的物质,不宜放在室内。室内花卉装饰应充分考虑植物的自然生态因素,以营造一个自然生态的室内环境。

（4）审美原则

花卉装饰设计应充分表现物质审美和精神审美的双重属性,物质审美是指花卉装饰的质、形、色及作品的外在特征和位置对空间的装饰美化和对环境的渲染衬托,以构成视觉的审美,创造一种可观、可赏、可玩、可游的具形式美感的空间。同时,室内花卉装饰设计还要与室内其他设计手段项目配合,使空间环境具有某种气氛和意境,植物本身的内涵特征,如竹的谦虚、梅的傲骨、兰的高洁等可以满足人们个性和性情的精神需要,创造温情暖意、荡涤心灵的心灵空间,使有限的空间发挥最大的艺术效果。

知识窗：东西方插花艺术的起源

人类是自然的产物，与自然间的万事万物有着无法割舍的联系，人类在漫长的发展进程中，开始认识自然、改造自然，但对于自然越了解，人类对于自然的美好向往和追求就越迫切，插花正是迎合人类的这种需求而产生的。花的纯真和美艳，使人感受到了生命的美好和灿烂，可以说，插花艺术的起源应归结于人类爱美的天性。

世界上的两大插花流派即东方式插花和西方式插花，它们不但在插花风格上各异，而且各自沿着不同的历史轨迹来发展。据考证，西方插花起源于古埃及，古埃及人常将睡莲花插在瓶、碗里做装饰品、礼品或丧葬品；东方插花则起源于中国，从古人折野花枝装饰发髻、装点居穴的原始插花意念，发展到佛前供养插花的佛教供花仪式，进而将其沿袭于民间。中国传统插花主要包括宫廷插花、宗教插花、文人插花和民间插花四种形式；西方传统插花主要包括宫廷插花、宗教插花、艺术插花和民间插花四种形式。

宗教插花： 在现代宗教插花是指以花供养所信仰的宗教神明、祖先，或民间的祭祠、佛堂、教堂、道观等都有庄严的供花。古时，东方插花源自于佛教供花，信徒以鲜花供奉于佛前的供养称为供花，供养的形式分为"皿花"、"散花"、"瓶花"等。使用的花材只要新鲜、香味雅、无恶臭、腐败、荆棘等，均可用来做宗教插花，发展到后来，供佛所用花材也有所选择，如莲花、百合等。花型则注重对称之美。西方插花的宗教插花主要供奉于教堂等场所，以几何造型为主。

宫廷插花： 顾名思义，它必定是非常豪华隆盛的花型，色彩浓丽或五色（依五行颜色分红、黄、蓝、白、黑）俱全的插花，花器选比较珍贵的容器如铜器、精美瓷器、漆器等高级花器，花材也必定是品质讲究的花材（图3—6）。西方的宫廷插花也非常注重花器的华美和尊贵，如用当时属于进口的中国精美瓷器作为插花用具，在花材运用上用花量比较大而且追求富丽堂皇的繁华美景。

图3-6　宫廷插花

文人插花： 文人插花源自中国唐、宋，盛行于元、明，风格颇受禅宗与道教精神的影响，表现场合以文人厅堂及书斋为主，取材以清新脱俗，格高韵胜，易于持久的花木，如松、柏、竹、梅、菊、兰、荷、桂、水仙等，常只有一种，多则三种。花器讲究高雅朴实，典雅无华，以铜、陶、瓷、竹为多。花枝不多，结构不尚华丽，以线条枝叶为主，明确有力，作风清雅虚灵，是文人插花的特色，是东方插花的典型（图3-7）。

民间插花： 中国民间插花盛行于岁朝清供或喜庆佳节的厅堂或神案之上，寓含酬神、祭祖、崇宗、祈福、驱魔之

图3-7　文人插花

意，作风率真明朗，瑰丽而璀璨。它是一种生活功能，其间蕴藏着伦理亲情、美意民风、四时之美、敬天法祖的插花形式。在源远流长的中国插花历史上，在不同的历史背景条件下，每个时期的插花艺术都呈现出不同的特点，从一个侧面反映了该时期经济及文化发展状况，可以说也是一部用花来书写的历史长卷（图3—8）。

艺术插花：由西方画家创作，以追求插花造型、色彩以及在不同角度所产生光影效果的艺术插花，常常用作绘画的对象（图3-9、图3-10）。

图3-8 民间插花

古老的插花艺术伴随人类的文明和进步，不断发展完善，并逐渐形成现代插花艺术。

图3-9 梵·高的《向日葵》

图3-10 梵·高的《鸢尾花》

=== 思考题 ===

1. 室内花卉装饰的作用主要有哪些？
2. 室内花卉装饰的布置方式及其运用的空间场所有哪些？
3. 简述空间对花卉装饰设计的要求。

3.1 居家花卉装饰

【教学目标】

1. 了解居家花卉装饰的布置要点。
2. 了解居家花卉装饰的基本形式。
3. 掌握艺术插花的构图原理和造型技巧。
4. 掌握四式六形艺术插花的制作技巧。

【技能要求】

1. 会制作四式六形艺术插花作品。
2. 会布置居家场景花卉装饰。

案例导入

张玉明同学家买了新房,马上要搬家了,准备请同学们到他的新家做客。同学们想利用所学知识为张玉明家进行全新的花卉装饰,使他的新家锦上添花,于是大家推举花卉装饰课代表为召集人,商量布置方案。大家询问了张玉明家的基本情况和装修风格,分组在查阅资料的基础上忙着讨论布置方案。

分组讨论:

1. 设定一个装修风格。
2. 想想还有哪些地方可以进行花卉装饰布置?
3. 如果你是张玉明,你觉得哪些布置最满意?为什么?

序号	花卉装饰位置(如餐厅、起居室、玄关、卧室、客厅、书房等)	花卉装饰形式	室内花卉装饰的注意事项	自我评价
1				
2				
3				
4				
5				
6				
备注	自我评价按准确★、基本准确▲、不准确●的符号填入			

我认为最满意的布置:

当今社会，由于生产及科学技术的不断发展，人类越来越重视生活的环境质量。现代的城市居民把室内居家花卉装饰、栽花养草作为陶冶情操、修身养性、优化生存环境的生活习俗已越来越得到了普及。

3.1.1 居家花卉装饰的基本形式

居家花卉装饰的基本形式有盆栽花卉（包括组合盆栽），以及插花作品、盆景、水培植物、景箱和景瓶等形式。

盆栽花卉　盆栽花卉种类很多，形态各异，是室内外花卉装饰最常用的形式之一。供装饰居室的盆花主要有：大型观叶类，如棕榈、散尾葵、马拉巴栗、绿萝等；中小型观叶类，如变叶木、花叶芋、肾蕨、万年青等；大型观花、观果类，如九重葛、扶桑、杜鹃、鹤望兰、大花蕙兰、蝴蝶兰、石榴、金橘、佛手等；中小型观花、观果类，以草本花卉为主，如仙客来、瓜叶菊、小苍兰、矮牵牛、菊花、冬珊瑚等。用盆栽花卉装饰居室的优势如下：由于一、二年生草花、宿根花卉、球根花卉、多肉类植物和一些木本花卉，均可盆栽，因此盆栽花卉的种类多，可供选择的范围大，可根据个人的需要、爱好以及室内的风格和特点选择适合的盆栽花卉。此外，盆栽花卉可以搬动，所以布置方便，可单独摆放，也可组合摆放，摆放比较灵活。大型的盆栽可以直接放在地上，中小型的可以放在家具或花架上。盆栽植物更换起来也比较容易，如果根据季节合理利用花期，可以取得繁花似锦、美化生活的效果。

组合盆栽　组合盆栽不同于盆栽的组合，而是将多种植物根据生态习性以及美学原理栽植在同一个容器中。这种花卉栽植方式，既可节省摆放盆花的位置，又能使室内花卉丰富多彩，是近年来国内外较流行的一种栽植方式。

组合盆栽是以欣赏花卉的群体美为主，比较引人注目，效果往往超过单种植物的栽植方式。

插花作品　插花作品是室内花卉装饰中一种经常使用的形式，由于其形式多样、色彩丰富、价格适宜，更有利于和室内的各种风格相协调，所以目前随着人们生活水平的不断提高，人们对精神的需求日益高涨，插花在居家中的应用越来越广泛。

盆景　盆景是我国优秀的传统艺术之一，是植物栽培技术和造型艺术的巧妙结合，也是自然美与艺术美的有机结合。它将植物、山石等材料，经过艺术加工，布置在盆中而成为各种自然风景的缩影，是室内陈设的艺术珍品。用盆景装饰居室，要考虑盆景的观赏效果及其与环境的和谐统一。盆景是活的艺术品，是"无声的诗，立体的画"，树桩盆景还能随着季节的变化，显示出不同的景色，因此用盆景装饰居室，无疑会使人获得一种美的享受。但盆景的价格较高以及养护的要求也相对较高，所以盆景一般布置在有一定经济实力并有一定盆景养护知识的主人家里。

水培植物　水培植物并不是单指将植物直接养在水里，也包括用营养液栽培花卉，所以也称无土栽培。水培植物是近年新兴的一种花卉栽培技术，其优点是清洁卫生，不污染环境，能显著防止病虫害的滋生，养分不易流失，栽培的植物生长健壮，自身重量也有所减轻。因此水培植物更适合居家摆放。

景箱和景瓶　景箱和景瓶是家庭花卉装饰中新的宠儿。景箱栽植是将几种对空气湿度要求较高的花卉，种植在一个封闭的玻璃容器中，以此来满足花卉对空气湿度的要求，此法在空气湿度较低的北方较为实用。容器的形状可以为长方形、圆形或其他形状，也可利用旧鱼缸，上盖玻璃。容器的大小应根据摆放的位置空间大小而定，四壁要洁净，以利于光照和观赏。栽植基质要用透气和保水性都很强的材料，如蛭石、腐叶土、泥炭等，厚约10cm，并施入适量的基肥。设计和布局可按自然式栽植成"微型花园"，可以有微地形起伏，以表现山野情趣或田园风光，使人在镜箱中即能领略大自然的风采神貌。大型景箱还可安装微型彩灯，来增强光照和渲染气氛。

景瓶栽植和景箱相似，只是栽植容器为造型优美的瓶，瓶口不宜太小，最好带瓶盖。可用纸做的漏斗将基质放入、摇平，利用带长柄的工具将植物栽入。浇水要沿着瓶壁慢慢流入，以免冲乱基质，冲坏苗木，或用小喷雾器从瓶口处喷水，至基质湿润为止。

栽植在景箱、景瓶中的植物，除了是喜湿润的，还应是比较耐荫和半耐荫的、生长缓慢、以多年生、矮小的为好。常用材料有苔藓、虎耳草、肾蕨、波斯顿蕨、白网纹草、秋海棠、竹芋、椒草类、鸭趾草类等。可以采用植物造景，也可把植物材料同小山石及小桥、茅舍等配件组合起来造景。

景箱和景瓶中的植物病虫害发生较少，管理较方便。由于容器是封闭的，植物的蒸腾作用散发出的水分，大部分又回到基质中，所以可以长时间不浇水。如果发现容器四周雾气太大，可打开盖子放出雾气，再盖好。当容器壁上无水珠时，说明需要补充水分。肥料可以不施或少施，摆放时不宜放在温度高和阳光直射的地方。由于栽植在箱、瓶中的植物生长速度不同，过一段时间需要进行调整，否则会破坏原来的比例关系，也就破坏了原来的设计意图，达不到应有的效果和预期的目的。

在室内花卉装饰时，景箱通常可以陈设在门厅或走廊上观赏。景瓶在中式或西式房间内都比较协调，可放置在酒柜、茶几、书桌、案几和窗前等处。

3.1.2 居家花卉装饰布置要点

家居作为人们日常生活的主要活动场所，具有各种功能。完整家居的室内部分，大多由客厅、书房、卧室、餐厅、厨房、卫生间、阳台等组成。以前的居家花卉装饰主要是在阳台上。近年来，随着人们居住条件的不断改善，在居住空间的各个地方都可以进行花卉装饰。室内花卉装饰在考虑植物配置、布置形式、户主爱好的基础上，结合不同功能的房间所具有的特性，合理、美观、巧妙地加以艺术装饰布置，已成为现代居家花卉装饰的一大课题。

客厅 客厅是接待客人和家人经常聚集座谈的地方，常常又是出入的必经之路，是给人以第一印象的重要场所，其面积一般较大，设有沙发、茶几、电视柜等。客厅的气氛应是热烈的，使人感到美满盛情，充分体现出主人的热情好客，给客人以宾至如归的感受，典雅大方是装饰的主要特点。

客厅花卉装饰供观赏的时间长，植物应选择姿态变化多、色彩艳丽、芳香、赏心悦目的观花或观叶植物。客厅的墙角与沙发旁是摆放盆花的关键位置，根据客厅的大小选择体量与之相配的盆栽植物摆放。插花作品应根据客厅的装修风格进行布置，如果是欧式风格，就应选择西方式插花，色彩鲜艳、体量与客厅大小相适合的欧式风格插花作品；如果是中式风格的客厅，那就可以选择中国传统插花中的瓶插或盆插，体现线条美和意境美的东方传统插花可以与中式风格布置的客厅相得益彰（图3-11）；如果是婚房，那么在考虑装修风格的同时要尽量体现喜庆、热烈、祥和的形式和色彩。茶几和电视柜是摆放插花作品的关键位置，而且一般都是人们视觉的中心位置，色彩、形式都要能体现客厅主人热情好客的氛围。客厅还可以利用花架或其他高柜摆放一些吊垂式植物，以及利用墙壁装饰一些壁挂式插花作品。总之，无论采用何种形式进行花卉装饰，都应做到与客厅的整体环境相协调。

图3-11　中式风格客厅布置

餐厅　用餐是每个家庭生活中必不可少的，家人可以利用吃饭的时间聚合在餐厅互相交流情感，共享家庭生活的幸福。餐厅也是招待客人的地方，共同进餐是交往中的最高礼仪。

餐厅的花卉装饰要求雅致美观，能引起人们的食欲，宜采用暖色系来布置，不需追求数量及体量，要尽量精致。可采用色彩鲜艳的花卉，如根据季节采用一些时令花卉，但不要选用芳香植物，以免冲淡饭菜的香味。餐桌上的装饰是餐厅花卉装饰的重要内容，餐桌上一般用插花作品来装饰。大型餐桌可用宴会布置方式，小型餐桌可用小型插花作品，关键是插花作品不能遮挡客人视线，可以采用两种方式：一是平卧式，即以平面图案布置为主（图3-12）；二是采用提升式，即采取架构花艺设计形式提升插花主要观赏部位的位置，以不影响对面客人交谈为宜（图3-13）。餐桌花卉装饰还要根据餐桌的形式来布置，如中式圆桌的花卉装饰一般采用圆形的平卧式图案造型；而西式长方形餐桌一般采用条形、椭圆形或组合式的插花作品，以配合用餐环境（图3-14）。随着家庭住宅环境的不断改善，一般家庭都有专用的餐厅，也有的是与客厅相连、与厨房相接等，因此在用花卉进行装饰时，应根据情况灵活掌握。对放置餐具、茶具、酒具等物件的餐边柜，也要作适当的布置，如放置一些小型盆花或小型的插花作品，与整体布置相协调。

图3-12　平卧式圆桌餐桌花

图3-13　提升式圆桌餐桌花
作者：王路昌

书房　书房是看书、学习、工作的地方，虽然有时也会用来接待客人，但还是以看书为主，或者进行学术交流、观赏书画收藏之处，因此应布置得清净、淡雅、雅致、简朴。书桌上可以放置一些观叶植物，如万年青、文竹、肾蕨、水仙等，或结合季节摆放，春季放置报春花、夏季用茉莉、秋季

图3-14　组合式西式餐桌花　作者：梁胜芳

147

选菊花、冬季用水仙，也可选用一些色彩淡雅、线条明快的小型插花作品。无论用什么装饰，都要注意体量要适中，点缀1~2件即可，否则占去过多的位置，会影响学习。还要注意植物或插花的寓意，尽量选用寓意深刻、激人奋进的植物，如梅、兰、竹、菊等，还可结合书架、古玩摆放等，以形成浓郁的文雅气氛，给人以奋发向上的启示（图3-15）。

卧室　卧室是睡眠、休息的地方，环境要安静、和谐、舒适，以利睡眠和消除疲劳。光线不应太强烈，色彩可偏于冷色，给人以宁静安逸的感觉。

图3-15　书房布置

卧室内的花卉装饰设计，要与墙面、地面、天花板、床上用品、家具、窗帘等协调统一起来。盆栽植物可选用一些中小型观叶植物，如吉祥草、袖珍椰子等作点缀，数量以1~2盆为宜。观花植物的种类和数量不宜过多，以免给人眼花缭乱、不安宁的感觉。卧室里由于有床，余下的面积往往不是很大，因此不宜采用大体量的植物和插花作品来装饰。可在梳妆台、床头柜（图3-16）或电视柜上装饰一盆小型盆栽、水培植物或插花作品，也可在衣柜顶部装饰一盆下垂的植物。由于香气能满足人们的嗅觉感受，室内可选择一些带有淡淡香气的花卉，如小苍兰、丁香、含笑等，摆放的位置最好是窗户旁，香气随着风吹送，舒畅宜人，增添温馨的气氛。但应注意香气不能太浓，否则影响睡眠。兰花、百合的香气会使人兴奋，一般不宜放置在卧室内。卧室的整体色彩应淡雅、温馨，但儿童房的色彩可以鲜艳活泼一些，老人的卧室应突出清新淡雅的特点，室内植物以常绿为好。

图3-16　卧室布置

厨房　厨房是人们做饭的地方，有时还兼有餐厅的功能，因此应当清洁卫生。厨房通常比较潮湿，温度较高，对植物生长比较有利。

厨房较大的，可以放些小型花木，也可放插花，若将蔬菜、水果放于果篮、果盆与鲜花相搭配，摆放于适当的位置，可使厨房焕然一新。水仙等一些有毒的植物不宜放在厨房中。厨房是操作的空间，因此花卉装饰不应妨碍人们的活动。如果操作台较大可以放置一些由蔬菜结合的插花作品，较宽的窗台可放些盆栽植物，也可在冰箱顶部放置一些垂挂植物。厨房内应注意通风，保持良好的光照条件，布置的花卉装饰作品不宜放置在离灶具较近的地方，避免较高的热气和油烟对植物的伤害（图3-17）。

图3-17　厨房布置

卫生间　卫生间一般温度较高、湿度大，阳光较少，在花卉装饰上往往会被忽视。但是，在现代的日常生活中，人们对卫生间的要求越来越高了。

由于一般卫生间面积较小，不宜摆放较大的盆栽植物，可在盥洗台或浴缸边上放置一些小型的水培植物或小型插花作品。色彩可以根据卫生间瓷砖的颜色加以布置，如瓷砖以淡色为主的，可以配置一些色彩较鲜艳的花卉，如果瓷砖以深色为主，可以选用白色或一些淡雅的冷色调为主。形式上可以选用香油配干花的插花作品，也可选用一些水培观叶植物和耐荫、喜高温高湿的蕨类植物，或利用大面的墙壁布置壁挂式插花作品。通过这些花卉装饰布置，会使原本沉静、冷硬的空间生动起来。卫生间的花卉装饰应达到整洁、安静、改善空气质量的效果（图3-18）。

图3-18 卫生间布置

窗台 窗台不仅可以通风、透光，还具有室内外相互沟通的功能。在窗台装饰时，应考虑的有窗台的朝向、结构、形状、大小、窗帘的色彩等，只有尽可能地统一协调，才能到达最佳艺术效果，给人以美感。

窗台的花卉装饰可分为窗内和窗外两部分，窗内和窗外的气候条件各不相同。窗内条件比较稳定，可布置一些盆花、插花作品、盆景以及吊挂植物等，使之生机盎然，四季如春。窗外檐口可设置花架，根据季节布置一些四季观花植物，可根据季节更换，布置美女樱、矮牵牛、三色堇、半支莲、一串红、常春藤等繁花植物和观叶植物。不同朝向的窗台，窗口的光照和温度各不相同，因此要根据窗口的朝向来选择适宜的花卉来装饰。如果是落地式的玻璃窗，还可选择自然式的布置方式，组成一个生动的画面。

阳台 对于居住在高楼大厦中的城市居民来说，阳台是仅有的可以绿化的场所，装饰在阳台的花卉是居室内与外界自然接触的媒介。在阳台进行花卉装饰，不仅使室内获得良好的视觉效果，也丰富了建筑的立面造型，美化了城市景观。

阳台花卉装饰可以先有一个规划，在有限的空间设计出与居室风格相协调的花卉装饰小品布置，可以是自然式的，也可以是规则式的。可以选用鹅卵石、防腐木等分割空间区域，也可以点缀一些小水景使整个景观生动起来，在植物上可选择一些符合阳台立地条件的观花和观叶植物相互搭配，形成自然生动的景观效果。也可利用墙壁和顶部布置一些壁挂式和垂吊植物，增加空间的层次感。

用花卉装饰布置阳台应注意固定好栽植花卉的容器，特别是阳台檐口，防止花盆跌落伤人。阳台的承重问题也要考虑，体量不宜过大，尽量使用轻质基质，如腐叶土、草炭、蛭石等。不同朝向的阳台要注意根据阳台的小气候条件选择植物。

走廊、楼梯 走廊是作为引导宾客进入其他场所的地方，有的家庭没有走廊，即使有，一般也比较狭小，因此走廊若进行花卉装饰，放置的植物要少而精，体量以不影响走路为佳，这里的花卉装饰布置应带有浪漫色彩，使人有轻松愉快的感觉，可以利用墙壁设计一些壁挂式插花作品。

室内有楼梯的，如果围栏是铁栅栏的可摆设栽植箱，也可种植攀援式植物。楼梯转弯的平台靠角处也可放置一些耐荫盆栽植物和落地的插花作品。有条件的还可在楼梯旁、平台下，利用一些空间做小水池、植物、山石等配置，布置成室内小花园。

3.1.3 插花的构图原理及造型法则

1. 构图原理

所谓插花构图，就是如何设计花材的形态，采取怎样适当的布局和姿势，仔细思考如何才能表达出美丽的画面。插花构图本身并不是创作的最终目的，其基本任务在于表现主题，在于使主题思想获得具体完美的形象结构，以增强插花作品的艺术效果。插花是一项最少固定、最多例外、最少常规、最多变化的艺术创作活动。插花的构图是灵活多样的，但却不是随意插制的，而是要遵循一定的艺术规律，即比例与尺度、变化与统一、协调与对比、动势与均衡、韵律与节奏这五大构图原理，这五条是衡量插花作品"型"造得合理与否，美与不美的重要标准。

（1）比例与尺度

比例，作为形式美的原理之一，源于数学，但在插花的具体创作过程中，不必像数学关系那样精确，只需用"心理的尺度"衡量就可以了。比例着重于大小、长短的比较、部分与整体的比较、花器与作品的比较、作品与环境的比较等，都是构图美感与稳定感的主要因素。插花过程中的比例与尺度关系通常从以下三个方面考虑：

图3-19　大型展室花艺作品　作者：王路昌

确定插花作品的整体尺度　根据作品摆放的环境和空间大小和要求来确定，尺度适宜的装饰才能使空间显得更为舒适，达到美化装饰环境的目的。一般来说，展室展馆、室外展览作品可根据空间场地大小创作出3m×3m，高达3～5m或更大的作品（图3-19），极为醒目壮观，与宽大的空间相协调。室内摆放作品的大小可分三类：大型作品高一般在1.5～2m见方范围内，高达2～3m的作品（图3-20）、中型作品一般在1m×0.8m范围内，高度在1.5～2m的作品（图3-21）、小型作品一般在0.5m见方的范围内，高0.3～0.5m的作品（图3-22），但是具体作品的大小还要根据摆放的具体环境而定。

确定主要花枝与容器的比例　根据数学上的"黄金分割"比例关系确定的尺度和比例都是合理的，各部分之间都和谐的。以三大主枝构图为例，它们长度分别是（图3-23）：

第一主枝长度=（1.5～2.0）×容器总长（高+宽）

第二主枝长度=2/3×第一主枝长度

第三主枝长度=2/3×第二主枝长度

各主枝的补枝长度不应高于其主枝的长度。

确定插花构图中的兴趣中心位置　根据黄金分割比例原理计算，人的视觉中心的位置是在黄金分割的交点上，即"兴趣中心"位置，最易引起人们的注意，该交点通常位于插花作品中部偏下的重心处，也是构图中心，通常把花大、色艳、香浓的花插在这一点上或其附近

图3-20 室内大型花艺作品 作者：许惠　　图3-21 室内中型花艺作品 作者：刘明华　　图3-22 小型花艺作品　　图3-23 三大主枝长度的确定

（图3-24）。插花构图上的这些比例关系的确定，对于插花形式美的构成起着一定的积极作用。但绝不要不看场合、不看对象地生搬硬套，有时为了某种特定的需要，也可打破这些规定，以达到夸张、突出主题的效果。特别是在插花技艺十分娴熟后，更可灵活运用。

（2）变化与统一

这是插花的最基本原理，变化是指由性质相异的插花要素（如不同种类的花、枝、叶、容器、配件等及形状、质地、色彩或它们组成的点、线、面、块等）并置在一起所造成显著对比的感觉（图3-25）。变化如果处理得当，显得生动活泼；处理不当，会有杂乱无章之感。统一是指由性质相同或类似的要素并置在一起，造成一种一致的或具有一致趋势的感觉，其特点是严肃、大方、单纯、协调、有静感，但处理不当会有单调乏味之感。变化与统一是对立的统一体，任何作品都是由此二因素构成，只是在不同的作品中有所侧重。在插花过程中要正确处理变化与统一的关系，要做到在变化中求统一，在统一中求变化，才能取得协调的构图效果。具体在插花构图中，要做到花材之间，花材与花器之间以及插花作品与环境之间的变化与统一。有变化才有生气，而插花艺术的奥秘也就在于变化。在有限的空间里，创作出各种各样的自然景观和耐人寻味的艺术意境，靠的就是变化，但变化又要求在统一中去寻求，才能使插花作品是一个和谐的整体。如果只有变化而无统一，就会使插花作品显得杂乱无章，支离破碎。反之，如果只有统一而无变化，又会使插花作品看起来单调乏味，显得呆板，缺少生气。所以，插花时既要有一定的变化，又要有一定的相关性，在变化中求统一，在统一中求变化，这样插出的作品才会使人感到优美而自然。那么，怎样才能在插花创作中做到变化与统一呢？具体做法如下。

花材与花材之间的变化与统一　选用少量或单一花材构图时，为了避免单调乏味，就要在花材本身上求得变化，如花朵大小，开放程度，姿态上要有变化。另外

图3-24 作品兴趣中心的确定

图3-25 变化与统一

插做时要通过花枝的高低错落、花朵朝向的变化与呼应，使画面"活"起来，做到在统一中求得局部细致的变化。

选用多个品种花材构图时，首先要主次分明，这一点对于求得插花作品的协调统一十分重要，以1~2种花为主花，突出它们的位置、数量、色彩的效果，忌多种花材平均分配。其次，要保证花材之间的某些一致性，若重点表现花姿美感，就要在色彩、质地上，求得一致；若重点表现色彩缤纷的花色之美，就要在花材的质地、花形上求得一致。另外，在插花创作中，用衬叶或满天星等星点状小花点缀作品之中，也可起到使画面协调的作用，但衬叶种类宜少不宜多，以1~2种即可。

花材与容器之间的变化与统一　花材和花器是影响构图形式的两个因素，在处理它们之间的关系时，应以花材为主，容器为辅，不可喧宾夺主，一般用高身瓶花器插线条状花材比较协调统一，若与曲线状花材，团块状花材相互配合，达到一种线与面的变化，也可使整个作品既有变化又有统一。

插花作品与环境之间的变化与统一　插花作品最主要的功能是美化装饰环境，所以，环境在一定程度上也是影响插花构图设计的一个因素，只有当作品与环境协调，才会使人感到舒适。如暖色调居室，作品的色调也应是暖色调的，但同时要通过花色的深浅、明暗求得变化，这样才能使作品与环境之间既统一，又富有变化。

（3）协调与对比

插花构图中最重要的原理，是整体美感的保证。对比常常在艺术创作中作为突出主题，塑造鲜明艺术形象或产生强烈刺激感的一种重要的艺术表现手法，它能产生兴奋、热烈奔放、欢庆喜悦的艺术效果。协调是对比的对立面，是缓解和调和对比的一种表现手法，能使对比引起的各种差异感获得和谐和统一，从而产生柔和、平静和喜悦的美感（图3-26）。

插花时自然花材与金属丝、容器等非植物性材料的对比，构图时疏密、聚散、大小、曲直、色彩、质地等各方面之间的对比，在插花艺术创作中都是常用的对比手法，但在一件插花作品中，对比不宜使用过多。对比的运用，可以使插花的景色更为丰富多彩，但各部分之间还应相互有呼应，紧密而和谐地配合，才能达到在对比中求得协调的艺术境界。插花中的协调与对比的主要表现在花材与容器之间、花材与花材之间、花材与衬叶之间等在形态、质地、色彩及风格上的协调与对比关系。如古朴粗犷的陶罐，插上花枝粗壮、花朵深厚的菊花、马蹄莲、鹤望兰等就显得协调；若插上轻飘细柔的虞美人，就会感到上轻下重，很不协调。大体上讲，西方

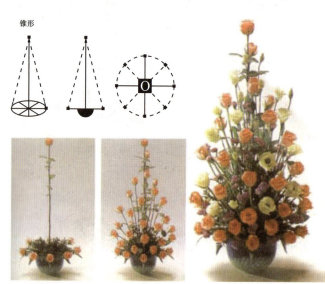

图3-26　协调与对比

插花，礼仪插花多采用对比手法，形成欢快、热烈的气氛，而东方式插花更注重追求协调产生的美感。

（4）动势与均衡

动势与均衡是对立统一、相辅相成的关系。均衡是平衡和稳定，是插花造型各部分的相互平衡关系和稳定性。动势是一种使整个作品形象处于运动状态，是一种动态的感受。均衡与不均衡是指插花构图中各部分力量分布的状况。在对称式插花构图中，重心两侧基本相等，最易取得均衡，作品也很稳定。但过于均衡，作品就失去动感，没有动感的作品对人的心理刺激效应较小，显得不太生动和感染力不强。不对称式构图作品具有动感，生动活泼，但这类作品在插作时不易保持重心平衡，处理不好会让人觉得作品不稳定，似乎要倾倒，因此对于这类作品，处理好插花构图的稳定就显得尤为重要了。可以充分利用人对色彩、形状、质地等的错觉，如深色的花材比浅色的显得重。紧凑厚实的花材比松散、质薄或镂空的显得重，质地粗糙的花材比细腻的显得重。将视觉上较重的花材插在作品的下方或靠近中心处，而把较轻的插在作品的上方或外围，就易取得视觉上的平衡。在插花中，无论什么样的构图形式，无论花枝在容器中处于什么状态下，直立、倾斜、下垂或平伸，都必须保持平衡和稳定，才能使整个作品给人以安全感。这些要通过大量的插花实践来慢慢体会，逐步掌握（图3-27）。

图3-27 动势与均衡
作者：高华

对称式均衡　指处在对称轴线两边的力或量、形或距完全相同，是最简单、最稳定的均衡。其作品具有简单明了、庄重富贵的特点，但比较严肃、呆板。在实际生活中，四面观的餐桌插花、会议摆台或庄严典礼上的插花，以及西方式插花中，多采用此种构图（图3-28）。

图3-28 对称均衡构图

不对称式均衡　指处在对称轴线两边的力或量，形或距在形式上是不同的，但心理和视觉上的感受是相同的。其作品具有生动活泼、灵活多变，更富有自然情感和神秘感的特点。运用花材的多少以及插制的位置来使重心归中，达到不对称均衡的目的（图3-29）。在东方式插花中，也采用这种不对称的、动态的均衡，在插花构图时，通过疏密聚散、高低远近、虚实、花色深浅、质地薄厚适当的调整组合，以取得动势均衡的艺术效果，使作品更加活泼生动。在插花创作中一般将体量大、颜色深的花材用在作品的中下部或内部，而色浅、轻盈的花朵则多用于上部或外部，以取得整个作品的稳定感。此外将配件摆放在适当的位置上，对作品也可以起到平衡的作用。

（5）韵律与节奏

节奏和韵律原本是从音乐艺术而来的，人的听觉对节奏

图3-29 不对称均衡构图

具有鲜明的感知，而视觉也有一定的节奏感受能力。节奏本为音乐术语，是条理与反复组织规律的具体体现。插花中的节奏表现在人的视线在插花作品的空间构图上作有节奏的运动，主要是通过线条流动、色块形体、光影明暗等因素的反复重叠来体现的。如花材的高低错落、前后穿插、左右呼应、疏密变化及色块的分割都应当像音符一样有规律、有组织地进行，而不能忽高忽低，或只呼不应，或疏密无致。韵律是诗词学上的术语。插花作品的韵律是指插花在构图形式上具有优美的情调，在有规律的节奏变化中表现出像诗歌一样的抑扬顿挫、平仄起伏，这是插花艺术表现上较高的要求。许多插花作品插得杂乱无章、支离破碎或者平淡无味，大多是没有掌握好节奏与韵律这一原理（图3-30）。

2. 造型法则

图3-30　韵律与节奏

插花作品是有生命的艺术品，在创作过程中既要掌握一般艺术创作的原理，又要掌握植物的生长规律和特点。艺术插花的构图与绘画一样，要做到变化的统一和不对称的均衡，掌握这一规律就要在植物材料的布局远近、高低、轻重、大小、仰俯、深浅、疏密、虚实等方面安排得体。中国插花崇尚自然，避免四平八稳，平淡无奇，力求稳中生奇，给人以自然稳定的感觉。一般来讲，枝叶和花朵的配置要掌握以下六项法则。

高低错落　即花朵的位置要高低前后错开，切忌把花插在同一横线或直线上（图3-31）。

图3-31　高低错落

疏密有致　疏与密是互相依存的，疏密对比应适当。一件插花作品中的花叶不应等距安排，应当有疏有密，过密则会产生窒息不通风的感觉，让人感到不舒服，疏可使花叶尽展美态，但过疏就会显得空荡，画面显得过于松散。疏密关系在一件作品中的体现要像中国古代画理所说"疏可走马，密不透风"，使插花作品在疏密变化中生动起来（图3-32）。

虚实结合　虚实是指画面中表现的物体量与空间的对比关系，要做到虚实相生，有虚有实。虚不是大面积的空白，实不是堆积无序，虚与实两者是相辅相成、对立统一的。插花要求简洁、线条清新、造型简练、色彩单纯明快。

图3-32　疏密有致
《高洁》　作者：朱迎迎

空间处理对艺术品十分重要，中国国画的布局讲究留出空白，插花也一样，空间就是作品中由花材的高低布局所营造出的空位。一件作品如密密麻麻地插满了花、叶，则显得臃肿、压抑，插花作品有了空间就可充分展示花枝的形态，使枝条有伸展的去向，空间可扩展作品的范围，使作品得以舒展，特别是在现代插画中，十分注重空间的营造，不仅要看到左右平衡的空间，还要看到上下前后的立体空间。

在插花创作中，花为实、叶为虚，有花无叶欠陪衬，有叶无花缺实体。大花形为实，小花形为虚（图3-33）；枝条相对花朵来说为虚，花朵为实。一件完美的插花作品，应该有虚有实，实中有虚，虚中有实，才能显示出灵空不板，余味无穷。插花中虚景的运用，实际是一种"藏景"的手法，花枝构成的画面显露于观者面前的为实景，深藏在花枝背后即为虚设的插花的意境。景愈藏，则意愈深，插花时只有讲究虚实对比，像绘画"留空布白"一样，含蓄意境，才能给人更多发挥想象的余地和空间。

图3-33 虚实对比 作者：蔡仲娟

仰俯呼应 上下左右的花朵枝叶要围绕中心顾盼呼应，既反映了作品的整体性，又保证了作品的均衡感（图3-34）。

上轻下重 在插花创作过程中，一般情况大花在下，中花在上；盛花在下，花蕾在上；深色花在下，浅色花在上；团块状花在下，穗状花在上（图3-35）。这样才能给人以稳定均衡的感觉，并应有所穿插变化，以不失自然之态。

图3-34 仰俯呼应

上散下聚 插花作品在花朵枝叶基部聚拢在一起，似围在一起，同生一根，上部疏散，多姿多态（图3-36）。

总之，在插花艺术创作过程中，掌握以上六法，就能使插花作品在统一中求得变化，在动势中求得平衡，在装饰中求得自然，使作品既能反映自然的天然美，又能反映人类匠心的艺术美。

3. 插花的配色设计

在插花作品的创作过程中，可根据花材的色彩组合特点，灵活运用色彩学知识及插花构图的配色原则，进行配色设计，避免盲目用色。常见的花色组合如下：

同色系配置 指同一色相纯度高低的变化。若处理不当，易出现单调乏味的配色效果，所以，做此类组合的配色设计时，就要有规律地组合同一色彩的深浅变

图3-35 上轻下重　　图3-36 上散下聚

化或者同色系不同花材之间的变化，以形成优美的韵律和层次（图3-37），使同一色相也具千变万化，并在变化中有内在的变化，从而产生和谐的配色效果。

相似色配置　即用色环上相差2~3档的邻近颜色的花材构图。如红—橙—黄或紫—紫蓝—蓝等，颜色之间有过渡、有联系，显得协调。配色设计时，要确定主色调和从属色调，不要等同对待。此类组合给人以柔和而典雅的感觉（图3-38），适宜在书房、卧室、病房等安静处摆放。

互补色组合　即用色环上相对应的两种颜色的花材构图。如红与绿（图3-39）、黄与紫、橙与蓝等。这种一明一暗、一冷一暖的搭配，使色彩具有对比强烈而鲜明的视觉效果，但刺眼，视觉感觉不舒服。所以，做此类组合的配色设计时，就要处理好协调与统一的关系，注意配色量大小，忌取等量的两色，应以一色为主，另一色为次。同时，也可使用黑、白、灰、金、银等特性色来缓和其过强烈的对比，以求和谐统一。

多色组合　即用多种颜色的花材进行构图。西方传统的大堆头插花多采用多色组合。适用于喜庆热闹的场合，以营造出绚丽多彩的氛围。若处理不当，就会导致色彩的杂乱无章，初学者较难掌握。做此类组合的配色设计时，可将一个等边三角形随意放在色轮上，三角形三个顶点所在颜色即可作为多色配置的依据（图3-40）。

综上，在插花的色彩配置中，除掌握以上的配色方法外，还要发挥灵活巧妙的艺术构思，在实践中不断积累丰富的创作经验，同时在生活中还要多留意风景中的色彩组合，在大自然中寻找创作的灵感。

3.1.4　四式六形艺术插花的制作技巧

按照第一主枝在构图中的不同位置，可以将艺术插花分成直立式、倾斜式、平卧式、悬崖式四种基本造型。

艺术插花根据形态可以分为不等边三角形、圆形、L形、S形、放射形和塔形六种形态。

直立式　直立型构图形式表现植株直立生长的形态，以第一主枝基本呈直立状为基准的，所有插入的花卉，都呈自然向上的势头，趋势也保持向着同一方向。第一主枝的方向在直立向上方向左右不超过60°的范围（图3-41）。整个作品充满蒸蒸日上的勃勃生机。每一枝花卉的插入，都要有艺

图3-37　同色系配置
作者：刘华

图3-38　相似色配置
《缘》　作者：朱迎迎

图3-39　互补色配置
作者：蔡仲娟

图3-40　多色组合配置

术构思，突出主题，力求层次分明，错落有致。第一主枝在花器中必须插成直立状。第二主枝插在第一主枝的一侧略有倾斜。第三主枝插在第一主枝的另一侧也略作倾斜。后两枝花要求与第一枝花相呼应，形成一个整体。三支主枝均不能有大的弯曲度（图3-42）。

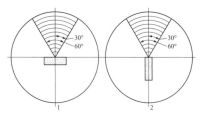

图3-41　直立式图示

直立式又有直立式不等边三角形和直立式L形。直立式不等边三角形要求第一主枝基本呈直立状，第二、三主枝长度分别为第一主枝的2/3和1/3，左右错落定位，主枝在空间构成直立式不等边三角形。焦点花需要沿水平和垂直方向连接，同时重心稳固表现自然点缀修饰（图3-43）。直立式L形要求第一组主枝呈直立状，第二、三组主枝向右方（或左方）水平承接、定位，右方（或左方）水平主枝定长不超过垂直主枝的1/2，主枝在空间构成正L形造型。焦点为垂直线的1/4或1/5，前倾75°，需要向垂直水平方向连接，焦点花的斜后方要插花，但要低于焦点花，以示深度，同时重心稳固表现自然（图3-44）。

图3-42　《幽香》
作者：王路昌

图3-43　直立式不等边三角形
作者：纪苗英

图3-44　直立式L形
作者：纪苗英

倾斜式　倾斜式插花是以第一主枝倾斜于花器一侧为标志。这种形式具有一定的自然状态，如同风雨过后那些被吹、压弯的枝条，重又伸展向上生长，蕴含着不屈不挠的顽强精神；又可有临水花木那种疏影横斜的韵味。

第一主枝表现的位置是在垂直线左右各30°之外，至水平线以下30°位置的两个90°的范围内（图3-45）。倾斜式的第一主枝变化范围最大，可以在左右两个90°内确定花体位置。但在确定第一主枝的位置时，应尽可能地避开与花器口水平线相交的位置，三主枝不宜插在同一水平层次上。第二、三主枝围绕第一主枝进行排列变化，但不受第一主枝摆设范围的限制，可以呈直立状，也可以是下垂状，是以与第一主枝形成最佳呼应为原则的，保持统一的

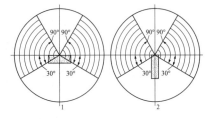

图3-45　倾斜式图示

图3—46 《翼》

图3—47 倾斜式不等边三角形 作者：纪苗英

趋势。好似自由生长的花木，都朝着一个方向竞相争取阳光一样（图3-46）。

倾斜时又有倾斜式不等边三角形和倾斜式S形。倾斜式不等边三角形要求第一主枝基本呈向左倾斜状，在垂直中轴线左45°布局，第二、三主枝为承接、定位，主枝在空间构成倾斜式不等边三角形。焦点需要沿倾斜式不等边三角形方向连接，同时重心稳固表现自然（图3-47）。倾斜式S形要求第一主枝基本向左呈倾斜状，构成S上半部，第二主枝往下垂构成S下半部，长度为上半部5/8左右，其他主枝为承接、定位，第一、第二主枝在空间构成S形造型（图3-48）。

图3—48 倾斜式S形 作者：纪苗英

图3—49 悬崖式

悬崖式 又称下垂式插花，是以第一主枝在花器上悬挂下垂作为主要造型特征的插花形式。形如高山流水、瀑布倾斜，又似悬崖上的古藤悬挂。枝条要求柔软轻曼，轻疏流畅，使其线条简练而又夸张。下垂型插花较多应用于较高的花器（图3-49），或壁挂、吊挂和置放在高处。对使用的花材长度没有明显的限制，可长可短，主要是根据花器大小和摆放位置、环境来决定。

第一主枝插入花器的位置，是由上向下弯曲在平行线以下30°以外的120°范围内（图3-50）。花卉枝条可以适当保持弯曲度，使作品充满曲线变化的美感。第二、三主枝的插入，主要是起到稳定重心和完善作品的作用。插入的位置可以有所变化，但同样需要保持趋势的一致性，不能各有所向。

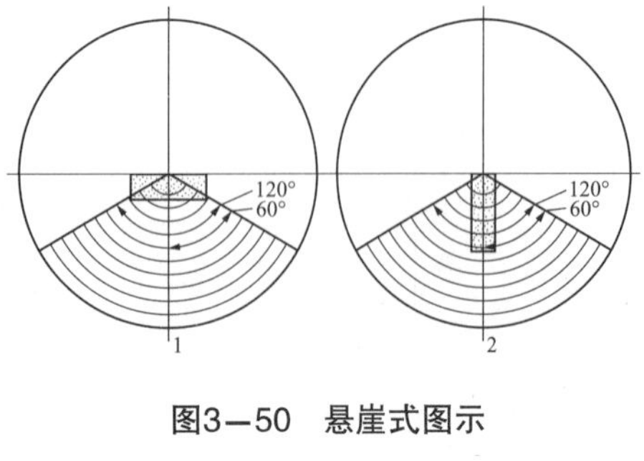

悬崖式不等边三角形要求第一主枝基本呈下垂状，长度为瓶高3/4，以不碰到桌面为宜，在水平轴左45°以下布局，第二枝（次干在另一侧，长度为主干的1/2），第三枝（从干插在瓶的上方直插或斜插，长度为主干1/2），第二、第三主枝为承接、定位，三主枝在空间构成左悬崖式不等边三角形。焦点花需要沿不等边三角形方向连

图3—50 悬崖式图示

接，同时重心稳固表现自然（图3-51）。悬崖式S形要求第一组主枝顺势向右下垂，构成S下部，第二组主枝基本呈弯曲构成S上部，定长为第一主枝的5/8，其他主枝为承接、定位，主枝在空间构成S形造型（图3-52）。

平卧式 平卧式的构图形式主要表现第一主枝平行伸展，平卧式插花三个主枝基本上在一个平面上，造型如地被植物匍匐生长，枝条间没有明显的高低层次变化，只有向左右平行方向长短的伸缩。但每一枝花的插入也是有长有短，有远有近，也能形成动势。一般情况下，枝条在水平线上下各15°的范围内进行变化（图3-53）。各枝条之间应达成一定的平稳关系，但不是绝对的水平，平卧式第一主枝近于平伸，构图形式平稳安静，着重展现横向为主导的造型美，全部花材在一个平面上表现出来，为插花的基本形式之一。造型如同花卉匍匐状姿态，富丽优美，适宜在餐桌、矮几布置，既避免遮挡就餐人的视线，又适合于俯视的装饰环境和受到环境因素限制的地方摆设。有行云、流水、恬静安适、柔情蜜意等主题，给人以平稳、安静的感觉（图3-54）。

艺术插花的常见造型分为对称式和不对称式。对称式分为圆形、放射形和塔形，不对称形分为不等边三角形、L形和S形。根据主枝位置以及插做形式艺术插花可分为四式十六形。四式十六形指S形3种花型（悬崖式S形、倾斜式S形、平卧式S形）、不等边三角形4种花型（直立式不等边三角形、倾斜式不等边三角形、悬崖式不等边三角形、平卧式不等边三角形）、圆形4种（封闭式圆形、开放式圆形、半球形、球形）、L形2种（直立式L形、平卧式L形）、塔形、倒T形、放射形。

平卧式不等边三角形要求主枝基本呈水平状向左延伸，在水平轴上下15°范围布局，次干在另一侧，长度为主干的1/2，从干插在花器上方，直插或斜插，长度为主干的1/2，三主枝在空间构成平卧式不等边三角形。焦点花需要沿不等边三角形方向连接，同时重心稳固表现自然（图3-55）。平卧式S形第一主枝

图3-51 悬崖式不等边三角形　作者：纪苗英　　图3-52 悬崖式S形　作者：纪苗英

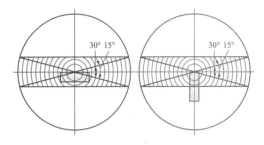

图3-53 平卧式图示

图3-54 《颖果疏影》蔡俊清

图3-55 平卧式不等边三角形　作者：纪苗英

水平方向顺势向左构成S左部，第二组主枝水平方向顺势向右构成S右部，其他主枝为承接、定位，6主枝在水平空间构成正S形造型（图3-56）。平卧式L形要求第一主枝向右基本呈水平向状，第二主枝向右水平承接、定位，第三主枝垂直右方水平主枝定长不短于垂直主枝的2倍，主枝在空间构成右侧长L型造型（图3-57）。

还有圆形、塔形和放射形，圆形又分为球形、半球形（图3-65）、封闭式圆形（图3-58）和开放式圆形（图3-61）；塔形又分为圆锥形（图3-67）和倒T形（图3-59）；放射形又分为对称式放射形也称为扇形（图3-68）和不对称式放射形（图3-60）。

图3-56　平卧式S形　作者：纪苗英

图3-57　平卧式L形　作者：纪苗英

图3-58　封闭式圆形
作者：纪苗英

图3-59　倒T形
作者：纪苗英

图3-60　不对称式放射形
作者：纪苗英

实践训练 19 开放式圆形艺术插花实训

目的要求

为了更好地掌握开放式圆形艺术插花插作要点，通过开放式圆形艺术插花的插作实践，学生理解开放式圆形艺术插花的构图要求，了解开放式圆形艺术插花插做的基本创作过程，掌握开放式圆形艺术插花的制作技巧、花材处理技巧、花材固定技巧。在老师的指导下完成一件开放式圆形艺术插花作品。

材料准备

1. 花材：创作所需的时令花材。包括：线条花，如银柳、散尾葵、迎春枝条等；焦点花，如百合、菊花、月季、非洲菊等团状花；补充花，如小菊、补血草、霞草（满天星）等散状花；叶材，如肾蕨、悦景山草等。
2. 花器：白色塑料花瓶。
3. 辅助材料：花泥。
4. 插花工具：剪刀、美工刀等。

操作方法

1. 教师示范（图3-61）：

步骤一：利用散尾葵进行修剪，第一主枝基本弯曲，第二主枝弯曲后相向弯曲，为第一主枝的2/3，定点为11点20分，第一、二主枝线条比例为8∶5，主枝在空间构成开放圆形造型。

步骤二：将焦点花插入中心位置。

步骤三：插入补充花以及叶材成开放式圆形造型。

步骤四：整理等。

所用花材：散尾葵6支、非洲菊5～7枝、多头康乃馨5支、肾蕨15枝、悦景山草3支。

2. 学生分组模仿训练：按操作顺序进行插作。

评价标准

1. 构思要求：独特有创意。
2. 色彩要求：新颖而赏心悦目。
3. 造型要求：符合开放式圆形艺术插花的造型要求。
4. 固定要求：整体作品固定牢固，花形不变。
5. 整洁要求：作品完成后操作场地整理干净，保证每枝花都能吸到水。
6. 合作要求：与其他同学共同合作良好。

提交实训报告

内容包括：对开放式圆形艺术插花插作全过程进行分析、比较和总结。

将两枝散尾葵修剪后插成开放式圆形造型

将其他散尾葵修剪后依次插入使造型更丰满，并在焦点部位插入扶郎花

在焦点花周围插入其他扶郎花，以及补充花多头康乃馨和叶材悦景山草。完成构图丰满的开放式圆形造型

图3-61 开放式圆形艺术插花操作步骤

实践训练 20 直立式L形艺术插花实训

目的要求

为了更好地掌握直立式L形艺术插花插作要点，通过直立式L形艺术插花的插作实践，学生理解直立式L形艺术插花的构图要求，了解直立式L形艺术插花插作的基本创作过程，掌握直立式L形艺术插花的制作技巧、花材处理技巧、花材固定技巧。在老师的指导下完成一件直立式L形艺术插花作品。

材料准备

1. 花材：创作所需的时令花材。包括：线条花，如鸢尾、蛇鞭菊、菖兰等；焦点花，如百合、菊花、月季、非洲菊等团状花；补充花，如小菊、波状补血草、霞草（满天星）等散状花；叶材，如肾蕨、悦景山草等。
2. 花器：白色塑料针盒。
3. 辅助材料：花泥。
4. 插花工具：剪刀、美工刀等。

操作方法

1. 教师示范（图3-62）：

步骤一：利用线条花插成L形造型。

步骤二：将焦点花按照高低错落的原则插成L形。

步骤三：在花与花之间插入补充花和叶材。

步骤四：整理等。

所用花材：蛇鞭菊、勿忘我（波状补血草）、悦景山草、肾蕨等。

2. 学生分组模仿训练：按操作顺序进行插做。

评价标准

1. 构思要求：独特有创意。
2. 色彩要求：新颖而赏心悦目。
3. 造型要求：符合直立式L形艺术插花的造型要求。
4. 固定要求：整体作品固定牢固，花形不变。
5. 整洁要求：作品完成后操作场地整理干净，保证每枝花都能吸到水。
6. 合作要求：与其他同学共同合作良好。

提交实训报告

内容包括：对直立式L形艺术插花插作全过程进行分析、比较和总结。

将蛇鞭菊和肾蕨插成L形

将康乃馨按照高低错落的原则插成L形

在花与花之间插入补充花（波状补血草）或补充叶材（悦景山草）

作品完成

图3-62 直立式L形艺术插花步骤

实践训练 21 倾斜式不等边三角形艺术插花实训

目的要求

为了更好地掌握倾斜式不等边三角形艺术插花插作要点，通过倾斜式不等边三角形艺术插花的插作实践，学生理解倾斜式不等边三角形艺术插花的构图要求，了解倾斜式不等边三角形艺术插花插作的基本创作过程，掌握倾斜式不等边三角形艺术插花的制作技巧、花材处理技巧、花材固定技巧。在老师的指导下完成一件倾斜式不等边三角形艺术插花作品。

材料准备

1. 花材：创作所需的时令花材。包括：线条花，如鸢尾、蛇鞭菊、菖兰等；焦点花，如百合、菊花、月季、非洲菊等团状花；补充花，如小菊、补血草、霞草（满天星）等散状花；叶材，如肾蕨、悦景山草等。
2. 花器：白色塑料花瓶。
3. 辅助材料：花泥。
4. 插花工具：剪刀、美工刀等。

操作方法

1. 教师示范（图3-63）：

步骤一：利用线条花插成倾斜45°的造型。为稳定作品重心，在另一侧插上叶片。

步骤二：在中心位置沿倾斜式方向连接插上焦点花。

步骤三：在倾斜式构图同插入补充花和叶材。

步骤四：整理等。

所用花材：唐菖蒲3枝或小鸟3枝、非洲菊4枝、多头康乃馨4枝、肾蕨10枝、小八角金盘叶3枝、悦景山草3枝。

2. 学生分组模仿训练：按操作顺序进行插作。

评价标准

1. 构思要求：独特有创意。
2. 色彩要求：新颖而赏心悦目。
3. 造型要求：符合倾斜式不等边三角形艺术插花的造型要求。
4. 固定要求：整体作品固定牢固，花形不变。
5. 整洁要求：作品完成后操作场地整理干净，保证每枝花都能吸到水。
6. 合作要求：与其他同学共同合作良好。

提交实训报告

内容包括：对倾斜式不等边三角形艺术插花插作全过程进行分析、比较和总结。

第一主枝基本呈向左倾斜状，在垂直中轴线左45°布局，第二、三主枝为承接、定位，主枝在空间构成倾斜式不等边三角形

在前方位置插入肾蕨成立体空间状

在中心位置插入扶郎花，并向倾斜方向延伸，随后插入补充花多头康乃馨和叶材肾蕨

图3-63 倾斜式不等边三角形艺术插花操作步骤

实践训练 22 悬崖式S形艺术插花实训

目的要求

为了更好地掌握悬崖式S形艺术插花插作要点，通过悬崖式S形艺术插花的插作实践，学生理解悬崖式S形艺术插花的构图要求，了解悬崖式S形艺术插花插作的基本创作过程，掌握悬崖式S形艺术插花的制作技巧、花材处理技巧、花材固定技巧。在老师的指导下完成一件悬崖式S形艺术插花作品。

材料准备

1. 花材：创作所需的时令花材。包括：线条花，如银柳、散尾葵、马蹄莲、迎春枝条等；焦点花，如百合、菊花、月季、非洲菊等团状花；补充花，如小菊、补血草、霞草（满天星）等散状花；叶材，如肾蕨、悦景山草等。
2. 花器：黑色塑料花瓶。
3. 辅助材料：花泥。
4. 插花工具：剪刀、美工刀等。

操作方法

1. 教师示范（图3-64）：

步骤一：利用线条花插成S造型。
步骤二：插入焦点花成S造型。
步骤三：将补充花和叶材围绕S插入。
步骤四：整理等。
所用花材：迎春枝条、马蹄莲、郁金香等。
2. 学生分组模仿训练：按操作顺序进行插做。

评价标准

1. 构思要求：独特有创意。
2. 色彩要求：新颖而赏心悦目。
3. 造型要求：符合悬崖式S形艺术插花的造型要求。
4. 固定要求：整体作品固定牢固，花形不变。
5. 整洁要求：作品完成后操作场地整理干净，保证每枝花都能吸到水。
6. 合作要求：与其他同学共同合作良好。

提交实训报告

内容包括：对悬崖式S形艺术插花插作全过程进行分析、比较和总结。

将迎春枝条拗弯曲插成S形造型

将迎春枝条的短枝或其他补充花插入中心位置，使造型更丰满

将马蹄莲按照S造型插入

在马蹄莲周围插入郁金香作补充

作品完成

图3-64 悬崖式S形艺术插花操作步骤

实践训练 23 半球形艺术插花实训

目的要求

为了更好地掌握半球形艺术插花插作要点，通过半球形艺术插花的插作实践，学生理解半球形艺术插花的构图要求，了解半球形艺术插花插作的基本创作过程，掌握半球形艺术插花的制作技巧、花材处理技巧、花材固定技巧。在老师的指导下完成一件半球形艺术插花作品。

材料准备

1. 花材：创作所需的时令花材。包括：月季、康乃馨、补血花波状补血草、小菊、霞草（满天星）、叶材肾蕨、悦景山草等。
2. 花器：白色塑料容器。
3. 辅助材料：花泥。
4. 插花工具：剪刀、美工刀等。

操作方法

1. 教师示范（图3-65）：

步骤一：利用月季花插成半球形的构架。

步骤二：补充月季花成丰满的半球形，并在月季花之间插入补充花。

步骤三：在花与花之间插入叶材，并保持半球形形状。

步骤四：整理等。

所用花材：月季、小菊、肾蕨等。

2. 学生分组模仿训练：按操作顺序进行插做。

评价标准

1. 构思要求：独特有创意。
2. 色彩要求：新颖而赏心悦目。
3. 造型要求：符合半球形艺术插花的造型要求。
4. 固定要求：整体作品固定牢固，花形不变。
5. 整洁要求：作品完成后操作场地整理干净，保证每枝花都能吸到水。
6. 合作要求：与其他同学共同合作良好。

提交实训报告

内容包括：对半球形艺术插花插作全过程进行分析、比较和总结。

在花泥中心插入一支月季

按照半球形的形状在花泥四周插入相同长度的月季

在半球形架构中插入其他月季，使半球形更丰满

在月季花之间插入补充花和叶材，并保持半球形的形状

图3-65 半球形艺术插花操作步骤

实践训练 24 平卧式不等边三角形艺术插花实训

目的要求

为了更好地掌握平卧式不等边三角形艺术插花插作要点，通过平卧式不等边三角形艺术插花的插作实践，学生理解平卧式不等边三角形艺术插花的构图要求，了解平卧式不等边三角形艺术插花插作的基本创作过程，掌握平卧式不等边三角形艺术插花的制作技巧、花材处理技巧、花材固定技巧。在老师的指导下完成一件平卧式不等边三角形艺术插花作品。

材料准备

1. 花材：创作所需的时令花材。包括：线条花，如鸢尾、蛇鞭菊、菖兰、剑叶等；焦点花，如百合、菊花、月季、非洲菊等团状花；补充花，如小菊、补血草、霞草（满天星）等散状花；叶材，如肾蕨、悦景山草、八角金盘等。

2. 花器：白色塑料花盆。

3. 辅助材料：花泥。

4. 插花工具：剪刀、美工刀等。

操作方法

1. 教师示范（图3-66）：

步骤一：利用线条花主枝基本呈水平状延伸，在水平轴上下15°范围布局，第二支在另一侧，长度为主干的1/2，第三枝插在花器上方，直插或斜插，长度为主枝的1/2，三主枝在空间构成平卧式不等边三角形。

步骤二：将焦点花按不等边三角形的构图插在中心位置。

步骤三：在焦点花附近插入补充花和叶材。

步骤四：整理等。

所用花材：非洲菊或菊花4枝、白小菊或多头康乃馨3枝、剑叶5枝、肾蕨10枝、小八角金盘叶2枝、悦景山草3枝。

2. 学生分组模仿训练：按操作顺序进行插作。

评价标准

1. 构思要求：独特有创意。
2. 色彩要求：新颖而赏心悦目。
3. 造型要求：符合平卧式不等边三角形艺术插花的造型要求。
4. 固定要求：整体作品固定牢固，花形不变。
5. 整洁要求：作品完成后操作场地整理干净，保证每枝花都能吸到水。
6. 合作要求：与其他同学共同合作良好。

提交实训报告

内容包括：对平卧式不等边三角形艺术插花插做全过程进行分析、比较和总结。

第一主枝为剑叶插在水平方向，将肾蕨作为第二主枝插在另一面的水平方向，将小八角金盘叶直插在花泥的上方，形成不等边三角形造型

在中心位置插入扶郎花并在周围插入多头康乃馨和肾蕨，使不等边三角形造型更加丰满。在花型上方用二片剑叶作造型，使作品更有设计感

图3-66 平卧式不等边三角形插花操作步骤

实践训练 25 圆锥形艺术插花实训

目的要求

为了更好地掌握圆锥形艺术插花插作要点，通过圆锥形艺术插花的插作实践，学生理解圆锥形艺术插花的构图要求，了解圆锥形艺术插花插作的基本创作过程，掌握圆锥形艺术插花的制作技巧、花材处理技巧、花材固定技巧。在老师的指导下完成一件圆锥形艺术插花作品。

材料准备

1. 花材：创作所需的时令花材。包括：线条花，如鸢尾、蛇鞭菊、菖兰等；焦点花，如百合、菊花、月季、非洲菊等团状花；补充花，如小菊、补血草、霞草（满天星）等散状花；叶材，如肾蕨、悦景山草等。
2. 花器：白色塑料花瓶。
3. 辅助材料：花泥。
4. 插花工具：剪刀、美工刀等。

操作方法

1. 教师示范（图3-67）：

步骤一：用一支线条花插在花泥中央，高度为瓶高与瓶口直径之和的1.5~2倍。在花泥四面插入四枝线条花形成圆锥形造型的构架。

步骤二：在第一主枝和底部线条花之间补充插入其他线条花，使圆锥形构架更丰满。

步骤三：在圆锥形构架中插入焦点花、补充花和叶材。

步骤四：整理等。

所用花材：香石竹14枝、月季7枝、多头康乃馨5枝、肾蕨30枝、悦景山草5枝。

2. 学生分组模仿训练：按操作顺序进行插作。

评价标准

1. 构思要求：独特有创意。
2. 色彩要求：新颖而赏心悦目。
3. 造型要求：符合圆锥形艺术插花的造型要求。
4. 固定要求：整体作品固定牢固，花形不变。
5. 整洁要求：作品完成后操作场地整理干净，保证每枝花都能吸到水。
6. 合作要求：与其他同学共同合作良好。

提交实训报告

内容包括：对圆锥形艺术插花插作全过程进行分析、比较和总结。

将5枝康乃馨插成圆锥形构架

在第一主枝与底部康乃馨之间插入3枝康乃馨，使圆锥形造型更为丰满

在线条花康乃馨之间插入焦点花月季，随后在圆锥形的构架中依此插入补充花多头康乃馨和叶材肾蕨

图3-67 圆锥形艺术插花操作步骤

实践训练 26 对称式放射形艺术插花实训

目的要求

为了更好地掌握对称式放射形艺术插花插作要点，通过对称式放射形艺术插花的插作实践，学生理解对称式放射形艺术插花的构图要求，了解对称式放射形艺术插花插作的基本创作过程，掌握对称式放射形艺术插花的制作技巧、花材处理技巧、花材固定技巧。在老师的指导下完成一件对称式放射形艺术插花作品。

材料准备

1. 花材：创作所需的时令花材。包括：线条花，如散尾葵、鸢尾、蛇鞭菊、菖兰等；焦点花，如百合、菊花、月季、非洲菊等团状花；补充花，如小菊、补血草、霞草（满天星）等散状花；叶材，如肾蕨、悦景山草等。
2. 花器：白色塑料花瓶。
3. 辅助材料：花泥。
4. 插花工具：剪刀、美工刀等。

操作方法

1. 教师示范（图3-68）：

步骤一：利用5枝线条花插成对称放射型（扇形）的构架。

步骤二：用其他线条花补充在构架中使放射形更丰满。

步骤三：插入焦点花并依次插入补充花和叶材。

步骤四：整理等。

所用花材：散尾葵9枝、菖兰6枝、扶郎花6枝、小菊3枝、八角金盘叶2枝、悦景山草3枝。

2. 学生分组模仿训练：按操作顺序进行插做。

评价标准

1. 构思要求：独特有创意。
2. 色彩要求：新颖而赏心悦目。
3. 造型要求：符合对称式放射形艺术插花的造型要求。
4. 固定要求：整体作品固定牢固，花形不变。
5. 整洁要求：作品完成后操作场地整理干净，保证每枝花都能吸到水。
6. 合作要求：与其他同学共同合作良好。

提交实训报告

内容包括：对对称式放射形艺术插花插作全过程进行分析、比较和总结。

用5枝修剪的散尾葵叶插成对称的放射型状，第一主枝为瓶高和瓶口直径之和的1.5~2倍

在构架中再插入散尾葵叶并在散尾葵叶之间插入菖兰使放射形更丰满，在中心位置插入扶郎花并依次插入多头康乃馨和小菊、悦景山草等。在背面可以插入八角金盘叶使作品更有纵深感并更加稳固

图3-68 对称式放射形艺术插花操作步骤

综合训练

居家场景花卉装饰

目的要求

为了更好地掌握室内花卉装饰的要点，通过居家场景花卉装饰的实践，学生理解居家场景花卉装饰的具体要求，了解居家场景花卉装饰的基本创作过程，掌握居家场景花卉装饰的布置技巧。在老师的指导下完成一个居家场景花卉装饰。

场地准备

1. 每组30m²左右空间，可在花艺实训室或教室进行。
2. 每组双人课桌6个。

材料准备

1. 容器：各式花瓶、花盆。
2. 花材：创作所需的时令花材。包括：线条花，如鸢尾、蛇鞭菊、菖兰、马蹄莲、散尾葵、银柳、迎春枝条等；焦点花，如百合、菊花、月季、非洲菊等团状花；补充花，如小菊、补血草、霞草（满天星）等散状花；叶材，如龟背、肾蕨、悦景山草等；蔬菜水果，如茄子、红黄绿各色辣椒、长豆荚、葡萄、火龙果、香蕉等。
3. 固定材料：花泥。
4. 辅助材料：绿铁丝、绿胶布等。
5. 插花工具：剪刀、美工刀等。

操作方法

1. 将学生分成10人一组，将6个课桌组成客厅、餐厅、卧室、书房、厨房等场景。
2. 根据前面的要求，让学生插作各种符合居家艺术插花要求的插花作品。
3. 分组讲述居家插花的主要手法、特点以及创作思想。
4. 教师进行评价，根据每位学生的表现进行打分。
5. 可以各组交叉评价、互相交流。

评价标准

1. 构思要求：独特有创意。
2. 色彩要求：新颖而赏心悦目。
3. 造型要求：符合居家场景花卉装饰的造型要求，整体协调，重点突出。
4. 固定要求：整体作品及花材固定均要求牢固。
5. 整洁要求：场景布置完成后操作场地整理干净，保证每一朵花材都能浸到水。
6. 合作要求：与其他同学共同合作良好。

提交综合场景实践报告

内容包括：对居家场景花卉装饰布置全过程进行分析、比较和总结。

班　级		指导教师		组　长	
参加组员					
主题：					
所用主要色彩：					
所用花材：					
所用插花形式：					

续表

创作思想:				
小组自我评价：	○ 好	○ 较好	○ 一般	○ 较差
小组互相评价：	○ 好	○ 较好	○ 一般	○ 较差
教师评语：				

相关链接

贺振. 2000. 花卉装饰及插花[M]. 北京：中国林业出版社.

陈希，周翠微. 2007. 室内绿化设计[M]. 北京：科学出版社.

金珏，潘永刚，李杰. 2001. 室内设计与装饰[M]. 重庆：重庆大学出版社.

徐惠风，金研铭，余国营，杨瑞红. 2002. 室内绿化装饰[M]. 北京：中国林业出版社.

思 考 题

1. 何谓室内空间？
2. 室内花卉装饰设计原则是什么？
3. 室内花卉装饰的作用是什么？
4. 室内花卉装饰的布置方式有哪些？
5. 居家花卉装饰中客厅布置的基本要点是什么？
6. 居家花卉装饰中餐厅布置的基本要点是什么？
7. 居家花卉装饰的基本形式有哪些？
8. 插花艺术的构图原理是什么？
9. 插花的造型法则有哪些？
10. 插花有哪几种常用的配色设计？请举例说明。
11. 艺术插花四式十六形是指什么？

3.2 宾馆花卉装饰

【教学目标】

1. 掌握插花艺术作品创作的步骤。
2. 了解中国传统插花以及日本插花的基本形式。
3. 了解中国、日本插花艺术发展简史。
4. 了解宾馆花卉装饰的基本要点及基本形式。
5. 掌握东方传统插花、中西式餐桌花的制作技巧。

【技能要求】

1. 会制作东方式传统插花、中西式餐桌花等相关形式的插花作品。
2. 会布置宾馆场景花卉装饰。

案例导入

小刚同学的表哥在一家四星级宾馆做服务领班,宾馆遇上了星级评比,需要对整个宾馆进行全新的布置。小刚同学想帮他表哥的忙,同时也想将自己所学的知识进行一下实战演习。他找同学一起商量,看如何才能使宾馆的花卉布置能在星级评比中起到关键的作用。大家分组在查阅资料、实地考察了相关宾馆花卉布置实例的基础上忙着讨论布置方案。

分组讨论:

1. 想想有哪些地方可以进行花卉装饰布置?应该用什么风格的插花作品?
2. 如果你是小刚的表哥,你觉得哪些布置最满意?为什么?

序号	花卉装饰位置(如大堂、前台、客房、餐厅、咖啡厅、旋转门,等等)	花卉装饰形式及风格	注意事项	自我评价
1				
2				
3				
4				
5				
6				
备注	自我评价按准确★、基本准确▲、不准确●的符号填入			

我认为最满意的布置:

3.2.1 插花的步骤

插花作品是切取植物体具有观赏价值的部分做材料，经过构思、摆插造型制作的立体造型作品，可大可小、可简可繁，表达人的心态，以情动人，装饰环境，再现大自然的美和生活美，使人获得精神上的美感或愉悦的艺术作品。要制作出给人以美的享受、心灵的启迪或良好的装饰效果，必须懂得插花艺术作品的创作步骤、技巧与方法。

插花艺术作品的创作需要遵循一定的步骤，它包括构思、选材、造型、插作、命名、整理等六个步骤。

1. 立意构思

插花创作必须先有立意构思，而后再动手，才能做到有的放矢，有针对性地制作插花作品。立意构思是指根据插花作品所要表现的主题与内涵而进行的思考。在插花创作时有的"意在笔先"，即先有构思然后进行创作。如图3-69，在创作这件作品前作者先有构思，通过插花来表现禅院深深，林木葱葱，薄雾氤氲，远处风声渐近，荡起阵阵松涛，涛声中，对对仙鹤翩翩起舞、闲庭信步，听涛声依旧，鹤影依然，看鹤发童颜、矍铄老叟与鹤共舞，天长地久，如意吉祥的意境。采用花材是石榴枝、黑松、盘槐枯枝、流木、鹤望兰、百合、芍药、书带草等。创作手法运用自然固定、瓶口留清、不等边三角形构图、疏密结合、虚实搭配并配以红木几架，"松涛鹤影"书法立轴起点睛的作用。这是典型的先有创作思想，然后根据创作思想选材，插做成完整的作品。而"意随景出"，是因材料先进行创作和设计，在创作过程中完成主题（图3-70）。插花作品的立意构思可以从以下几方面着手。

图3—69 《松涛鹤影》
作者：朱迎迎

（1）根据插花作品的用途进行构思

在插花过程中，可根据插花的用途进行构思。首先明确插花的用途及目的，然后再进行插花。作品的构思要根据其用途来确定。例如：为宾馆宴会而设计的插花，应该根据宴会的内容、性质及参加宴会人员多少、文化层次等来确定作品的主题和格调，如参加者以年轻人为主，应以节奏感强、色彩明快的格调为主，表现奔放、热烈的主题，营造活泼、欢快的喜庆气氛。

（2）根据花器和插花作品所摆放的环境进行构思

花器也是插花作品的重要组成部分，处理得当，会对插花作品起到画龙点睛的作用。另外插花作品的构思要考虑到环境的大小、气氛、位置的高低、居中还是靠拐角处等，以使插花作品达到与环境协调、艺术效果更加完美。

（3）根据花材的特点和寓意进行构思

插花作品的构思要考虑插花作品是表现植物的自然美态，还是借花寓意、抒发情怀。

图3—70 《太空寄来的礼物》
作者：谢明

根据花材品性进行构思 在插花创作中可根据花卉的形态特点和象征意义进行构思立意，这种创作形式在中国传统插花的文人插花中运用得最为完美，凭借各种植物的形态特点、习性、谐音及象征意义，人们将很多美好的寓意赋予植物，借此表达人们的美好情感和愿望。如牡丹，花大色艳、雍容华贵，是富贵吉祥、繁荣幸福的象征；梅花，傲霜斗雪、坚忍不拔，踏雪寻梅，人生乐事；荷花，"出淤泥而不染"，洁净清丽，寓意高尚品德；竹，虚怀若谷，不屈不挠，是虚心、气节高尚和长寿的象征（图3-71）。在传统文人插花中，还常将几种植物合插在一起表达一定的寓意，如把松、竹、梅合插在一起，誉为"岁寒三友"；把竹和菊合插在一起称为"竹菊傲雪"；将梅、兰、竹、菊合插誉为"四君子"，等等。

根据季节和植物的自然变化进行构思 通过创作应时插花作品表现主题是中国传统插花常采用的构思方法，如春兰、夏荷、秋菊（图3-72）、冬梅，其鲜明的即时性能够很容易唤起人们的联想，从而增强了作品的渲染效果。在艺术插花创作中就经常会出现以春、秋为主题的作品，很鲜明地表现出季相特点，作品的创意又易于为人们所接受和理解。

（4）根据容器和配件表现主题

容器和配件是插花作品的组成部分，应用得当能使作品的主题得到更充分地表达，起到烘托主题的作用。如表现云南民族风情的作品《山寨沙龙》中用竹制水烟筒做花器，再用旱烟管做配件；《汲水归来》中应用水桶形的容器；《归心似箭》作品用靴子做花器，都起到了点题和丰富构图的作用。有一件意味深长的花器或摆件，可以体现所要表达的主题。如一只造型朴素的酒瓶，弃之可惜，可用来作为花器创作插花作品，几枝龙柳表现传统插花的线条美，也表现在河边柳树下邀三五知己畅饮的场景，插上几枝菊花意味着秋天到了，如摆上一个醉翁摆件点缀，可点出《醉》的主题（图3-73）。如将醉翁换成磁蟹摆件，就是一个《蟹肥菊黄》的主题。可见器具、摆件在表达意境上的作用。

（5）根据造型表现主题

利用作品的造型形象地表现作品的主题。插花作品的造型多种多样，不同的造型有不同的象征表现主题。如直立型可表现向上、挺拔、健康、奋发、刚劲之意；倾斜型则表现生动活泼、自然舒展，倾向于变化，给

图3-71 《高风亮节》 作者：朱迎迎

图3-72 《傲霜》 作者：蔡仲娟

图3-73 《醉》 作者：朱迎迎

人以一种动态的美感；水平型的横向造型，适合于表现行云流水、恬静安逸、柔情蜜意等，给人以舒展、优美的感觉；下垂型则可表现悬崖瀑布、近水溅落、飘逸、蜿蜒、流畅线条优美的事物；写景型则把自然之美浓缩于插花作品中等。因此，选择适宜的造型能准确地把构思转化成立体的艺术造型，表达作者的思想、情趣。见图3－74，作者选用5个火炬型玻璃瓶作为容器，在玻璃瓶中放置朱蕉叶，用黄色、红色、绿色小菊和蓝色的孔雀草、黑色的向日葵花心组成五色环代表奥运五环，在玻璃瓶瓶口用书带草水平插成五环，然后插上代表火焰的红色鸡冠花，通过造型充分体现了《奥运之光》的创作主题。

图3－74 《奥运之光》
作者：朱迎迎

（6）根据环境、色彩表现意境

环境和色彩会使人在视觉感官上有不同的感受和不同的联想。如紫色代表神秘、幽静，绿色代表生命及勃勃的生机，白色代表纯洁、洁白无瑕，粉红色代表温馨，蓝色代表深邃、广阔、沉静，等等。如用白色的白玉兰为主创作的插花作品可以取意为《纯洁》，用淡黄色的马蹄莲为主创作的作品取意《云破月来》，似月光洒落在大地的朦胧景色，恬静而富有诗意（图3－75）。

图3－75 《云破月来》
作者：朱迎迎

（7）根据诗词名句、传说典故表现主题

中国诗词名句、传说典故，内容丰富，语言精练，意蕴深邃，博大精深。许多可作为插花作品的主题。如"汲水归来花沾衣"、"酒香情浓"、"秋声赋"、"春色满园关不住，一枝红杏出墙来"、"读书万卷悟真意，不及插花自然俏"、"柳叶伴金菊，红绿留春色"、"在天愿做比翼鸟，在地愿为连理枝"、"举杯邀明月，对影成三人"、"共婵娟"、"一帘幽梦"（图3－76）等。因此，了解历史，掌握丰富的文学知识有助于构思，表现主题。

图3－76 《一帘幽梦》
作者：张莲芳

2. 选材

由构思进入选材阶段是插花创作的第二步。选材包括花材的选择和花器的选择，主要是根据构思设想，选择适当的花材和插花器皿，准备好插花工具。一般适合用于插花材料的植物应具备以下条件：在水养条件下能保持其固有的姿态，并具有一定的观赏价值；污染环境和衣物及有毒、有臭味、花粉易引起人过敏的植物不宜选用；当地传统习惯上忌讳的少部分植物不宜使用。

（1）插花器皿和工具

花器　花器就是插花的容器。它的作用一是盛放、支撑花材；二是作为插花作品构思、造型的重要组成部分；三是作为容器储水以供养花材。因此，花器也是插花创作不可缺少的重要素材，选择适宜的花器是插花造型的第一步。现代花器的种类很多，只要能装花、盛水的器具都可以用来作花器。

按材质来分可分为如下种类：陶器、玻璃、石头、金属、塑料、草编、藤编、木制器皿等花器。

按形状来分常可分为以下几种类型：

盘：具有盘浅口阔的特点。盘可随意使用花插和花泥固定花材，与空气接触的水面广阔，有利于延长插花的观赏期，是基本花型、图案花型和抽象花型的常用花器。

瓶：瓶具有窄口瓶身高狭的特点，这类花器一般用于瓶插。由于花瓶口窄身高，瓶插一般多用清雅高瘦花枝为主。瓶插有利于盛水养护花材。

钵：钵是底小口径大的碗型花器，其高要高于花盘。常用于制作大堆头的西方式插花。浅钵用法与盘类似。

吊挂花器：这类花器可进一步区分为壁挂式花器和悬吊式花器。壁挂式花器多由草或藤编制而成，其特点适宜插制壁挂式干花或其他人造花。悬吊式花器适于悬挂在室内高处供四面观赏。

篮类花器：这一类容器一般是用竹或藤编制而成。外形如篮，常用于制作各种花篮。运用时要注意垫上塑料纸，保水养花。

此外，日常生活中的碗、碟、罐、烟灰缸、筒、筐等都可以用作花器。也可以根据插花作品的构思，有针对性的自己动手制作个性化的花器。

> **特别提示**
>
> 插花工具包括以下几种：
>
> 刀：用以削、截鲜切花。
>
> 剪刀：用于剪截粗硬的木本枝条。
>
> 喷雾器：为插花作品喷雾保湿工具。
>
> 铁丝：插花中常用26号和18号绿色插花专用铁丝。用于花材的造型、加长。
>
> 铁丝网：多用于大型花篮中加大花泥的支撑力、固定花泥等。
>
> 胶带：插花专用胶带，有多种色彩。用于固定粘合插花材料。
>
> 花插（针座、插花器）：由许多不锈钢或铜针固定在锡座上铸成。起到固定和支撑花材的作用。
>
> 花泥（吸水海棉）：用酚醛塑料发泡制成。可分干花花泥和湿花花泥。干花花泥是专供插干花和人造花用的花泥，湿花花泥则是花泥经吸水后用于鲜切花作品制作。花泥起固定和支撑花材的作用，一般使用1～2次后报废。
>
> 插花配件（摆件）：常是一些小型的工艺品，如瓷人、小动物等。能起到烘托气氛、加深意境、活跃画面和均衡构图的作用。是否选用配件，取决于构思立意的需要，不应滥用配件，使用配件不能喧宾夺主，能不用就不用。
>
> 此外，东方式插花还讲究花几、花架及垫座的选用，可以起到均衡插花作品的作用，增强作品的艺术感染力。

（2）花材

花材是一件插花作品的主体部分，是作品的主题、意境以及装饰效果的主题体现者，因此选择合适的插花材料是插花创作的关键环节。可根据花材在插花构图中的作用进行选材。插花所用的花材种类繁多，包括木本、藤本植物和草本植物，在插花时一般以其形状及在插花构图中的用途进行分类。

线状花材　外形呈长条状和具有明显线状感的花材叫线状花材。具有线条状枝叶、花序的花卉都是线状花材。枝干呈长条状，如银芽柳［图3-77（a）］、迎春、连翘；有的花序呈长条状，如唐菖蒲、蛇鞭菊、金鱼草、千屈菜、水烛［图3-77（b）］等；还有的枝叶或花朵虽簇生在一起，但它们布满枝上，形成整体的条状或线状轮廓，如天门冬、狐尾天门冬等，给人以修长的感觉。还有银芽柳、水葱、迎春及马蔺的叶片、飞燕草、贝壳花等。

（a）银芽柳　　　　　（b）水烛

图3-77　线状花材

线状花材的表现力很丰富，在构图中常起骨架作用，是构成花型轮廓的基本骨架，也常是决定作品比例高度的主要花材。尤其是插作大型作品、大型花篮、下垂式作品，如缺乏线状花材，就难以达到一定的高度和长度。许多线状花材，在艺术插花，尤其是东方式插花中，常起到活跃画面的作用。不同的线状花材表现不同的美感，如直线条给人以端庄、刚毅、象征着生命力的旺盛；曲线条则优雅、抒情、潇洒飘逸、富有动感。粗线条能够表现出阳刚之美，细线条能表现出典雅之姿，插花中的流畅线条能够很好地表现作品的动感。这类花材都有一定的长度，可以是花、枝条，也可

（a）芍药　　　　　（b）向日葵

图3-78　块状花材

以是具有一定长度、线条感强、造型优美的叶片。

常见的线状花材有蛇鞭菊、唐菖蒲、石斛兰、晚香玉、金鱼草、迎春、飞燕草、小苍兰、银柳、紫叶李、肾蕨、贝壳花、水烛等。

团块状花材　外形呈较整齐的圆团状、块状的花材叫团块状花材。花型较大、丰满、艳丽，在插花作品中占据中心位置，又称主花、焦点花，呈现第一视觉效果。这类花材可单独插，也可以组群的设计手法插。有的单朵呈圆团状，如月季、香石竹、月季、芍药［图3-78（a）］、百合、睡莲、牡丹等，有的整个花序呈圆团状或块状，如鸡冠花、大丽花、菊花、向日葵［图3-78（b）］、非洲菊等，还有龟背竹、绿萝和鹤望兰等的叶片也可视为团块状花材。

团块状花材常是构图中的主要花材，常被用在焦点的附近，且对作品的中心及均衡起着重要的作用。

特殊形状花材 花形不整齐、结构不对称的花材叫特殊状花材，也叫定型花材。如鹤望兰［图3-79（a）］、鸢尾、帝王花、六出花、火鸟蕉、牛角茄、卡特兰、安祖花［图3-79（b）］、马蹄莲等。

这类花材因其造型独特，本身就具有极强的吸引力，在构图中利用它长长的花茎可用作构架花，也可以作为焦点花用，成为构图的主要部分。为突出和保持其独特的形状，应在它们之间或周围留出空隙。

（a）鹤望兰　　　　（b）安祖花

图3-79　特殊形状花材

散状花材 散状花材是指由许多简单的小花朵构成星点状蓬松轻盈的大花序状的花材，花型较小、一茎多花。如小菊、多头康乃馨［图3-80（a）］、一枝黄花、荷兰菊、满天星、补血草类［图3-80（b）］以及珍珠梅等，都是著名的散状花材。它们常插在主要花材的表面或空隙中，增加各花材间层次感，填充花材间的空间，点缀和衬托各种花材的娇艳，加大花材色彩上的对比和反差。起烘托、配衬和填充作用，增加层次感，尤其是在婚礼用花中，它是不可缺少的填充花材。

（a）多头香石竹　　　　（b）补血草（情人草）

图3-80　散状花材

叶材 衬叶虽在插花中起衬托作用，却是不可缺少的。多数衬叶是绿色的，如肾蕨［图3-81（a）］，但也有灰白色、绿白色或紫红色的衬叶，如雪叶莲的灰白叶、富贵竹的绿白叶［图3-81（b）］、朱蕉的紫红叶等。

（a）肾蕨　　　　（b）富贵竹

图3-81　叶材

在现代插花中，常将许多衬叶修剪成各种形状，以满足构图的需要。有的衬叶过大、过长、或形状呆板，缺少变化，也需进行修剪和加工造型，如折、弯、卷、揉、剪、刻裂等。

木本枝条 木本枝条在插花中主要起框架和构纳线条的作用，如红瑞木、桃树枝条

（a）桃树

（b）枫树

图3—82　木本枝条

［图3-82（a）］、龙爪柳、石榴枝条、梅花枝条、竹子等，可以根据季节的不同选择不同的木本枝条如枫树枝条［图3-82（b）］。中国传统插花大量运用木本枝条进行框架构图，使作品既具有自然美又具有线条美。

3. 造型

造型就是把艺术构思变成具体的艺术形象，也就是在完成选材后，根据艺术构思选择适合表现插花作品主题的艺术表现形式，插做造型优美生动、别致新颖、花材组合得体、符合构图原理，视觉效果好的插花作品的过程。

插花作品造型必须根据构思立意来选择。如果以装点礼仪、美化环境、烘托气氛为主，宜选用西方式插花造型来表现插花作品。常用的基本造型有10多种，如塔型插花、半球形插花、L型插花、S型插花、不等边三角形等。可以选用单一造型来制作插花作品，也可以将两种造型组合在一起制作复合造型的插花作品。如果以借花寓意、抒发情怀、表达思想为主，宜选用东方式插花造型来表现插花作品。常用的东方式插花造型有直立型、倾斜型、平卧型、下垂型。如果以表现自然美、生活美为主，宜选用写景式的造型来表现插花作品。此外，还可以选用中西合璧的造型来表现作品，融会了东方式插花与西方式插花的特点、既有优美的线条也有明快艳丽的色彩，更渗入了现代人的意识、追求变异、不受拘束、自由发挥，但求造型优美，既有装饰性，也有一些抽象的意义。

4. 插作

在插花作品的造型确定以后，就可以运用裁、弯、插等基本技能，通过插作把花材的形态展现出来。裁即是根据造型的需要，把花材削或剪成适宜的长短；弯即是利用插花的花材运用技巧，把花材弯成所需要的形状；插即是应用花材造型或固定技巧把花材稳固地插置于所需位置。在造型过程中，作者应用心与花"对话"，边插边看，捕捉花材的特点与情感，力求表现出最美的形态和深刻的意蕴。为了突出主题，造型时应设法将人们的注意力引导到你想要表达的主题上，让主题花材醒目、突出，其他花材退居次要位置。

5. 命名

命名也是插花作品创作的一个步骤，特别是艺术插花的命名可以加强和烘托作品的主题，使作品更具有诗情画意和艺术魅力，并引导观赏者对作品进行联想，从而与作者在情感上产生共鸣。贴切、含蓄并富有新意的命名对插花作品可以起到画龙点睛的作用，给插花作品命名是重要的。现在也有一些现代艺术插花作品不进行命名，能留给观赏者更多的想象空间，感受艺术插花的独特韵味。

插花作品按命名方式不同，可分为命名插花和自由命题插花两种类型。命名插花即有规定命名的插花，这类插花事先已有命名，插花创作过程必须围绕命名所确定的主题进行构思选材和造型。对于命题插花，同一命题有不同的表现形式。插花比赛往往采用命题插花，如："城市"、"祖国颂"、"家园"、"奥运之光"等命名插花；自由命题插花则是作者根据自己的构思立意创作的插花。插花作品的命名要能贴切而含蓄地表现作品的构思和内容。

6. 整理

整理是插花创作的最后一步。一般需要依据构思，联系艺术插花作品的基本要求，对所制作的插花作品进行整理。

（1）整体构图造型整理

花材线条形式的应用　线状花材是构成插花作品形状的骨架，花材的线形搭配很重要，整理时应该注意线条的长短、高低、仰俯、疏密是否得当。如有不当，应根据构图需要进行必要调整。

花材颜色的调和　每个作品的色彩应当协调，习惯的做法是检查已完成的插花作品色彩的搭配。对与构思不吻合的、不协调的色彩搭配进行调整。

花材姿态的配合　花型、姿态的配合应该使花艺作品的外观形状、线条形式和色彩搭配保持协调。如是否符合高低错落、疏密有致、虚实结合、仰俯呼应、上轻下重、上散下聚的构图原则等。

（2）辅助花材的整理

作品完成前一般都用天冬草、蓬莱松、石松、肾蕨等衬叶装饰插花作品，以使作品丰满和充满生机。要检查叶材是否插于作品的基部，不能太高，是否将花泥覆盖；插入的角度和花材的长度也应有所变化，以便使作品层次分明、主题突出。另外插花材料的叶片不可浸入水中，因为叶片在水中极容易腐败，污染水质，造成浑浊发臭现象。

（3）其他整理

场地整理　在插花作品制作完成后应对插花的场地进行清理，检查插花作品的保水情况，加水喷湿。

插花作品的放置　按构思设计的要求，把插花作品放置于适宜的位置，可根据实际情况进行细微调整，并注意以下两个方面的要点。

插花作品应与环境协调：如客厅是家人集中或接待客人的地方，空间较大，故插花作品形体要较大，色彩宜艳丽，造型应丰满，产生亲切热情的欢快气氛；书房、卧室的插花要求比较小巧、清淡、典雅；宾馆、饭店大厅的插花作品，常用落地式大花瓶、大花篮或带支架的大花钵等，布置成色彩缤纷、造型恢弘的大型插花作品，使大厅充满华丽热烈的气氛。

陈设位置要得当：插花作品是高雅美丽有生命的艺术作品，放置于室内引人注目的适当位置，使观赏者的观赏距离和角度处于最佳状态，尽量扩大插花作品渲染气氛的作用。如从一面观赏的作品，应当放于靠墙的位置；三面观赏的作品，宜放置在房间角隅部位；四面观赏的作品，常放置在房间的中央；通常直立式、倾斜式的作品宜平视，下垂式作品宜稍为仰视观赏；盆景式作品宜俯视，便于看清盆中景致，因此要注意把插花作品放置在适合的位置。观赏的距离和角度也很重要，特别是有的插花作品只有一个主要观赏面，过近会造成视差，使作品在感觉上变形，失去美感；过远又减弱作品的感染力；观赏角度不正确，更是不能正确地感受作品的主题和营造的独特意境，因此要留出一个适宜的观赏距离和角度才可以使插花作品发挥更大的艺术感染力。插花作品适宜于放置在阳光不直射、空气流通、温度较低、湿度较大并且不妨碍人活动的地方。背景和放置插花作品的台面要求洁净、浅淡，不宜华丽浓艳，以防造成喧宾夺主。

3.2.2　中国传统插花与日本插花的基本造型及风格特点

1. 中国传统插花的基本造型

中国传统插花根据所用容器可分为瓶花、盆（盘）花、缸花、筒花、碗花、篮花六种。瓶花是高、窄口花瓶插花，插入花后一般不易倒伏，但是定型较难，而盆花却是用浅水盆插花。由于浅水盆上宽，枝条难以固定，一般用花插来固定。用花插固定枝条造型变化较多，使作品不显呆板，更生动自然。中国传统插花根据创作者的创作思想来分，可以分为四大类型花，即理念花、心象花、写景花、造型花。中国传统插花根据主枝在容器中的位置和姿态可以有四种基本造型，即直立式、倾斜式、悬崖式、平卧式，根据花器、环境、花材等因素在六大器具花中四种基本造型均有应用。中国传统插花的固定方式一般采用自然固定以及花插固定，一般不允许用花泥固定。

（1）六大器具花

瓶花　瓶花源自印度。瓶据说可盛装一切万物之德。佛家用象征天宝的莲花供佛，所以说"瓶供"为中国插花之起源，后成为中国插花之代名词。中国瓶花约起源于南齐，盛兴于明。明朝的袁宏道所著《瓶史》，是记载插花事物的专著，因其大力提倡，瓶花得以在明朝大放异彩。瓶类花器一般指细长、口小、容水较深、腹大颈长的容器，口较大的尊器、口窄腹大的罐也归入瓶类。瓶花，是中国传统插花最重要的代表类型之一，它有高雅、尊严的美感。但是瓶口窄小，表现的花材就较少，所以需要精选富于形态、生态美的花材，使瓶中佳韵体现自然之态与艺术之美，以精雅见长。花型最适宜表现理念，作品庄严肃穆（图3-83）。瓶花陈设于厅堂、斋室非常相宜，也适用于大型展览等场合。

图3-83　瓶花：《妍浓枫映》　作者：朱迎迎

盆花　盆花起源于六朝时代。汉朝时，陪葬之风非常盛行，喜欢以陶盆装水象征池塘或湖泊，盆里放置陶制的楼与鸭，或树木花草，象征着大自然无限的生机。这一观念到六朝就与佛教供花相结合，成为最重要的插花用具。花盘，口径大、储水浅，适用于插制盛放修剪后的鲜花，可以用剑山固定，也可直接浸或浮于浅水中。比较多的用于酒宴上，宾客借花香以醒酒。盘花是较好的观赏用花，大多是俯视角度观赏。尤其是在炎炎夏日陈设一盘盘花，更给人清凉之感。盘花后发展为盆花，口也大，比盘稍深，盛水更多些。多用剑山等物支撑花材。盆花的开口面积较大，开阔，可插下较多的花材，是其不可多得的优点，可以将自然界的山水、树石坡林、森林丛树等景色浓缩于盆中，所以在空间扩展上，盆花实现了从点到面的扩大，突破了瓶口的局限。唐朝欧阳詹之《春盘赋》记载当时的长安仕女："多事佳人，假盘盂而作地，疏绮绣以为珍……"，把盘子当作大地插花，此为"写景花"（图3-84）。

缸花　约起源于唐代，盛于明清之间。唐朝罗虬《花九锡》记载"玉缸"贮水，充当插作牡丹的花器。到明清，缸器在造型方面与水盂，笔洗及"篮"器相结合，形式渐矮，缸口大，渐渐演化成盆。清沈三白："若盆碗盘洗……"即是此。缸是介于瓶、盆之间的大型器皿，宽口、型阔，底稍窄。缸的造型敦实，颇具壮健的力度，水面又宽敞，可以插比较硕大或者较多数量的花材。缸花在空间的表现上比较有深度，缸形腹部硕大而稳重，插作时表现花材块状与枝条对比之美为主，较强调"体"，总用大丛的花材与缸器协调。但在传统插花中缸口空间不易占满，以留空为佳。缸花造型丰满、壮丽，多用于大厅堂以及展览（图3-85）。

图3-84　盘花：《竹林春妍》　作者：朱迎迎

碗花　约起源于五代时的前蜀，盛行于宋代，碗器宽口而尖底，插作时皆以"极点"出枝。早期碗花只有主花，后来才有主客或主使，至今有完整的"主、客、使"三主枝。碗是口大底小的器皿，又称此类花为皿花。碗原来是用来盛食物的。历经变迁，形状基本不变，而材质各有不同，有瓷、木、玻璃等碗。在古代，首先是由佛门子弟将碗盛花供佛，后来用碗插花就流行起来。还有钵、杯、盂、瓯、笔洗等都归入碗一类花器。碗花、需用剑山支撑花材。由于碗口较小，所以宜插简洁、明快的构图。另外，碗花也可在水中浸、浮花材，成漂浮花。花枝不宜多，三两枝便可。插作时要注意枝叶不可遮盖碗的边缘，起把宜紧，水际应明朗，基盘要厚，不可散漫、挤轧（图3-86）。

图3-85　缸花：《松林闲鹤》　作者：朱迎迎

筒花　源自五代，盛于北宋。筒花又称"隔筒"。《清异录》说："李后主每春盛……并作隔筒，密插杂花……"，至宋代更为讲究，春季花展时，即以"湘筒"贮花。"湘筒"，即以湘妃竹所作之竹筒，极为珍贵。筒花是指用竹筒、笔筒、木漆筒等花器插的花。筒器都属于圆筒状的花器。但竹筒又和笔筒、木漆筒不同，竹筒是筒式花的起源，同时竹筒是有节的，既可单取一节插花，就如花瓶一样运用，也可将两节以上竹筒竖着，挖开大小不等的壁孔，插入花材多少不等。分有单隔筒、双隔筒及多隔筒等多种。隔通隔，指竹节的横隔，所以亦有上、下隔之分，就是"双隔"。也可将竹筒劈去一边横放，两头削成三角状，即成船型，有单舱、双舱、三舱等，甚

图3-86　碗花：《烟笼粉黛》　作者：朱迎迎

图3-87　筒花：《崖畔开花》
　　　　作者：王国忠

至有用整株毛竹的（以竹节相隔，每一节为一舱）。在舱中分插花枝，高低错落排列。筒花可以单放，也可以相互组合，几个高低错落的筒式花或者竖放的筒式花和横舟式筒式花的相互组合，变化相当多。由于竹筒颇具苍朴之态，深受人们喜爱。一般用毛竹，也可用湘竹制成。竹筒花放在书斋尤为适宜，放在厅堂、闺房也可，但主要还是以文士雅韵的环境为宜。竹筒还有吊垂、悬挂等形式，随意挂于门窗、墙柱，相当活泼，适宜的地方更多。筒花最能代表东方最自然的花器。筒花花材适宜选择枝条曲折，花色雅致者为佳。筒花亦可挂于壁上（图3-87）。

篮花　起源于宋代。正所谓"生命如花篮"，因为其呈现出多彩多姿的特色，所以自古以来都被视为华丽灿烂的代名词。佛教法会时用竹编作类似盘器，用来盛花，遍洒会场，以体现盛大场面，这种器具称为"华筥"，为了方便手提，就加提梁而成花篮。宋代篮花都以宫廷应用为主，枝叶繁多，花朵大，色彩缤纷，硕壮盘满，有院体花的特点。元代则比较有文人气息，朴实清雅，潇洒野逸。篮花摆置形式分为两种，一种是放置在台座上，一种则是挂篮。置放的形式又可分为正置、偏置、侧置。而挂篮是吊起的，又称吊花或吊篮，如有提梁的铜器，其他容器亦可插作。篮花是指在特制的花篮或箩筐等柳、草、竹编的篮器中插花，这也是我国传统插花的花型之一。最初是人们用竹篮之类去采花，发现插放篮筐中的花别具美态，于是出现了花篮插花。现在的花篮插花，往往借鉴西式插花，用三角形、馒头形等丰满花型来插制，四面均可观赏。还有L形、不等边三角形等。篮花中花材运用品种较多。篮花在红白喜事中运用较多。中国传统的篮花是以表现自然生机为主，花材多样，取材自如。传统篮花，很注重篮内外空间的分隔，注重篮的整体造型，也即把篮攀的线条、篮沿的线条、篮身的线条，用花材来加以衬托，使这些线条有显有隐，富有变化，更加生动。花篮插花可以花型饱满，充满篮口，也可留出空隙，以大朵花为中心，向四边伸出其他枝条，比较活泼，这在大型的作为厅堂摆放花篮较多采用。

图3-88　篮花：《一览露春》　作者：朱迎迎

但不管哪一种布置，总有前、中、后的纵深感，以及上、中、下的层次感，而作为布置在书斋的花篮可以三两枝花朵即可。总之，厅堂中的花篮比较适宜丰满、热烈，书斋静室则宜清疏、秀雅。篮花所选用的花材色彩需与花篮的色彩相协调。花篮，在生活中应用较多，是重要的礼仪花形式。如迎宾花篮、贺喜花篮、婚礼用花篮、祝寿花篮、探病花篮、节日花篮等。在花篮的篮攀上，还可以结上装饰带做成的各式花结，以增加动感。自古以来花器形质兼具，林林总总，且各具特色，在插置过程中，要完成一盆神韵天成的作品，花器必须谨慎选择，不可随意安放，否则糟蹋花器本身的存在价值，也破坏了整个插花艺术的创作情趣（图3-88）。

总之，各类花器有其独特的造型，插作方法与使用习惯亦有所不同；瓶花高昂，盘花深广，缸讲块体，碗求中藏，筒重婉约，篮贵端庄。加上固定器类似剑山（花插）的发明与改良，都直接影响花型的变化。

（2）四大类型花

理念花　理念花为宋代理学审美观下的产物，插花从理性、宠意象、依仁游、带有揭示理想的旨趣，以理为表，以意为里，或解说教义，或阐述教理，或影射人格，或述说宇宙哲理等，以瓶式为多，花材以松、柏、梅、兰、桂、山茶、水仙等素雅者为主，结构以"清"为精神的所在，以"疏"为意念之依旧，注重枝叶的线条机能与绝对的比例，为宋代插花的主流（图3-89）。

图3-89　理念花：《荡涤浊心》　作者：台湾中华花艺

写景花　写景花或称写实花，是以真善美的"真"为出发点，透过盆景表现手法，以描写自然或赞美自然为目的，表现的内容或是篱边小景，或满山秋光，以达到沈三白所谓"能备风晴雨露"的境界方为至妙，以盘花为最多，源于唐代而盛行于清代（图3-90）。

图3-90　写景花：《淡日照林》　作者：台湾中华花艺

心象花　心象花为文人借花浇愁，以抒发心中积郁的插花艺术表现，盛行于元代及清代初期。作品偏重于以"情"为出发点，内含个人内在的冥想，不表达严谨的构成，但求随意拈来，以创造独自个人欲望且独立形象的新个体，是情绪抽象概念的具体化。个性稍强的心象花大多是具有奇古悲怆之美，常见花材除格调高雅的花草外，如枯木、灵芝、如意、孔雀尾等，一般心象花常流于放荡不羁的"自由花"形式（图3-91）。

图3-91　心象花：《红花映水景》　作者：台湾中华花艺

造型花　造型花是插花艺术创作的目的，它是依美学原理，或以美的形式为基础从事造型，创造出一种崭新的、纯粹的美的一种插花类型，正如老子所说的"造无可名之形"的造型艺术的极致。

造型花旨在美的创造、装饰成分颇为浓厚，古时常与服饰相结合，如用鲜花制作花冠佩戴等都是造型上的应用。造型花历史悠久，常用于婚礼、酒会、招待会、午餐会及喜庆节日等特殊场合，为了加强场合的特定气氛，多采用强烈的对比色。造型花花材长度较自由，花器多用古雅器皿，材质分为金属、竹、木、陶器等，机能上分别有置、吊、挂等，形态上分为小口、中口、广口等。插花者有较多的选择余地，较易创作出多姿多彩的插花作品（图3-92）。

中国式插花的轮廓骨架主要由三个主枝为中心构成，不

图3-92　造型花：《流连》　作者：台湾中华花艺

等边三角形的外轮廓线，无论是花瓶式还是浅水插花盆，其基本形式都是一样的。

2. 中国插花艺术的风格特点

历史悠久的中国传统插花艺术，经过漫长的形成和发展过程，融入了中国儒家以自然、平和为美的古代哲学思想及伦理道德观念的影响，而中国的哲学思想实质是儒、道、佛三家思想的综合体。儒家重人伦、轻功利、道家的"依乎于天地，顺其自然"，追求虚静、逃避现实，向往原始自然状态的生活。佛家追求"清静无为"、"息心去欲"的境界思想，共同融合在一起，长久地影响中国文化艺术的发展。

人们崇尚自然、效法自然、追求自然美，从博大雄奇、明媚秀丽的大自然山水中吸取艺术精华，触发创作者的灵感。讲求保持花材的自然美，而不矫揉造作，其造型生动、色彩自然，与中国的园林、盆景艺术一样，是大自然的缩影。除了人们喜爱来自大自然的直接感受外，更注重意境美，以花传情、借花明志，认为花材是表达情感志趣的传递物。中国的文人插花和民间插花注重作品意境美，追求诗情画意、构图自由，注重感情的表达，构图受国画的影响较深。插花的意境引人入胜，启迪人去思索，有情聚一束而意存深远之妙。同时中国传统插花艺术与中国古代有着辉煌成就的古代建筑、园林、文学、诗词、书法、绘画等融会贯通逐渐形成了自己的风格与特点。中国传统插花艺术的风格与特点可以概括为：崇尚自然，追求线条美；不对称造型，追求自然美；花不在多，体现秀雅美；中得心源，追求意境美。

（1）崇尚自然、追求线条美

中国传统插花艺术是在书法、绘画、诗词歌赋、戏曲等传统文化艺术的基础上发展而来的。中国古代涉足插花者多是文人墨客，能流传于世的插花作品主要以绘画的形式存在。传统插花的理论著作也主要出自诗人、画家、剧作家、文学家之手。如《瓶花三说》的作者高濂是明代诗人、戏曲家；《瓶花谱》的作者张谦德为明代画家，爱好书画；《瓶史》出自于明代文学家袁宏道之手；《浮生六记》的作者沈复是清代文学家、篆刻家和画家。另外，南齐的谢赫（画家）、唐代的白居易（诗人）、宋代的杨万里（诗人）和陆游（诗人）、明代的计成（造园家）等都喜爱插花。因此，可以说最初的中国传统插花艺术，就是按照书法、绘画、诗词的创作原则发展起来的，把诗词歌赋、乐曲的韵律感融入插花中，并刻意追求诗情画意般的艺术境界。

花的线条造型借鉴了书法、绘画中线条的艺术表现手法。清代沈复的《浮生六记·闲情记趣》中写道："或亭亭玉立，或飞舞横斜"。对花枝的剪裁取舍这样描述"以疏瘦古怪为佳"。《瓶花谱》"折枝"一节里也写道："凡折花须择枝，或上茸下瘦；或左高右低，右高左低；或两蟠台接，偃亚偏曲；或挺露一干中出，上簇下蓄，铺盖瓶口……取俯仰高下，疏密斜正，各具意态，全得画家折枝花景象，方有天趣。"由此可见，中国传统插花艺术重视花枝的"形"，追求其姿态意蕴，非常注重线条的表现和应用。花枝的线条有粗细、曲直、刚柔之分，有不同的表现力。如松枝苍劲有力，表现出阳刚之美；迎春、柳枝等纤细秀雅，表现阴柔之美。此所谓"一枝入画，全瓶生辉，一枝平庸，全瓶乏味"。

线条的展现力无穷无尽，插花有了线条画面就会产生生动活泼的形状和意境，线条有流动感，会产生韵律，柔美秀雅或刚劲苍老枝条线条最富有画意和表现力，经常用它来构图造型，曲折、精细、长短、疏密、软硬不等的线条花能表现出优美、生动活泼的轮廓，展现出一叶一世界，一花一乾坤的艺术天地。就如寥寥数笔就能勾画出一幅完美的中国画，在线条的动感和动势中蕴含着无尽的美（图3-93）。中国传统插花的线条美与中国绘画的线条美有着密切的关系。无论是画画、舞蹈、雕塑、园林等都离不开线条的勾勒和组合，如画画就是借助线条来构捺人物的形态和性格、物体的轮廓和质感，又如雕塑就是充分运用刚劲的、柔和的、纤细的、粗犷的各种线条来勾划物体的轮廓，园林中也充分利用线条的直来表现建筑的刚毅和俊秀，在刚毅俊秀又利用檐角的曲线来表达飞檐斗拱的飞动之美；园林中的河岸线、林缘线均细腻地表达园林的美丽景色。中国传统插花的线条运

图3-93　线条美：《夕阳无限好》　作者：蔡仲娟

用更具象，大多运用自然界千姿百态的花木枝叶等植物材料线条，利用其自然伸展的曲线美来活跃作品的构图。中国传统插花选用自然生长的枝条、如木本的龙爪枣、龙爪柳、龙爪槐、石榴、松、梅等枝条，根据构图需要进行修剪，表现枝条的苍劲有力，又如利用藤本原有的自然曲线表现线条美，如紫藤、葡萄、猕猴桃等。中国传统插花离不开线条的运用和变化，因为线条的构图方向、造型的变化代表着作者需要表达的意境，因此中国传统插花特别重视线条的运用，以此来创造线条美。这是中国传统插花所特有的特点。

（2）不对称造型，追求自然美

中国传统插花除宫廷插花的构图比较规则、造型比较丰满外，文人插花讲究构图简洁，花枝少而花色清新，造型不拘泥形式，自然活泼。布局结构讲究疏密有致，起伏有势，不齐不匀，虚实相生。袁宏道在《瓶史》"宜称"一节里曰："插花不可太繁，亦不可太瘦。多不过二三种。高低疏密如花苑布置方妙。置瓶忌两对，忌一律，忌成行……夫花之所谓整齐者，正以参差不伦，意态天然。如子瞻之文，随意断续；青莲之诗，不拘对偶，此真整齐也"（子瞻即苏东坡，青莲即李白）。中国传统插花的不对称构图（图3-94）亦是将书法、绘画布局构图的艺术原理融于插花中的结果。

图3-94　自然美：《枫影霜露绿浓》　作者：朱迎迎

符合植物生长的自然规律，不流露过多人为的痕迹，这与中国儒学崇尚自然、师法自然，去"人欲"，存"天理""天人合一"等哲学思想相吻合。《瓶花谱》在"插储"一节里有述："若止插一枝，须择枝柯奇古，屈曲斜袅者；欲插二种，须分高下合插，俨若一枝天生者。或两枝彼此各向，先凑簇像生，用麻丝缚定插之"。这里强调插花枝条要自然优美，若插两枝，要高低错落，像天生的一枝产生的自然分枝一样。若两枝的势态不协调，要先用丝绳绑扎，使之如自然生长的一株植物一样，然后再插入瓶。《浮生六记·闲情记趣》写道："使观者疑丛花生于碗底方妙。"

可见，中国传统插花艺术以自然生长的植物为表现内容，使插花作品达到"虽由人作，宛若天开"的艺术效果，正是中国传统插花艺术所追求的最高境界。

传统的中国插花艺术与中国的园林、盆景艺术一样，均是大自然的缩影。它取自自然界优美生动的植物材料：花朵、茎、枝、叶、果、草本、木本均有。每一片叶、每一个枝都顺其自然之势、或直或曲或抑或俯，巧妙的搭配，使其各有其所，宛如生长在自然界之中，充满蓬勃的生命力，即使对它进行了整形修剪后也不露人工斧痕，体现造型生动的自然情趣。

在构图上利用少量枝条，通过主宾、虚实、刚柔、疏密的对比与配合，求得不对称的平衡，体现大自然中固有的和谐美，悉心追求诗情画意。在布局上，主次分明、俯仰相印、虚实相间，顾盼相呼。一般作品中枝条高高直立于众花之上，老干苍劲虬曲，新枝上疏叶点点，花丛中焦点花为枝条相呼应。充分展现了花材的天然姿容，一派幽静、深远的自然美景。

（3）花不在多，体现秀雅美

我国古代的插花，除了宫廷插花比较繁复隆重外，文人插花用花量较少，色彩清新淡雅，这正是我国传统插花的典型代表（图3-95）。《瓶花谱》"插贮"一节说道："瓶中插花，止可一种、二种，稍过多，便冗杂可厌。"然而，古人插花也并非绝对不用色彩鲜艳的花材，只因为不以色彩的艳丽为追求目的，更注重追求花枝的姿态与神韵，以及插花的意境，而且花朵数量较少，不会显得炫耀刺眼罢了。

图3-95　秀雅美：《占春》作者：台湾中华花艺

（4）注重内涵，体现意境美

"意"和"境"是两个范畴的统一："意"是"情"与"理"的统一，"境"是"形"与"神"的统一。在情、理、形、神的互相渗透、互相制约的关系中形成。中国传统插花的意境美就是情、理、形、神、韵的统一。看一件意境深邃的插花作品，就如品一壶回味无穷的茶，醇厚甜美的回味使人心旷神怡。作者所表现的意境美把观者的思想引入作者所要表达的境界之中，使作者和观者有一个心灵的对话，共同在插花作品中得到思想的交流、意识的冲撞，使观者得到启示、震撼，从而获得美的享受，情操的陶冶（图3-96）。中国人将花材视为有生命有感情的有机体，因此花材不仅仅是插花表现形式美的主要物质基础，而且更是表现意境美的主要因素。特别是中国传统的文人插花，喜欢将花材"人格化"甚至神化，利用多种传统的花材的象征寓意来寄托情思、抒发情怀、创造意境。

在这样的审美情趣支配下，古代的插花对花材的选择与组合非常慎重。多选用木本花卉的小乔木，如梅花、桃花、玉兰花，灌木如牡丹、山茶花、迎春花、杜鹃花，藤本如紫藤、珊瑚藤、爆仗花等。同时也常选用一些木本的叶作衬叶，如罗汉松、黑松、变叶木、花叶鹅掌柴、马褂木等。木本花材寿命较长，整形修剪又方便，便于构图造型，所以

图3-96　意境美：《荷塘月色》作者：蔡仲娟

传统的中国插花喜欢选用木本花材。也常用一些形好、艳丽的草本花卉如菊花、红掌、香雪兰、百合、萱草、郁金香、金鱼草等，它们具有美好和深刻的寓意。"凡材必有意"，使观赏者感受到一种平和淡雅的野趣，渐渐升华到一种更高的境界。如梅、竹、菊象征着不畏严寒，白玉兰、海棠、牡丹组合在一起象征着玉堂富贵。牡丹与竹组合象征着富贵平安，梅、竹、松组合颂扬君子之风；荷花与莲叶莲蓬组合意味着一尘不染、洁身自好；蜡梅与红果的南天竹组合意味着"新年吉祥"，苍松表示刚直、不畏强暴、坚贞不屈的精神；梅花表示傲雪斗霜、英勇不屈；牡丹表示雍容华贵。这些均为创作插花的中心思想，追求花材的枝情花韵优美，表现为最高的艺术境界。用花代替语言来与欣赏者的思想感情沟通，以含蓄的或表露的虚虚实实结合的手法，便于产生一种形式统一又超乎于形式的境界。引人入胜，启迪人去思索，以景写情，寓情于景，情景交融，给人以回味无穷的享受。

古代诗人李商隐在《代赠》一诗中写道"楼上黄昏欲望休，玉梯横绝月如钩，芭蕉不展丁香结，同向春风各自愁。"借丁香花来寄托自己的情怀，讲述了古代年轻美貌的妇女思念丈夫之情。

自古以来，我国古代民间有春天折梅赠远，夏日采莲怀人的传统。传统的中国插花不但运用花材的内涵丰富、寓意深刻来创作，使花材既有自然美，又有意境美，作品充满了诗情画意的艺术魅力。

3. 日本花道的基本造型

日本花道以儒家的理论为哲学基础，禅、宗、佛为指导。禅、宗认为万象是一个和谐的整体，儒家认为一条线是象征性的，两条线是和谐的，三条线表示完美。以此为基础，日本花道确定了统一和谐的艺术原理及三主枝构图的原则。三主枝分别为天、地、人或主、副、客或真、副、体枝。三主枝以外的枝条为从枝或伴枝或称"对待"。

日本花道受中国传统插花影响，结合日本各时期的特点，逐步形成了生花、立华、盛花、投入花、自由花五种形式。以立华和生花最富有日本花道的特色，所表现的是草木自然生长的样子，追求三才（天、地、人）调和。即每一盆插花均由天、地、人三个主要花枝组成。三个花枝中最高的一枝象征天，最低的象征地，中间的象征人。再根据三个主枝的形状可分为直态、斜态、横态、垂态等。对于盛花的盘子也很有考究，从名窑珍品到粗瓷瓦钵，大小、形态、色彩各异。有的作品，花美色娇，非常动人；有的作品，诗意深浓，发人深省，使插花的鉴赏，成为一种美的享受。随着时代的发展，日本产生了各具特点的插花流派，有的专攻生花、立华，有的以自由花、现代花为特色，更多的是各种形式都有涉及，且各有特点。

立华　其含义为竖立的花（图3-97），由7～9枝花材构图，分成上、中、下三段，成为一种左右对称并竖立的花型，要求以一立体花瓶表现平面庭园风景。花的高度与宽度为1:2、2:1和1:1三种形式，但以高度不超过3尺为原则。"立华"本身产生于佛教供花，"立"就是要使花和花瓶直立，要表现出端正的、符合信仰的姿态。

图3-97　立华　龙生派

立华是由佛前供花演变而来，意即竖立着的花，具有超然脱俗、严肃华贵的气质和造型。它是以一种抽象性的意念，模仿山水画，通过枝条的前后左右伸展，充分展露出大自然的韵律美感。

立华的构成复杂严谨，各枝条的位置和伸展方向都有一定的顺序，不可前后倒置，一般由真、副、受、正真、见越、胴、控、流、前置9个主枝和后围、木留、草留3种补枝组成。大型的还有大叶、草道等。根据真枝的形态，立华可有3种型式，真枝垂直于水际上方者称直真，真枝弯曲者称徐真，但其尖端仍要回到中心线上方才有稳定感，如分作两株同插于一盘，则称双株立华，也称"砂之物"（图3-98）。

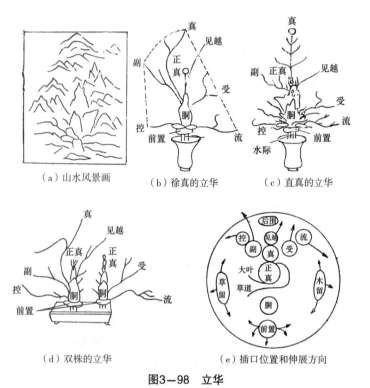

(a) 山水风景画　(b) 徐真的立华　(c) 直真的立华

(d) 双株的立华　(e) 插口位置和伸展方向

图3-98　立华

现将各枝条的含意及其插口位置简述如下。

真代表深山，因此常将真之枝干往后伸展，副和受代表近景之山势，见越是深山之后复见的层层山峦的眺望风景，常用幼枝长长地往后伸出，耸立的峻岭是正真，往往由2～8枝花组成。直立的大叶是岩山绝峭，而大叶前的花乃瀑布飞泉飘落之景象；顺着下来是胴，胴是小山，是隐藏各枝条之处。大型的立华在胴内还有草道表示溪流，呈忽隐忽现之势，最后注入大海。以花瓶之水表示之，控为棱、流如流水，使人联想到村落人家，前置为山麓近景，并作为一盆花的结束，离开山麓流入平原至海的河，以草留表示，木留表示连于山棱的平原；而最后面的后围，则视为看不见的小山。如此，用大大小小的枝来表现大自然的风貌。

各枝条插口的安排十分重要，一般直插在花器中央靠后的部位，前留七分后留三分。其左侧插副而右侧插受，控与流各在副、受之斜后方，流的枝条要平伸，枝梢不要向上，才能表现水流的姿势，可用带直立主杆的侧伸枝条；见越置于真之右后方；正真则摆在真之正前方（如用木本花枝则位于真的正后方）；胴在正真之前，而前置在最前面，两侧插草留、木留，在正真与胴之间或旁边则插草道作辅助，最后用后围来收拾结尾。整盆花插起来，脚要集中呈圆柱状，这水际才好看，如水际不圆则要用枝条补圆，枝端隐藏于胴内，不要破坏整盆花的美感。

生花　其含义为生长着的花（图3-99）。以三主枝为骨架，组成半月形及不等边三角形的不对称花型。三主枝分别代表宇宙间的天、地、人。生花是在17世纪（江户时代）发展起来的花型。生花与立华有许多共同之处。承袭了供花三莫形式的配置，以及立华水际的构成。立华含佛教的要素，生花则受儒教影响较大。花型固定于三角形的构成，强调弯曲的技巧，以天、地、人三才来表现，称为副、体、真。各枝条的要求如下：

副代表阳，意即为天，是无限大的空间，宇宙万物的主宰者，插在花型的最内侧。顺着真的方向，在真的腰顶处稍低的部位开始缓慢地向真的左后方伸出，是花型中段的枝条，充实立体空间，表现草木的趣味与风情。

体代表阴，表示地。插在副的相对一侧，充实下段，在花型的前方，靠近水际低低地朝向阴方。阴为客位，是鉴赏者的位置，可以看出草木自然生长的美丽姿态。

图3-99　生花　未生流

真代表人，是天地间所滋生的万物之代表。"真"不得违背天地之心，所以，位居一瓶之中心，充实上部空间。为表现草木生长过程的变化，真的枝条不可太直，插时生花的构成向阳方稍歪地立着，中段向后凹进略呈弧形，弧形的顶点称为腰，位于稍下方，重心较近花器，使之有安定感，然后再向中心处上伸，回到中点上方（图3-100）。三主枝的长短关系，取七、五、三的比率。

生花的花型因花器的不同而有"真、行、草"三态，进一步由花材的形态和插法又分真行草三姿，合起来称"三态九姿"（图3-101）。所谓真、行、草，其含义是从中国书法演绎而来。书法中有正楷，也称"真书"，形体方正端庄，笔画平直。所以，真的花型也较严肃端丽而素直。花器采用细口或寸筒型，适于插曲线少的草木，其弯伸度一般不超出花器之外。草书笔画牵连婉转，游丝不断，自由奔放。因此，草的花型是洒脱恬淡，变化大，表现草木特殊的生长姿态，或横展或下垂。花器用广口钵、篮，或吊挂式花器。行书是介于真书和草书之间的一种书体。是对楷书的草写简化，既有楷书工整清晰的特点，又有草书活泼飞动的长处。书写时，凡楷法多于草法的叫行楷，草法多于楷法的叫行草。行的花型也介于真与草之间。比真的花形生动活泼，是艳丽而舒畅的花形，但不如草形变化大。宜用小广日壶形花器。

盛花　小原流创立者小原云心创造的花道形式，"盛花"字面意思是堆积花。浅盆花器和插花器插置花材的一种形式，以盆为大地，插制表现植物自然生长

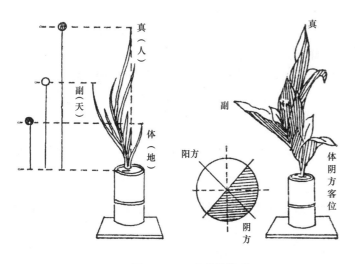

图3-100　生花的构成

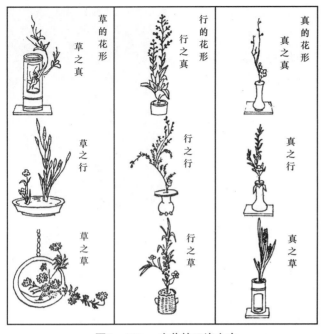

图3-101 生花的三姿九态

态势的插花,表现自然景观之美(图3-102)。盛花:使用水盘或篮子,把花材盛在器具上。明治末期,因为西洋花草的栽种和西洋建筑的增加,构思出这种不限于壁龛装饰花的插花术。其流派有小原流、安达式等。可以说盛花是现代插花的主流。

投入花 作为投入花的容器一般其颈较高,把花枝按其自然的姿态投入花器,且不用插花器固定花材,仅依靠容器内壁和底部来稳定(图3-103)。投入花给人一种随意投入的自然感。这种插花法能够发挥美术性和独特的个性。通常有三种摆放方式:吊在壁龛上,挂在

图3-102 盛花 小原流

图3-103 投入花 专正池坊

柱子上和放在壁龛上。投入花和生花一样起始于江户时代。

自由花 随着社会的变化,观念的更新,插花也随之受到影响。不拘泥于传统的新类型的插花法也得到了人们的认可,同时,随心所欲以花草设计为乐趣的人也在增加,这类可归为自由花。主张表达个性,表达各种花材自然之美和基本特性(图3-104),其风格有自然式和抽象式(图3-105)两种。

4. 日本插花艺术的风格与特点

日本人插花注重形式,构图较为严谨,在长期的发展形成中,出现了许多流派。带有明显的时代色彩。

构图严谨、追求章法 表现手法多用三个主枝,即天、地、人作为骨架,高低错落,前后、左右呼应。在构图上崇尚自然,效法自然,高于自然,采用不对称的构图手法,

讲究画意。作品主次分明，虚实相间，俯仰呼应，顾盼相呼。善用线条造型，追求自然的线条美，能充分利用自然界千姿百态的植物来抒发自己的情感及寓意。注重花材的花意、花语，突出花材的寓意，用自然界的花材来表达作者的精神世界（图3-106）。

重视思想内涵及意境表达　以型传神，形神兼备，情景交融，使作品不但具有装饰效果，而且还具有诗情画意的意境美。日本的插花技艺之所以能称之为"道"，是因为它拥有高深的理论和思想哲理，日本花道的精神和理论在不同的流派中各有千秋，但基本点都是相通的，那就是天、地、人三位一体和谐统一的"三才论"思想。这种思想，贯穿于花道的仁义、礼仪、言行以及插花技艺的基本造型、色彩、意境和神韵之中。花道并非植物或花型本身，而是一种表达情感的创造。因此，任何植物、任何容器都可用来插花。花道通过线条、颜色、形态和质感的和谐统一来追求"静、雅、美、真、和"的禅宗意境。

花道首先是一种道意，它要求从事插花的人身心和谐、有礼。插花讲究的是思想和理念，并不讲究花材的数量和花的华丽。在茶室里，只插上一枝白梅或一轮向日葵等简单的花草就能营造出一种幽雅、返璞归真的氛围。另外不同插花的形态和不同的花材可呈现出不同的精神。如蔷薇花象征美丽与纯洁，百合花代表圣洁与纯真，梅花象征高洁与坚毅，兰花高雅，被誉为"花中君子"，牡丹雍容华贵，杜鹃花婀娜多姿，桃花妩媚芬芳，荷花出污泥而不染，象征着高尚的品德，而热爱大自然的日本人最爱的还是樱花。

注重花材与花器、几架、配件的组合　提倡花材、插花瓶（盆、篮）及几架、配件共同欣赏。很多资深插花家还是出色的陶艺家，自己设计所需的花器造型，然后在自己流派的陶窑中烧制合适的陶艺作品作为插花所用的花器，做成花卉、造型、花器浑然一体的高雅插花作品（图3-107）。

世袭传承　在日本插花发展过程中形成了众多的流派，各流派不仅各有特点，还形成不同的理论，以便于发展和传承。

在日本，插花流派的数量，是一个不断变化着的数字。至2007年1月为止，日本插花流派发展为136个，根据各流派自己成立过程的不同，可分为全国规模的流派和区域性的流派。在全国规模的流派中，著名的有池坊流、小原流、草月流三大流派，另外，嵯峨御流、专正池坊流及其他流派也正努力向全国规模发展。未生流、古流等流派具有很强的地域

图3-104　自由花　龙生派

图3-105　自由花　未生流

图3-106　生花

图3-107　立华

性，比如常说的关西未生流、关东古流、桂古流。再者，未生流、古流及远州流是把生花作为"传花"的代表性的流派，它们的分支很多，数目惊人。各个流派都有自己固定的教材，从初级班到高级班的课程都有统一的规定，各个流派都在不断地进行着自己的普及活动。不过，大部分的初级指导课程都是从自由花的基本花型开始的，古典花和造型花一般是高级阶段学习的内容。各流派学习班的状况，一般是先在师傅个人组织的学习班学习，达到一定的水平后，再去参加流派组织的研究会，直到取得合格证书，平均需要3~4年的时间。过去各流派在学习和传承上都非常严格，仅有一小部分学习者能达到高级水平。而如今，初、中级学习班许多采取函授学习的方式，花卉商开办的插花教练场在不断扩大，女性杂志社也举办大量的函授学习班，许多流派自己还办起了插花学校，所以达到高级水平的人日渐增多。

5. 东方现代插花艺术风格特点

东方现代插花艺术结合了中国传统插花与日本花道的精髓，又吸收了西方现代花艺的创作手法，形成了中西合璧、取长补短的独特的风格与特点。

既注重造型美又体现线条美 东方现代插花艺术既体现东方传统插花的线条美，又注重西方插花的造型设计。在作品《高山流水》（图3-108）中，运用了西方花艺设计的造型手法，将高低不等的竹子插满方型玻璃器皿，形成高山的造型；又运用高低竹节插入枯藤、龙爪柳、铺地柏、安祖花为"高山"披上"绿装"，插入垂鸡冠代表流水，枯藤和龙爪柳的曲线和竹子的直线相互呼应，相得益彰，既有造型又体现了线条美。

图3-108 《高山流水》
作者：朱迎迎

既注重形式美又体现意境美 东方现代插花艺术在注重形式美的基础上，还体现意境美，通过形式来表现意境，在形式上兼具中西特点，有造型又有线条，有个体又有组合，在手法上既有传统插花的自然插入，又有西方花艺设计的装饰材料和编织手法，在此基础上，还用命题的形式将中国传统插花的深远意境体现出来（图3-109）。作品《缘》选用三个瓷瓶插成三件作品作为一个组合作品，用竹编底座作为连接，瓶口用柳枝编成同心圆（缘）作为支架，用几根金属铝丝自然弯曲形成曲线，螺旋上升，与瓶身的圆纹相呼应，色彩选用黄绿白在黑色的映衬下非常和谐，使人在作品中细细体味"缘"的真谛。

图3-109 《缘》 作者：朱迎迎

既注重色彩美又体现含蓄美 东方现代插花艺术在色彩运用上既体现西方插花五彩缤纷的色彩美，在这基础上也不忘东方传统的含蓄美，在选配花材色彩上既注重色彩的多样性，也主张色彩之间的相互调和，通过色彩的纯度使各种色彩加以协调（图3-110）。

综上所述，东方式插花艺术的风格与特点简单概括有以下几点：

- 在构图上崇尚自然、效法自然、高于自然，采用不对称的构图手法，讲究画意，作品主次分明、虚实相间、俯仰呼应、顾盼相呼。
- 重思想内涵及意境表达，以型传神，形神兼备，情景交融，使作品不但具有装饰效果，而且还具有诗情画意的意境美。
- 善用线条造型，追求自然的线条美，能充分利用自然界千姿百态的植物来抒发自己的情感及寓意。
- 注重花材与花器、几架、配件的组合，提倡花材、插花瓶（盆、篮）及几架、配件共同欣赏，与环境相协调。
- 表现手法多用三个主枝，即天、地、人作为骨架，高低错落，前后、左右呼应。
- 注重花材的花意、花语，突出花材的寓意，用自然界的花材来表达作者的精神世界。

图3—110　《浪漫之夜》
作者：朱迎迎

3.2.3　宾馆花卉装饰布置要点及基本形式

宾馆是一个招待宾客休息、会谈、宴会的场所，要进行宾馆花卉装饰，首先要了解宾馆花卉装饰的场所、风格以及宾客的需求。

1. 布置要点

由于宾馆的档次、规模不同，花艺设计要求也有所不同。宾馆花艺设计主要包括大堂、酒吧（咖啡吧）、客房、宾馆前台、宴会场所的花艺设计。

大堂花艺设计　一般高档的星级宾馆，要求大堂富丽堂皇，在中间有大型的色彩艳丽、用花档次高的大堆头型的插花，一年四季鲜花不断。一般等级的宾馆要考虑经济实惠，在大堂和餐厅多用仿真花或干花来装饰。高档的客房有鲜花插花作品，一般的客房除鲜花较多的南方城市如昆明、广州等地之外，其他城市主要用干花或人造花装饰（图3－111）。

酒吧（咖啡吧）花艺设计　宾馆中的酒吧（咖啡吧）主要是提供给客人一个在公共场所相对隐秘的接待访客交谈场所。因此这里的花艺布置风格主要是体现幽雅、浪漫的气氛。在色彩上可以选用淡雅的色彩、形式上可以选用浮花或配以蜡烛营造浪漫气息。浮花可选用一些类似盆的容器，也可选玻璃材质的，直接将花材和叶片排列漂浮在水面上（图3－112）。

图3—111　宾馆大堂花艺布置
作者：项一鸣

客房花艺设计　宾馆的客房花艺要根据客房的布置特点布置，中式的配以中国传统式插花，西式的家具则配以现代花艺作品，使花艺布置与整体格局相得益彰。特别要注意的是在客房要避免选用色彩艳丽、有浓烈香味的花材，否则会影响客人的睡眠，甚至一些花卉的香味可能还会引起某些客人的过敏（图3-113）。

宾馆前台的布置　宾馆前台是接待五湖四海客人前来登记住宿的地方，也是为客人提供咨询服务的地方。前台的花艺设计要具有时尚、热烈、别致的特点，不仅使客人有宾至如归的感觉，也要为客人留下难忘的印象（图3-114）。

宴会场所的布置　宴会大多是在高级宾馆、饭店、酒家等场所进行。由于场面较大，规格较高，既要显示富丽堂皇，又要使人感到高雅。配以多姿多彩的花卉，增加空间的层次感，以烘托豪华、庄重、热情、典雅的环境氛围（图3-115）。

宴会的亮点在于餐桌的装饰，其布置变化多样。餐桌大多分自助餐桌和圆台餐桌的布置。自助餐桌的排列大多为长条形或长方形，桌面上除美味佳肴和瓜果雕塑外，花艺就是点缀的艺术品。在特大的桌面除插花作品外，桌面还可用蕨叶、天冬叶、文竹和武竹等作图案构边，并用玫瑰、蝴蝶兰和虎头兰等花朵作点状装饰。色彩的配置要以台布和围裙的不同色彩相协调，或对比或和谐。还要考虑到灯光的效果，使之交相辉映，给人轻松、舒适的感觉［图3-116（a、b）］。

图3-112　宾馆酒吧花艺布置

图3-113　宾馆客房花艺布置
作者：项一鸣

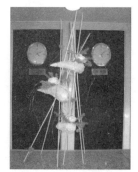

图3-114　宾馆前台花艺布置

图3-115　宾馆宴会花艺布置

（a）西式餐桌花艺布置

（b）中式餐桌花艺布置

图3-116　宾馆中、西式餐桌

2. 基本形式

宾馆花卉装饰的基本形式有插花和盆栽以及室内庭院，盆栽和室内庭院将在后面详述。要根据宾馆的装饰风格来选择中国传统插花或日本花道或西方花艺设计。

中国传统插花 宾馆中有很多中式装饰的空间，就需要中国传统插花与之相配，在大堂可以布置瓶花或者缸花，因为瓶花和缸花相对体量较大，比较适宜于大厅，以渲染热情迎客的氛围。在中式布置的客房，可以选用瓶花、盆花、篮花、筒花布置，以营造清雅温馨的氛围。在前台或单独设立的客房中的书房可用筒花或碗花，以营造具文雅气质的氛围。

日本花道 宾馆中的日式房间可以选择日本花道来加以布置，厅室用立华，客房可以用生花的形式，带有和式风格的空间也可以用自由花的形式加以布置，以和空间风格协调统一。

东方现代插花 目前一般宾馆中选用较多的是东方现代插花形式，既保持了传统插花形式的线条美、自然美、意境美，也融和了现代插花中的一些元素，使之更符合现代人的审美兴趣。

各种艺术插花 如果宾馆的装饰风格比较现代，那么就可以选用各种艺术插花和花艺设计的手法。现代艺术插花形式多样，不拘一格，色彩丰富，与现代宾馆的装饰更容易协调，因此应用较广泛。

3.2.4 东方式插花作品与中西式餐桌花的表现技巧

1. 东方式插花的表现技巧

东方式插花线条美、自然美、秀雅美、意境美的风格与特点决定了表现技巧和要求。

（1）运用线条的表现技法

东方式插花艺术的表现手法受我国书法艺术与绘画的影响，崇尚线条美，对线条情有独钟，认为"线"比"面"更有情趣。这是我国传统的欣赏习惯，人们觉得"线"比"面"更生动活泼、更有情趣、更能抒发情意。

运用线条的形态可以表现不同的内涵。如粗壮挺拔的线条表现坚强、刚直；细嫩柔弱的线条表现温馨秀丽、有韵味；飞动的线条表现挥洒自如、酣畅淋漓的美；密集排列、顺势而下的线条表现一泻千里的情景；蜿蜒迂回的线条又有溪水漫流的韵味（图3-117）。

以枝条的线条进行造型，富有诗情画意和表现力，或柔美秀雅或刚劲苍古，都可以通过不同长短、软硬、曲直、粗细及疏密等千变万化的枝条自由构图，表现出多种优美、生动的轮廓、动态、体量和质感，展现出一叶一世界、一花一乾坤的艺术天地。枝条构图要求主次分明，错落有致，左右呼应，表现出大自然的和谐美。

在东方式插花中常用木本枝条勾画线条美，修剪木本枝条的目的是使花材生动起来，合乎自己的创作意图，同时便于插作和

图3-117　线条的表现
《和顺团圆》作者：王莲英

有利于花材的吸水保养。修剪时要注意以下几点：
- 顺其自然，选择最优美生动的线条予以保留。
- 同方向平行的枝条只保留1~2枝。
- 木本枝条、草本枝条下端都应剪成斜口，能够方便地插入剑山，并增加吸水面积。
- 枝条长短应视环境、花器大小和构图需要而定。如将剪下的枝条要根据构图需要进行修剪，见图3-118。

自然的植物材料有时不能符合东方式传统插花线条美的要求，需要用精致的弯曲技巧来弥补先天不足。弯曲时要注意以下几点：
- 木本枝条在需要弯曲的地方开一个小口，加入一个小木楔，再缠绕上与枝条颜色相近的胶带即可（图3-119）。
- 草本花卉或枝条的弯曲方法是用金属丝缠绕在花梗或枝条上，再缠绕上胶带，根据需要弯曲即可。中空的枝条如水葱、木贼等可以直接将金属丝穿在枝条内弯曲（图3-120）。

图3-118　杜鹃枝条修剪前后情况图

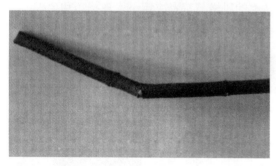

图3-119　木本枝条的弯曲

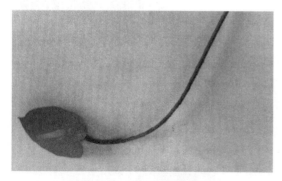

图3-120　草本枝条的弯曲

线条是东方式插花构图的骨架，它确定整个作品的大小、方向、高度、宽度、重点突出花性与寓意。线条还需与插花的色彩、大小相协调。如花材色浓艳、花朵大就需配上粗犷刚劲的线条，如松枝、树藤、石榴枝、龙爪枣枝等。如花材色淡雅、花朵较小，就需配上轻盈飘逸的线条，如垂柳枝、迎春枝条、花叶南蛇藤、花叶长春藤、龙爪柳枝等。

利用线条来表现各种势态，且参差不齐、虚实相生，枝条的位置安排既需符合植物自然生长的形态，又要符合书画结构布局的要求，不可对称平齐，需高低错落，前后伸展。在枝条的数量上，两条以上者取奇不取偶，形体上要有所变化，同时还应做到虚实相生，实是指浓、重、密；虚是指松、浅、模糊、空白，虚实应搭配良好。密时不可太密，花材与花材之间应留有空白，便于每朵花显露出自己的特有风姿。空白有水面的空白和有空间的空白两种。水面空白是指枝条插于一侧，左右两侧留有水面空间供枝条伸展；空间空白是由枝条伸展所形成的。

插花时应做到主次分明，主是作品的

主题、中心思想、主要色调。所以选花材时要围绕主题。如作品的主题是表现春雨后的气息。作品中可以选用细细的垂柳枝为主题，小枝上留下的片片小叶象征着雨水、春风吹拂着小枝轻轻地飘动，仿佛小枝上的小雨珠还在细细地落下，用白色的马蹄莲和红色的唐菖蒲做焦点，清新悦目，衬托出春天雨后的情景。

（2）写实的表现技法

写实的表现技法主要是崇尚自然，以现实的具体的植物形态、自然景色或动静物的特征做原型进行艺术再现。写实的表现手法所表现的形式主要有自然式和写景式两种。

自然式表现技法　表现自然或主要表现花材的自然生长形态为主，对枝条的基本要求是要符合植物自然生长的规律。自然草木从动芽破出整个生长过程都是从一点出发向上向四周伸展，所以插花时也应以插花盆作为大地，多条枝条的基部应集中插于一点，才能显示植物的盎然生机。日本的池坊流的立花和生花，强调"点"的插法。

自然式表现手法也讲究线条美，线条所蕴藏的表现力给自然式插花以无穷的创造力。运用不同粗细、直曲的线条表现不同的内涵，使作品更富于生机、更有情趣（图3-121）。线条之间不可均匀对称，需高低错落，前后伸展，这样才能既符合植物生长的形态又符合书画结构布局的要求，数量上一般取奇不取偶。

写景式表现技法　主要表现几种植物的自然群落的景观或自然界某处小景区的自然景观美的一种插花表现形式，又称盆景式插花。通过盆景的手法表现山、水、石及原野的自然美景。展现遍山秋光，红叶尽染及荷塘情趣等。

插花讲究花草树木的自然生长姿态。神韵及所象征的意境美与精神美，从而达到以有形的形象来表达不可穷尽的景外之景和弦外之音，各种植物加上一些其他配件加以衬托。

在布局上要求安排有远景、近景、中景，采用透视的手法用"远近法"来布置景物，因此在浅盆中花插的位置与枝条的排列均需要安排好，不能插满，全盘留出空位。一般插于左右两侧，一重一轻，一高一矮，一多一少，疏密有致，有进有出，起伏有势，不可齐平，三株按三分开，四枝要三株密集，一枝分开，按3：2分，但高矮不安排在一条直线上，要左右呼应，才生动有趣（图3-122）。

写景插花不是由单株花材表示而是由多株花材表示，排列时有五株、三株，五株的按3：2分组，三株按2：1分组，高矮不等，也不在同一条线上。

图3-121　写实：《荷香阵阵来》
作者：梁勤璋

图3-122　写景：《草木繁荣》
作者：台湾中华花艺

写景式表现技法花材选用季节性较强。如春天一般选取用桃、牡丹、金鱼草、春菊、柳芽枝；夏天选用荷花、石榴、千日红、百日草、珠冠花；秋天多选用桂花、菊花、枫叶、南天竹等；冬季多用水仙花、梅花、蜡梅、寒菊等，使作品给人以享受四季变化的美丽景色。插花时选用有代表性的植物来表现，使人产生有不同季节的感受。如用枫叶及红果表示深秋，杨柳、菜花表示冬去春到。写景时往往选用一些小人物、小动物放在一旁，用以烘托气氛，如用一个牧童坐在过河的水牛上吹笛的摆件表现牧牛新曲，用树枝、英石表现山景，鱼篓、网鱼表现渔村风情等。

清代沈复描述："以针刺死昆虫，用细丝扣虫项，使系花草间整其足，或抱梗，或踏叶，宛然如生"，做成招蜂引蝶的真实效果，小配件（小人物、小动物）的大小摆放的位置安排恰当、不可喧宾夺主，否则失去了插花的情趣。

（3）写意表现技法

东方式插花写意与写实的表现技法受中国绘画的影响。写意的手法，多采用比较粗大的花材如干枯的大树叶、荷叶、芭蕉叶、鹤望兰叶及印度橡胶树叶及一簇根、一团草、一扎细柳枝等，如用两片大蕉叶修剪成多角形外伸，两支剑兰弧线形上挺，红花绰约，表现出桅杆高耸，百舸争流的生动景象。

（4）注重花材与花器几架及配件之间组合的表现技法

中国传统的插花注重花器与几架的选择，它与中国的盆景一样，对所选用的花器和几架十分讲究，无论是款式或色彩都必须与插花的主题取得和谐统一。花器一般多用淡雅古朴为宜。古代的花器多为铜制的，如盛酒的尊瓯、壶等。后来陶瓷工业发展了，便开始有陶瓷花器，如净瓶、梅瓶、浅水盆等。几架有铜制的、红木的、花梨木、水曲柳及树桩头、根雕座等。花材、花器及几架配合适当，大大提高了观赏价值及丰富主题，使作品更富有诗情画意。

配件在一般情况下起烘托主题的作用，但绝不是无足轻重的，有时甚至起着举足轻重或画龙点睛的作用。例如作品《汲水归来》，水桶旁放了一只向水桶而立的马的配件，使人联想到一只刚干完活渴极了的马，看到有人提水而来，桶里的水溢出沿着桶壁向外滴落，马那种急切焦望的神态活现在眼前，引人入境，趣味盎然。作品以花材为中心，容器、几架、配件各得其所，融为一体，各尽所能，使主题和意境得到淋漓尽致的刻画和发挥。

一件优美的插花作品，其本身就富有内涵及魅力，要让人们有更深入的理解和联想，还需架起沟通的桥梁。这样一来，插花作品的小配件功能就大了，它能在插花作品中起到画龙点睛的作用。

2. 中西式餐桌花的表现技巧

（1）中式餐桌花的表现技巧

中式餐桌花一般有两种形式：平卧式和提升式。由于中式餐桌是圆形的，体现中国传统习俗团团圆圆，因此插花形式也是圆形的。餐桌一般是一家人团聚或者与宾客齐聚的交谈欢庆场所，所以插花形式一般是平卧式或者提升式。为了不遮挡客人交谈的视线，中式餐桌花还可分为固定式的和移动式两种。固定式一般适用于分食制，而且在席间一直在餐桌上装点就餐环境和烘托就餐氛围，而移动式只是在酒席开席之前营造气氛，开席之后为了便于上菜必须移走。因此在设计之前要搞清酒席的开席形式，才能决定使用固定式还是移动式。不论固定式还是移动式餐桌花，所选用的花材要符合酒席的氛围，一般以隆重热烈为主，但一般不选用香气太浓烈的花材，否则会冲淡饭菜的香味。

中式餐桌花的表现技巧在选用花材上一般选用喜庆热烈、色彩鲜艳的花材，如百合、牡丹、芍药等花材。在插作形式上宜选用平卧式圆形，可以用花泥固定，大小以不影响就餐为宜（图3-123）。

（2）西式餐桌花的表现技巧

西式餐桌一般是长方形，而且西式用餐习惯是分食制，所以插花形式一般是固定式的，可以是平卧式也可以是提升式的，但一般为椭圆形或长方形或组合式的。西式餐桌花也可与烛台相配。

西式餐桌花的表现技巧在选用花材上一般选用色彩优雅、浪漫的花材，如八仙花、桔梗、月季、掌类等花材。在插作形式上只要不影响视线即可，可以是单件作品，也可以是几个相同花器组合成一件作品，可以运用一些装饰物，如缎带、蕾丝、蜡烛等加以装饰，营造温馨、浪漫的就餐氛围（图3-124）。

图3-123　中式餐桌花

图3-124　西式餐桌花

实践训练 27　东方式篮花插作实训

目的要求

为了更好地掌握东方式篮花插作要点，通过东方式篮花的插作实践，学生理解东方式篮花的构图要求，了解东方式篮花插作的基本创作过程，掌握东方式篮花的制作技巧、花材处理技巧、花材固定技巧。在老师的指导下完成一件东方式篮花插花作品。

材料准备

1. 花材：创作所需的时令花材。包括：线条花，如红瑞木、龙柳、竹子、桂花枝条、杜鹃枝条、鹤望兰等；焦点花，如百合、菊花、月季、非洲菊、牡丹、芍药等团状花；补充花，如小菊、补血草、多头月季等散状花；叶材，如肾蕨、龟背叶等。

2. 花器：仿古花篮、黑色塑料小圆盆。

3. 辅助材料：剑山、绿铅丝等。

4. 插花工具：剪刀、美工刀等。

操作方法

1. 教师示范：

步骤一：将木本枝条进行修剪，利用线条花在剑山上按起把宜紧、高低错落的要求把枝条、线条花依次插入。

步骤二：将焦点花插在剑山上。

步骤三：将补充花按照篮口宜清的要求依次插入。

步骤四：依次插入叶材并整理等。

2. 学生分组模仿训练：按操作顺序进行插作。

评价标准

1. 构思要求：独特有创意。

2. 色彩要求：新颖而赏心悦目。

3. 造型要求：符合东方式篮花的造型要求。

4. 固定要求：整体作品固定牢固，花形不变。

5. 整洁要求：作品完成后操作场地整理干净，保证每枝花都能吸到水。

6. 合作要求：与其他同学共同合作良好。

提交实训报告

内容包括：对东方式篮花插作全过程进行分析、比较和总结。

实践训练 28 东方式盆花插作实训

目的要求

为了更好地掌握东方式盆花插作要点，通过东方式盆花的插作实践，学生理解东方式盆花的构图要求，了解东方式盆花插作的基本创作过程，掌握东方式盆花的制作技巧、花材处理技巧、花材固定技巧。在老师的指导下完成一件东方式盆花插花作品。

材料准备

1. 花材：创作所需的时令花材。包括：线条花，如红瑞木、龙柳、竹子、桂花枝条、杜鹃枝条、鹤望兰等；焦点花，如百合、菊花、月季、非洲菊、牡丹、芍药等团状花；补充花，如小菊、补血草、多头月季等散状花；叶材，如肾蕨、龟背叶等。

2. 花器：仿古瓷花盆。

3. 辅助材料：剑山、绿铅丝等。

4. 插花工具：剪刀、美工刀等。

操作方法

1. 教师示范：

步骤一：利用线条花在剑山上按起把宜紧、高低错落的要求把枝条、线条花依次插入。

步骤二：将焦点花插在剑山上。

步骤三：将补充花按照盆口宜清的要求依次插入。

步骤四：依次插入叶材并整理等。

2. 学生分组模仿训练：按操作顺序进行插作。

评价标准

1. 构思要求：独特有创意。

2. 色彩要求：新颖而赏心悦目。

3. 造型要求：符合东方式盆花的造型要求。

4. 固定要求：整体作品固定牢固，花形不变。

5. 整洁要求：作品完成后操作场地整理干净，保证每枝花都能吸到水。

6. 合作要求：与其他同学共同合作良好。

提交实训报告

内容包括：对东方式盆花插作全过程进行分析、比较和总结。

实践训练 29 东方式瓶花插作实训

目的要求

为了更好地掌握东方式瓶花插作要点，通过东方式瓶花的插作实践，学生理解东方式瓶花的构图要求，了解东方式瓶花插作的基本创作过程，掌握东方式瓶花的制作技巧、花材处理技巧、花材固定技巧。在老师的指导下完成一件东方式瓶花插花作品。

材料准备

1. 花材：创作所需的时令花材。包括：线条花，如红瑞木、龙柳、竹子、桂花枝条、石榴枝条、松树枝条、杜鹃枝条、鹤望兰等；焦点花，如百合、菊花、月季、非洲菊、牡丹、芍药等团状花；补充花，如小菊、补血草、多头月季等散状花；叶材，如肾蕨、龟背叶等。

2. 花器：仿古瓷瓶。

3. 辅助材料：绿铅丝等。

4. 插花工具：剪刀、美工刀等。

操作方法

1. 教师示范［图3-125（a～d）］：

步骤一：利用木本枝条在瓶口做一个"撒"。根据瓶口大小可做成"Y"形、"十"字形、"井"字形，用以固定花材。

步骤二：将木本枝条经过修剪按起把宜紧、高低错落的要求插在瓶口。

步骤三：将焦点花插在瓶口，靠"撒"固定。

步骤四：将补充花按照瓶口宜清的要求依次插入。

步骤五：依次插入叶材并整理等。

2. 学生分组模仿训练：按操作顺序进行插作。

评价标准

1. 构思要求：独特有创意。
2. 色彩要求：新颖而赏心悦目。
3. 造型要求：符合东方式瓶花的造型要求。
4. 固定要求：整体作品固定牢固，花形不变。
5. 整洁要求：作品完成后操作场地整理干净，保证每枝花都能吸到水。

6. 合作要求：对东方式瓶花插作全过程进行分析、比较和总结。

提交实训报告

内容包括：对东方式盆花插作全过程进行分析、比较和总结。

（a）

（b）

（c）

（d）

图3-125 东方式花瓶实训步骤

实践训练 30 中式餐桌花插作实训

目的要求

为了更好地掌握中式餐桌花插作要点，通过中式餐桌花的插作实践，学生理解中式餐桌花的构图要求，了解中式餐桌花插作的基本创作过程，掌握中式餐桌花的制作技巧、花材处理技巧、花材固定技巧。在老师的指导下完成一件中式餐桌花作品。

材料准备

1. 花材：创作所需的时令花材。包括：线条花，如龙柳、菖兰、马蹄莲、鹤望兰等；焦点花，如百合、菊花、月季、非洲菊、牡丹、芍药等团状花；补充花，如小菊、补血草、多头月季等散状花；叶材，如肾蕨、蓬莱松、悦景山草等。
2. 花器：高脚塑料花器。
3. 辅助材料：绿铅丝、花泥等。
4. 插花工具：剪刀、美工刀等。

操作方法

1. 教师示范：
步骤一：利用线条花形成一个圆形并稍有下垂的构图。
步骤二：根据高低错落、上散下聚的原则插入焦点花。
步骤三：将补充花根据虚实对比的原则插入焦点花和框架周围。
步骤四：依次插入叶材并整理等。
2. 学生分组模仿训练：按操作顺序进行插作。

评价标准

1. 构思要求：独特有创意。
2. 色彩要求：新颖而赏心悦目。
3. 造型要求：符合中式餐桌花的造型要求，要留有空间有利客人交流。
4. 固定要求：整体作品固定牢固，花形不变。
5. 整洁要求：作品完成后操作场地整理干净，保证每枝花都能吸到水。
6. 合作要求：与其他同学共同合作良好。

提交实训报告

内容包括：对中式餐桌花插作全过程进行分析、比较和总结。

实践训练 31 西式餐桌花插作实训

目的要求

为了更好地掌握西式餐桌花插作要点，通过西式餐桌花的插作实践，学生理解西式餐桌花的构图要求，了解西式餐桌花插作的基本创作过程，掌握西式餐桌花的制作技巧、花材处理技巧、花材固定技巧。在老师的指导下完成一件西式餐桌花插花作品。

材料准备

1. 花材：创作所需的时令花材。包括：线条花，如马蹄莲、菖兰、蛇鞭菊、鹤望兰等；焦点花，如百合、菊花、月季、非洲菊、掌类等团状花；补充花，如桔梗、小菊、补血草、多头月季等散状花；叶材，如肾蕨、龟背叶等。
2. 花器：塑料针盆。
3. 辅助材料：绿铅丝、花泥等。
4. 插花工具：剪刀、美工刀等。

操作方法

1. 教师示范：
步骤一：利用线条花在花泥上插制一个椭圆形

的架构。

步骤二：将焦点花根据疏密变化的原则在平面方向插在中间。

步骤三：将补充花按照虚实结合的原则插在焦点花和框架之间。

步骤四：依次插入叶材并整理等。

2.学生分组模仿训练：按操作顺序进行插作。

评价标准

1.构思要求：独特有创意。

2.色彩要求：新颖而赏心悦目。

3.造型要求：符合西式餐桌花的造型要求，高度不能太高，以平卧式为主。

4.固定要求：整体作品固定牢固，花形不变。

5.整洁要求：作品完成后操作场地整理干净，保证每枝花都能吸到水。

6.合作要求：与其他同学共同合作良好。

提交实训报告

内容包括：对西式餐桌花插作全过程进行分析、比较和总结。

综合训练

宾馆场景花卉装饰

目的要求

为了更好地掌握室内花卉装饰的要点，通过宾馆场景花卉装饰的实践，学生理解宾馆场景花卉装饰的具体要求，了解宾馆场景花卉装饰的基本创作过程，掌握宾馆场景花卉装饰的布置技巧。在老师的指导下完成一个宾馆场景花卉装饰。

场地准备

1.每组30m²左右空间，可在花艺实训室或教室进行。

2.每组双人课桌6个。

材料准备

1.容器：各式花瓶、花盆。

2.花材：创作所需的时令花材。包括：线条花，如鸢尾、蛇鞭菊、菖兰、马蹄莲、散尾葵、银柳、迎春枝条等；焦点花，如百合、菊花、月季、非洲菊等团状花；补充花，如小菊、补血草、霞草（满天星）等散状花；叶材，如龟背、肾蕨、悦景山草等；蔬菜水果，如茄子、红黄绿各色辣椒、长豆荚、葡萄、火龙果、香蕉等。

3.固定材料：花泥。

4.辅助材料：绿铁丝、绿胶布等。

5.插花工具：剪刀、美工刀等。

操作方法

1.将学生分成10人一组，将6个课桌组成大堂、餐厅、客房、咖啡厅、宴会厅等场景。

2.根据前面的要求让学生插作各种符合宾馆艺术插花要求的插花作品进行布置。

3.分组讲述宾馆插花的主要手法、特点以及创作思想。

4.教师进行评价，根据每位学生的表现进行打分。

5.可以各组交叉评价、互相交流。

评价标准

1.构思要求：独特有创意。

2.色彩要求：新颖而赏心悦目。

3.造型要求：符合宾馆场景花卉装饰的造型要求，整体协调，重点突出。

4.固定要求：整体作品及花材固定均要求牢固。

5.整洁要求：场景布置完成后操作场地整理干净，保证每一朵花材都能浸到水。

6.合作要求：与其他同学共同合作良好。

提交综合场景实践报告

内容包括：对宾馆场景花卉装饰布置全过程进行分析、比较和总结。

班　级		指导教师		组　长	
参加组员					

主题：

所用主要色彩：

所用花材：

所用插花形式：

创作思想：

小组自我评价：	○ 好	○ 较好	○ 一般	○ 较差
小组互相评价：	○ 好	○ 较好	○ 一般	○ 较差

教师评语：

―――― 相关链接 ☞ ――――

王绍仪.2005.宾馆酒店花艺设计.北京：中国林业出版社.

══════ 思考题 ══════

1. 简述插花的步骤。
2. 立意构思有哪几种方式？
3. 列举5种可用作线条花的花卉种类。
4. 列举5种可用作焦点花的花卉种类。
5. 列举5种可用作补充花的花卉种类。
6. 列举5种可用作叶材的花卉种类。
7. 中国插花艺术发展分成哪几个历史阶段？各有什么特点？
8. 什么是中国传统插花的六大器型花？
9. 根据创作者的创作思想可将中国传统插花分成哪几类？各有什么特点？
10. 日本插花有哪些基本形式？简述立华和生花的造型特点。
11. 日本插花艺术发展分成哪几个阶段？各有何特点？
12. 宾馆花卉装饰的基本要点有哪些？
13. 简述中国插花艺术的风格与特点。
14. 简述东方式插花的表现技法。
15. 一般插花形式的三主枝长度计算法是什么？

3.3 商业花卉装饰

【教学目标】
1. 了解商业花卉装饰的基本形式。
2. 了解商业花卉装饰的基本要点。
3. 掌握插花礼盒、商品花饰的制作技巧。

【技能要求】
1. 会制作插花礼盒、商品花饰作品。
2. 会布置商业场景花卉装饰。

案例导入

吴晓梅同学的表姐开了一家小型文具店,马上要开张了,晓梅想利用所学知识对她表姐的商业场所进行花卉装饰,还准备开发一些新的营销理念,使表姐的商店能生意兴隆。于是她找同学一起商量,看如何才能达到既美观又能吸引顾客的注意。大家分组并实地考察了相关商业花卉布置实例,并查阅资料,忙着讨论布置方案。

分组讨论:

1. 想想有哪些地方可以进行花卉装饰布置?

序号	花卉装饰位置(如柜台、橱窗、店堂、商品包装,等等)	花卉装饰形式	注意事项	自我评价
1				
2				
3				
4				
5				
6				
备注	自我评价按准确★、基本准确▲、不准确●的符号填入			

2. 如果你是吴晓梅的表姐,你觉得哪些布置最满意?为什么?

我认为最满意的布置:

3.3.1 商业花卉装饰的基本形式

商业花卉装饰的基本形式主要有插花和盆栽等,以插花形式居多。一般选用现代艺术插花形式,根据商业场所的具体条件布置出新颖、热烈、欢庆、迎客的氛围,目的是吸引客人进商场,并在商场内逗留更多的时间,以创造更多的购物可能,使商场获得更大的利益。因此在商场花卉装饰中,主要考虑客人最可能通过和聚集的地方,以吸引客人的目光。如商场大厅、柜台、商场大门、橱窗以及对商品的花艺包装。

3.3.2 商业花卉装饰布置要点

商务环境总体上是指进行商务经济活动的场所,包括商场、公司、宾馆等环境。

现代化的大型商场,其内部陈设豪华气派。为了营造更优质、舒适、温馨的购物环境,满足个性化的需求,更需在花艺布置上不遗余力。商场的花艺作品多采用仿真花或干燥花,主要有大堂花艺、橱窗花艺、门厅花艺、商品花艺及一些环境中的花艺等。商场花艺的特点是配合商品和环境的特质,淡化商业气息,更好地突出商品的特质和艺术美。

大堂(中庭)花艺设计 大型商场、宾馆、机场、博物馆、机关等建筑都设计有高大宽敞的大堂。大堂的布置应考虑到不同的功能要求和各种节日活动的喜庆气氛的营造。在设计上要因地制宜。如有的大堂设有服务台、吧台、休息区、电梯等,布置植物要既有区分区域或隔断的功能,又有过渡和引伸空间的作用。

大型商场有高大的空间宽敞的大堂,应用大型的组合式的花艺作主景,使之形成热烈的气氛[图3-126(a)];还可选用一些装饰物加以点缀,形成"大吉大利"、"招财进宝"的寓意,商家认为会招来好运。

有的大堂中央有一空间,也专门用来插花,可以插制一些新颖奇特、四面观赏的大中型花艺作品[图3-126(b)]。

门厅(转门中央)花艺设计 门厅是由台阶、门廊组成,起空间过渡、人流集散的作用,是室外通往室内的必经之路;转门是人们进出的视觉焦点所在(图3-127)。在进行花艺布置时要考虑出入的正常功能和从外到内的空间流动感。

(a)大堂中庭花艺设计

(b)大堂插花

图3-126 大堂花艺设计

图3-127 旋转门花艺设计

门厅的布置大多以空间大小、开敞的多少来进行装饰。空间较大、开敞多的用对称的规则布局法，形成视觉中心；空间不大的门厅，则在两侧周边做布置。较高的门厅可用壁挂式花艺作品，增加空间层次。门厅入口处在作大型活动展览或庆典时可做花门装饰，以突出热烈的气氛。花门可选用一些铁质的构架，然后加以花艺布置。色彩要艳丽、明快，花卉的色彩与墙面环境既要有对比又要有和谐统一。一般浅色的墙面用深色的花卉、深色的墙面用浅色的花艺布置。

图3—128　橱窗花艺布置　作者：项一鸣

橱窗花艺设计　大型橱窗花艺是将商品融入表现主题之中。小型的橱窗花艺则是以商品为主，花艺适当点缀衬托（图3-128）。

商品花艺设计　商品花艺则是最直接表现商品，放置地方和表现形式灵活多样，有瓶、盆插花和壁饰等（图3-129）。

其他　在商场的壁龛、休息等处也装饰有花艺作品，用以点缀空间，烘托气氛。

3.3.3　插花礼盒、商品花饰的制作技巧

插花礼盒的制作技巧　插花作品由于其形式多样，形状各异，一般不太好进行包装。而插花礼盒就将插花和便于携带的礼盒结合起来，形成一种新的插花形式。

插花礼盒的制作首先要选用合适的礼盒，礼盒的形状可以是心形的、圆形的、方形的；盒盖可以是密闭的也可以是透明的。色彩有多种多样，有单色的也有带有花色的；材质可以是纸质的也可以是塑料的。选用何种礼盒，关键是要根据礼盒受用人的喜好和送人的目的需要。如送青年人，可以选用色彩鲜艳的，送情人的可以选用心形的，送老年人可以选用色彩淡雅的方形的，送生日的可以选用圆形的等。其次选择花材也要注意不仅是色彩要与礼盒的颜色相配，而且也要选择焦点花、补充花和线条花等花材，焦点花可以根据礼盒的大小选择花朵大小与之相配的花材，如大的礼盒可以选择百合等大朵花，较小的礼盒可以选用月季等中小型花朵，更小的礼盒可以选择多头月季等小型花；补充花可以选择霞草、补血草等散状花；线条花可以选择刚草、熊草等纤细的花材。礼盒插花还可用一些小果实加以装饰，如金丝桃红果、火棘果等，还可以选用一些装饰带、珍珠、玻璃珠子、玩偶等进行装饰，增强礼

图3—129　商品花艺布置
作者：项一鸣

图3-130 插花礼盒

盒的装饰效果（图3-130）。当然礼盒还可以与一些礼品结合，如将一些口红、胸针等礼品放在插花礼盒中，既增大了礼品的规格，也使本来不起眼的礼品增加了浪漫气息。

商品花饰的制作技巧 将商品用花卉进行装饰，可以提升商品的附加值，也可提升商品的审美情趣和体现对受用人的尊重。

商品的花卉装饰首先要对商品进行包装，一般选用手揉纸或其他装饰纸也可选用各种纱进行包装；色彩上一般选用比较鲜艳的。由于是商品，无法采用保水措施，所以可以选用仿真花加以装饰。选用仿真花也是根据插花的原理，可以根据商品的大小选用各式花材，并配以果实、线条以及其他装饰物，以增添商品的艺术性。

实践训练 32 插花礼盒插作实训

目的要求

为了更好地掌握插花礼盒插作要点，通过插花礼盒的插作实践，学生理解插花礼盒的构图要求，了解插花礼盒插作的基本创作过程，掌握插花礼盒的制作技巧、花材处理技巧、花材固定技巧。在老师的指导下完成一件插花礼盒（图3-131）。

材料准备

1. 花材：创作所需的时令花材。包括：线条花，如刚草、熊草等；焦点花，如月季、桔梗等团状花；补充花，如霞草、补血草等散状花；叶材，如蓬莱松、悦景山草等。

2. 花器：心形纸质礼盒。

3. 辅助材料：绿铅丝、人造珍珠或玻璃珠、缎带等。

4. 固定材料：花泥。

5. 插花工具：剪刀、美工刀等。

操作方法

1. 教师示范：

步骤一：在礼盒底部铺上一层约2cm厚的花泥。

步骤二：将焦点花根据疏密变化的原则平铺插在花泥上。

步骤三：将补充花按照虚实结合的原则插在焦点花之间。

步骤四：将线条花按照弧线形式插在礼盒中。

图3-131 插花礼盒

步骤五：依次插入叶材并放入相应的装饰物。

步骤六：在盒盖上打上装饰花球，整理并盖上盒盖。

2. 学生分组模仿训练：按操作顺序进行插作。

评价标准

1. 构思要求：独特有创意。

2. 色彩要求：新颖而赏心悦目。

3. 造型要求：符合插花礼盒的造型要求。

4. 固定要求：整体作品固定牢固，花形不变。

5. 整洁要求：作品完成后操作场地整理干净，保证每枝花都能吸到水。

6. 合作要求：与其他同学共同合作良好。

提交实训报告

内容包括：对插花礼盒插作全过程进行分析、比较和总结。

实践训练 33 商品花饰插作实训

目的要求

为了更好地掌握商品花饰插作要点，通过商品花饰的制作实践，学生理解商品花饰的构图要求，了解商品花饰制作的基本创作过程，掌握商品花饰的制作技巧、花材处理技巧、花材固定技巧。在老师的指导下完成一件商品花饰（图3-132）。

材料准备

1. 花材：创作所需的仿真花材。包括：线条花，如常春藤、彩色铝丝等；焦点花，如月季、桔梗、郁金香等团状花；补充花，如霞草、补血草等散状花。

2. 辅助材料：包装网纱、书本、热胶枪、人造珍珠或玻璃珠、缎带等。

3. 插花工具：剪刀、美工刀等。

操作方法

1. 教师示范：

步骤一：用包装网纱将书本进行包装，并用装饰缎带加以装饰。

步骤二：将焦点花根据疏密变化的原则用热胶枪固定在网纱上。

步骤三：将补充花按照虚实结合的原则固定在焦点花周围。

步骤四：将线条花固定在焦点花周围。

图3-132 商品花饰

步骤五：最后加入装饰的珠子。

2. 学生分组模仿训练：按操作顺序进行插作。

评价标准

1. 构思要求：独特有创意。
2. 色彩要求：新颖而赏心悦目。
3. 造型要求：符合商品花饰的造型要求。
4. 固定要求：整体作品固定牢固，花形不变。
5. 整洁要求：作品完成后操作场地整理干净。
6. 合作要求：与其他同学共同合作良好。

提交实训报告

内容包括：对商品花饰制作全过程进行分析、比较和总结。

综合训练

商业场景花卉装饰

目的要求

为了更好地掌握商业场景花卉装饰的要点，通过商业场景花卉装饰的实践，使学生理解商业场景花卉装饰的具体要求，了解商业场景花卉装饰的基本创作过程，掌握商业场景花卉装饰的布置技巧。在老师的指导下完成一个商业场景花卉装饰。

场地准备

1. 每组30m²左右空间，可在花艺实训室或教室进行。

2. 每组一个商场大厅的模拟空间。

材料准备

1. 花材：创作所需的仿真花材。包括：线条花，如鸢尾、菖兰、马蹄莲、银柳、迎春枝条等；焦点花，如百合、菊花、月季、非洲菊等团状花；补充花，如小菊、补血草、霞草（满天星）等散状花；叶材，如龟背、肾蕨、悦景山草等。

2. 固定材料：双面胶、热胶枪、塑料泡沫、干花泥等。

3. 辅助材料：缎带、各式装饰珠、各色铝丝等。

4. 插花工具：弹簧剪刀、美工刀等。

操作方法

1. 将学生分成10人一组，将课桌分割成商场大厅的场景。

2. 根据前面的要求让学生用插花形式创作春节商场大厅的花卉装饰布置。

3. 分组讲述商场大厅插花的主要手法、特点以及创作思想。

4. 教师进行评价，根据每位学生的表现进行打分。

5. 可以各组交叉评价、互相交流。

评价标准

1. 构思要求：独特有创意。

2. 色彩要求：新颖而赏心悦目。

3. 造型要求：符合商场场景花卉装饰的造型要求，整体协调，重点突出。

4. 固定要求：整体作品及花材固定均要求牢固。

5. 整洁要求：场景布置完成后操作场地整理干净。

6. 合作要求：与其他同学共同合作良好。

提交综合场景实践报告

内容包括：对商场场景花卉装饰布置全过程进行分析、比较和总结。

班　级		指导教师		组　长	
参加组员					

主题：

所用主要色彩：

所用花材：

所用插花形式：

创作思想：

小组自我评价：	○ 好	○ 较好	○ 一般	○ 较差
小组互相评价：	○ 好	○ 较好	○ 一般	○ 较差
教师评语：				

思考题

1. 商业花卉装饰的基本形式是什么？

2. 商场环境花艺设计的要点是什么？

3. 门厅（转门中央）花艺设计应注意哪些要点？

4. 插花礼盒的制作技巧有哪些？

5. 送老人的插花礼盒应注意哪些问题？

6. 商品花饰制作技巧有哪些？

3.4 公务花卉装饰

【教学目标】

1. 了解学习插花的方法。
2. 了解公务花卉装饰的基本形式。
3. 了解公务花卉装饰的基本要点。
4. 掌握毕德迈尔设计的制作技巧。

【技能要求】

1. 会制作毕德迈尔设计插花作品。
2. 会布置公务场景花卉装饰。

案例导入

学校马上要迎接市教委的教学质量评估,全校师生都忙着准备。学校办公室负责接待评估组专家,正为会议准备忙得不亦乐乎。会议场地的花卉装饰任务就交给了同学们去完成,一方面给同学们一个实习的机会,另一方面也是给教委专家展示花卉装饰技艺专业的教学成果。同学们马上行动起来,大家分组查阅资料,积极地讨论布置方案。

分组讨论:

1. 想想有哪些地方可以进行花卉装饰布置?

序 号	花卉装饰位置(如会议桌、讲台,等等)	花卉装饰形式	注意事项	自我评价
1				
2				
3				
4				
5				
6				
备注	自我评价按准确★、基本准确▲、不准确●的符号填入			

2. 如果你是学校办公室主任,你觉得哪些布置最满意?为什么?

我认为最满意的布置:

3.4.1 学习插花的方法

学习插花艺术同学习书法、绘画、盆景、雕塑等艺术学科一样，有一定的方法、规律和技巧，只有了解了正确的学习方法，掌握理论基础，多实践、多练习，善于总结，才能产生事半功倍的效果。

1. 提高认识，加强学习

理论水平的提高是最根本的提高，学习插花艺术必须与全面发展的理论紧密联系。插花艺术有基本理论、基本操作规律，更重要的是插花艺术是一门多学科的互相融合的综合艺术。涉及的知识面比较广，既有自然科学的知识，如园林植物学、花卉学等，又有人文科学的学问，如文学、社会学、美学等，还含有丰富的生活体验。学习插花艺术除了要掌握插花的专业知识、技巧和理论之外，还应当努力扩大知识面，学习与插花密切的相关知识，借鉴其他学科的原理与优势，不断丰富自己的文化素养，才能开阔思路，丰富创作灵感，能应用插花艺术技巧，将花材加以概括凝练，使之上升为艺术品。

（1）插花艺术与自然科学

插花艺术与自然科学中的园林植物学、花卉学等学科有密切的联系。插花艺术所用的主要花材的名称、形态特征、生物学特性、生态学特性、繁殖方法、栽培特点和应用等插花创作中的物质基础和依据都是这些学科的主要研究内容。要表现插花创作的形式美与意境美，首先要了解花材的特性，正确地选用花材，将它们最美的部位、姿容及最佳的观赏期及时、准确、充分地展现出来，传递出每种花材的神韵和动态美，以花传情、以花寓意、表达思想，再现大自然的美和生活美。

（2）插花艺术与艺术类学科

插花艺术与艺术类学科中的绘画、雕塑、装饰设计、盆景艺术等学科有密切的联系，都是通过线条、色彩等手段来创造形象，以具体的优美造型表达创作主题的思想情感和审美感受的。它们有共同的美学原则、艺术语言和艺术追求，又各有特色。

与绘画的关系　中国历代许多著名画家都曾为中国传统插花艺术理论的发展做出过重要贡献。齐高帝时期（479～502）著名大画家谢赫的《古画品录》是我国绘画史上第一部完整的绘画理论著作，他倡导的绘画"六法论"（即气韵生动、骨法用笔、应物象形、随类赋彩、经营位置、传模移写）是指导后世各派绘画发展的基本原则。北宋初期的"翰林图画院"注重写实、造型严谨工致、赋色浓丽的"院体画"，直接培育了当时插花的"院体画"形式。此外在文人画、民间画、中国花鸟画、写意画等的影响下，插花形式得到进一步的丰富，如宋、明时期的"理念花"，元、清的"心象花"，脱俗雅致的文人插花和喜气热闹的民间插花等。近代的"插画"式正是将中国的花鸟画用植物材料表现于容器中，而被誉为"立体的画"。由此可见，应用画理，立体地展现出鲜活生命的形象，使插花更具雕塑味，又比雕塑更富有生命感。

插花艺术在创作法则、造型理论和技巧上都继承和借鉴了中国画的优良传统。关于形式美的法则（指构成事物形象的物质材料的自然属性及它们的组合规律）如整齐一律、多样统一等既是一切绘画创作所必须具备的，也是插花艺术一直强调的。

中国古代的许多绘画、评画的画论，如"六法论"、"师造化论"等，也是中国传统插花的理论基础。绘画与插花在立意方式、章法（布局）、形神兼备（立意又立形）、装饰等方面都有异曲同工之妙。仅就造型技巧而言，绘画讲究用笔、墨、色彩、水、纸，插花讲究用瓶（盆等）、色彩、配件；绘画注重点、线、面的组合运用，插花讲究花、枝、叶的造型加工；绘画讲究装帧陈设，插花讲究装饰和保鲜。

插花艺术无论是构思、造型或色彩，都遵循一定的绘画的原理和法则。线条和色彩在插花艺术作品中的应用，强调花枝组合和色彩搭配的互相变化与统一、协调与对比以及动势与均衡的表现关系，都与绘画有密切的联系。学习插花艺术，掌握一些相关的绘画、造型、设计的知识和理论是十分必要的。初学者进行插花构图时能用绘画的方法，将造型先画出来再插作，能更好地把握花枝与造型之间的协调关系。学习色彩的基本知识，了解色相间的各种特性、感觉掌握色彩搭配的方法和原则，因此在某种意义上说，插花是富有生命的、立体的画。

与雕塑、书法、音乐的关系　雕塑是用非生命的材料塑型，插花则以有生命的花材造型，既相关又有区别，插花容器、配件中许多本身就是工艺美术品，成为陪衬、点题的重要组成部分；书法上讲究骨法用笔，插花将骨法应用于线条造型；插花配色中的主色调、调和色好比音乐中的主旋律、协奏曲，插花是凭视觉欣赏，音乐则是以听觉欣赏。

（3）插花艺术与诗歌

诗歌是一种抒情性表现艺术，营造意境、追求情景的交融。插花艺术尤其是中国式插花艺术受诗歌的影响更为深远。真可谓"中国所有的艺术都和诗歌艺术有着千丝万缕的联系"。中国传统式的插花讲究通过花材形、姿、色等自然美和象征意义来表现意境美和精神美，这种感受、追求意境的过程与诗歌中抒情、追求情景的交融互渗、浑然一体的艺术境界是分不开的。诗歌所富有的丰富而大胆的想象力，高度的凝练性以及强烈的韵律感，以花明志、借物咏情等，都是插花者应该认真学习和借鉴的。

中国的文人插花，讲究情趣、雅致，在当时具有世界先进水平。历代的文人墨客常常身兼插花作品的创作者与品评者两种角色。南北朝时期的李后主，以文采留名，他在《虞美人》中："春花秋月何时了，往事知多少。小楼昨夜又东风，故国不堪回首月明中。雕栏玉砌应犹在，只是朱颜改。问君能有几多愁，恰似一江春水向东流。"倾倒了无数后人，同时他又是一个插花艺术大家。他奖励绘画、提倡插花，举办了世界上第一个插花展，曰"锦洞天"，成为中国传统插花的一大特色。明代万历年间袁宏道所著的《瓶史》影响极为深广，其系统性和理论的精辟不仅是中国传统插花的精髓，还备受日本插花界的推崇，并发展为颇有声望的"宏道流"插花艺术流派。

此外，古人借花言志留下的名诗名句，已成为现今作品命题、欣赏的重要方式之一。如松、竹、梅喻为"岁寒三友"，梅、兰、竹、菊为"四君子"。上海插花艺术研究会的一些命题作品值得我们借鉴，如《金灯破晓》作品（图3-133）选用

图3-133　《金灯破晓》
作者：蔡仲娟

了一只质地淳朴、庄重典雅的黑瓷花盆，形似灯台，几枝大花萱草宛若油灯上的簇簇火苗，仿佛唐人孟郊一首词中的诗情写照："慈母手中线，游子身上衣，临行密密缝，意恐迟迟归"。是慈母在连夜赶缝？还是勤子在挑灯夜读？令人回味。又如作品《古藤·流水·人家》（图3-134）表现了"枯藤老树昏鸦，小桥流水人家，古道西风瘦马，夕阳西下，断肠人在天涯"诗情画意。用紫藤、枯藤代表古藤的意境，用竹桶代表流水，用紫砂茶壶代表人家，通过组景表达创作思想。其他如《金凤玉露》、《汲水归来》、《牧归》、《春眠不觉晓》等，无不在作品中溶入诗情画意。诗文用文字描景移情，插花用多姿的造型移情，插花艺术是无声的诗。

图3-134　《古藤·流水·人家》　作者：朱迎迎

（4）插花艺术与园林艺术

中国插花崇尚自然，以形传神，巧于因借，以情驭景，而中国园林艺术师法自然，以园寓教、托景言志、游尽意在，两者同似《园冶》所述"虽由人作，宛若天开"。

二者在对植物材料的欣赏上也是相通的。比如插花和园林都讲究"花木情缘易逗"，用"红衣新浴，碧玉轻敲"比喻荷花的形象，用"出淤泥而不染"比喻荷花的性格。将枫林秋色喻为"醉颜丹枫"。再如，"玩艺兰则爱德行，睹松竹则思贞操，临清流则贵廉洁，览蔓草则贱贪秽"（康熙《避暑山庄记》），这些均为园林与插花在素材选用、欣赏上千丝万缕、一脉相承的共性反映。

插花艺术和园林艺术都强调艺术的整体性与综合性，都是自然美、艺术美、社会美的结合与统一。

通过以上几个方面的介绍，学习插花艺术不是简单地就事论事，也不是一般的操作活动，必须广泛地学习相关的科学文化知识，努力提高自己的文化素养，丰富精神世界，培养高格调的情趣，以自身的艺术底蕴通过作品感染大众。

2. 勤于实践、融会贯通

理论与实践相结合，讲究实际效果，在实践中积累知识，培养分析问题和解决问题的能力。只看不做如纸上谈兵，不能学到真正的知识。很多有成就的书画家，他们都是从临摹起步的。初学习插花艺术者可选择一些简单、典型的插花艺术作品来模仿制作是很有必要的，能把初学的理论知识应用到实践中去，加深对理论知识的理解，为以后的学习打下坚实的基础。

初学模仿制作插花作品时，有条件的应选择与之相同的花器和材料，尽量按照尺度、构图、配色模仿。在制作过程中，要认真分析，力图掌握构图、配色特点以及分析理解其主题和表现手法。练习数次以后，可循序渐进，由简单到复杂地选择一些优秀的作品模仿，这时不必一成不变地照搬，可以有一些与原作品不同的改进。如换花器、改变部分花材等。要尽可能多地参与插花实践、认真做实验、认真参加实习，多看、多练习、多积累是提高插花艺术水平最重要的环节。当积累了一定的插花经验以后，必须有针对性地利用现有的条件，如现有花材、身边的人和事、生活中的美感体验等通过插花艺术作品来试着表现。实现制作插花艺术作品的从模仿到创作的飞跃。

3. 善于总结、提高技艺

每次插花实验、实习结束以后，自己应该认真检查分析，对插花操作不满意之处进行整改并总结经验和吸取教训。在制作插花作品的过程中，同一花材的处理、插入位置、摆放角度都可以预先做尝试性的调整，确定最佳状态后再进行固定。自己对自己做的插花作品提意见、请别人提出批评意见，发现有不妥之处及时调整。不断学习，积极进取，积累丰富经验，不断取得新的进步。

3.4.2　公务花卉装饰的基本形式

公务花卉装饰的基本形式有插花、盆栽摆花等形式。办公场所的插花形式一般选用现代插花形式，色彩上以宁静雅致为主，有利于工作人员的注意力集中，既美化环境又提高工作效率。会议插花在色彩选用上一般根据会议的主题来选择，如表彰会色彩可以热烈鲜艳，可以多选用一些形式多样的插花作品；而报告会则可以选用严肃淡雅一些，可以多配一些观叶植物盆栽布置。会议桌的布置可以选用毕德迈尔设计（图案设计）花艺作品，因为这样的设计比较低矮，可以显露出席牌，有利于会议的开展和交流。

3.4.3　公务花卉装饰布置要点

1. 会场花卉装饰布置

主要布置有会场入口布置如花门、会标花牌、进入主会场过道的花钵或花景等；主会场布置包括主体花艺作品，如主席台布置、圆桌中央区布置、发言席布置等；出席人员花饰有根据出席人员的重要性设计的不同类型的花饰如胸花、手花等。

会场是指会议的场地。会议有大、中、小，故会场也有大、中、小之分。所以会场的布置要根据会议的大小、性质来布置。

圆桌会议会场布置　圆桌会议的会场布置重点是圆桌的中心场地，其次是会议桌的布置。中心场地可以用大堆头式的西方花艺布置。这种布置方式不但充实空间，缩短了人与人之间的距离，还可活跃气氛，使人宛若置身于生机勃勃的自然之中（图3-135）。

图3-135　会场花艺布置

长桌会议会场布置　长桌会议的会场布置重点是主宾位置和发言席的花艺作品布置。长桌会议有时也会排列成椭圆形，中间留有低于台面的花槽，可以在花槽进行插花布置，要注意的是花艺作品高度不能太高，以免影响视线（图3-136）。

图3-136　会议长桌花艺布置
作者：易伟

接待室（会谈会场）花艺布置　会谈会场一般参加人员层次较高，以沙发和茶几为主布置。花艺作品一般布置在二个沙发间的茶几上，可根据会场空间的大小来决定花艺作品的大小。以会场的环境风格来决定花艺作品的风格，使花艺作品与环境以及会议的规格相一致（图3-137）。

图3-137　会谈会场花艺设计

会议标题的花艺布置　大型会议的会议标题可以根据毕德迈尔设计用花卉把标题插制出来，以显示会议的隆重、壮观和热烈的气氛（图3-138）。

发言席布置　发言席是主席台上的独立讲台，可用鲜花作弯月形或下垂形的花艺设计。如是在地上发言，那就要铺上红地毯并进行花艺设计（图3-139）。

出席会议嘉宾胸花设计　嘉宾的胸花要体现庄重，便于佩戴。如出席娱乐界的聚会胸花可以制作地夸张和时尚一些，可以用一些羽毛、亮珠、各色缎带进行装饰，在手法上也可更前卫一些。

剪彩花艺设计　如果会议是以庆典或开张为内容的，就要安排剪彩仪式。那就要有剪彩的花艺布置，如托盘的花艺处理、剪刀的花艺处理、花球的处理等；如果是揭牌，就要根据揭牌的要求进行花艺布置（图3-140）。

图3-138　会标花艺布置　　　图3-139　发言席花艺布置　　　图3-140　剪彩花球

2. 办公区域花卉装饰布置

在日益重视环境质量的现代生活中，公共环境和办公环境的美化代表着城市和单位的文明水平，与每一个员工息息相关。在由钢筋水泥制造的雄伟的建筑环境中，引进具有生命力的以绿色为主的花艺作品，通过精巧的构思、艺术的造型、色彩的搭配，让绿色和花卉达到一种自然、和谐、生动的境界，为工作和学习环境创造宁静、舒适的气氛。

（1）工作台花艺布置

在工作台上的电脑旁边放几件小型作品，实在赏心悦目。它们祥和、生动的姿态可以激发灵感、活跃思维。由于绿色是中性色调，凝视绿叶可以使人更能全神贯注地思考问题。当眼睛注视着花朵，大脑就会忽略周围其他事物而专注于花的纯美及色彩的艳丽，这样就能思路清晰，充分拓展思维专心工作。不要做过多的搭配装饰，只要这份绿色就够了。作品线条要流畅、造型要简洁，有利于修身养性而不至于转移注意力（图3-141）。

图3-141　工作台花艺布置

（2）公司前台花艺布置

公司前台是公司的形象所在，一般公司的标志也在前台充分展示。因此前台的花艺布置强调新颖、别致、吸引注意力。如果将公司形象和公司文化能结合到花艺设计中去就是一件很好的公司前台花艺布置了（图3-142）。

3.4.4　图案造型花艺设计（毕德迈尔设计）

在花艺设计中，毕德迈尔（Biedermeier）设计非常特别，它是唯一对历史的怀念而引发出的设计，也就是说，因受当时风靡欧洲的毕德迈尔艺术影响而产生的设计。毕德迈尔一词源于1815～1848年间的欧洲，人们摒弃巴洛克、洛可可时代的奢华，趋向简朴、务实的生活方式。圆

图3-142　公司前台花艺布置

的、质朴的、简洁的文化特质，反映于建筑、室内装潢、服饰、绘画上，蔚为风潮，成为毕德迈尔设计。毕德迈尔原是巴伐利亚讽刺诗人埃西·路德笔下的一个人物，最早出现在1855年的《飞行快报》上。这个正直而不迂腐、热衷于音乐和诗歌、沉湎小家庭的舒适、不问政治的小鞋铺主人的文学形象，不胫而走，在德国和奥地利的城镇家喻户晓。他的性格称得上是一代人的典型，反映了在当时中欧市民阶层逃避政治、沉醉在个人生活和艺术闲情逸致里的普遍倾向。他的生活逻辑，对自然和华丽细致艺术的无限享受，浪漫而又懒散的处世态度，对苦闷的社会存在诗意美化，恰恰代表了那个时期大众市民的文化情调，所以后人常用他来作为1848年欧洲大革命前后整个文化时代的代名词。

"毕德迈尔"是浪漫的，即使忧伤也是不失风度的。"毕德迈尔文化"充满了优雅的美感和愉悦轻松的精神，可以说是跟当时沉重的现实背道而驰的一种绚丽的假象。在所谓"毕德迈尔风格"的绘画里，处处都是华丽的暖色光调，让人觉得似乎维也纳终年都沐浴在阳光里。其实这个城市的天空每年至少有一半时间都笼罩着厚厚的云层，冬季漫长，常常风雪交加。但这对艺术无关紧要，"毕德迈尔"的艺术表现不是现实，而是幻想。"毕德迈尔"风格的建筑和家具，把这种罗曼蒂克的幻想带进了每个中产阶层市民的庭园。它的崛起，宣告了对百年来贵族社会富丽繁缛的巴洛克风格的一种大众化"革命"，日常生活里的雅致趣味压倒了庄严浮夸的气势和精神膜拜。这种新的设计风格基调明朗，

没有那么多贵重的金色炫耀，突出圆弧形的曲线造型，追求细节和美丽的装饰风味，常用粉红色和其他温和的浅色调组合，创造柔软的色彩印象，渲染舒适温馨的家庭情调。

毕德迈尔花艺设计有环状式、螺旋式、群聚式、线条式、变化式五种形式。

环状式　最传统的"毕德迈尔设计"是用一朵最美丽的花插在圆的中心，其余花材以同心圆的方式环绕排列，成一半球形，在外形上可再演变为较扁的平面形和较高的圆锥形。环状式属于同心圆式的设计，同一环须采用大小相同的花材，环与环的配色要调和。不同花材形成不同的环状，颇有特色（图3-143）。

图3—143　环状式

螺旋式　由花型顶端，以不同的花材，用螺旋方式插作，整个花型至少要有三层的螺旋纹，且每一层都需延续到花器的边缘。插作时最重要的是深色花的两旁要插入浅色花，以突出螺旋纹的效果，也可变化呈放射式螺旋或单面设计螺旋（图3-144）。

群聚式　花材以不同大小的组群分区插作，组与组间应采用不同花型、不同材质的花材，还要顾及色彩的平衡感，用绿叶作为区隔，则花型更加协调优雅（图3-145）。

图3—144　螺旋式

线条式　以花型的中心为主轴，用不同色系、质感的花材，将花型表面分隔成大小相同的扇面，如将一个圆以圆心为中心平均分成若干个相同的扇形。或者设计成不规则的流动感（图3-146）。

变化式　可在正方形、长方形、圆形或不规则的容器中，将花朵、果蔬、叶片或其他异质材料排成花列、图案或不规则的色块，保存毕德迈尔设计的特性。可做成扁平的、圆弧或不规则的各种造型。利用美丽协调的色彩和不同的质感变化，以求设计上最大的视觉效果，可运用在趣味动物造型、花车、商标、蛋糕、餐桌及会场布置等（图3-147）。

图3—145　群聚式

图3—146　线条式

图3—147　变化式

实践训练 34　毕德迈尔设计作品插作实训

目的要求

为了更好地掌握毕德迈尔设计螺旋式作品插作要点，通过毕德迈尔设计螺旋式作品的插作实践，学生理解毕德迈尔设计螺旋式作品的构图要求，了解毕德迈尔设计螺旋式作品插作的基本创作过程，掌握毕德迈尔设计螺旋式作品的制作技巧、花材处理技巧、花材固定技巧。在老师的指导下完成一件毕德迈尔设计螺旋式作品。

材料准备

1. 花材：创作所需的时令花材。包括：线条花，如刚草、熊草等；焦点花，如各色月季、桔梗、各色菊花等团状花；补充花，如霞草、补血草等散状花；叶材，如蓬莱松、悦景山草等。
2. 花器：塑料盆。
3. 辅助材料：绿铅丝。
4. 固定材料：花泥。
5. 插花工具：剪刀、美工刀等。

操作方法

1. 教师示范：

步骤一：首先在塑料盆底部放上高于盆口约2cm厚的花泥。

步骤二：将焦点花根据不同的色彩插出螺旋形。

步骤三：将补充花按照虚实结合的原则插在焦点花之间。

步骤四：将线条花按照弧线形式点缀在作品上。

步骤五：依次插入叶材并整理。

2. 学生分组模仿训练：按操作顺序进行插作。

评价标准

1. 构思要求：独特有创意。
2. 色彩要求：新颖而赏心悦目。
3. 造型要求：符合毕德迈尔设计螺旋式作品的造型要求。
4. 固定要求：整体作品固定牢固，花形不变。
5. 整洁要求：作品完成后操作场地整理干净，保证每枝花都能吸到水。
6. 合作要求：与其他同学共同合作良好。

提交实训报告

内容包括：对毕德迈尔设计螺旋式作品插作全过程进行分析、比较和总结。

综合训练

会议场景花卉装饰

目的要求

为了更好地掌握会议场景花卉装饰的要点，通过会议场景花卉装饰的实践，学生理解会议场景花卉装饰的具体要求，了解会议场景花卉装饰的基本创作过程，掌握会议场景花卉装饰的布置技巧。在老师的指导下完成一个会议场景花卉装饰。

场地准备

1. 每组30m²左右空间，可在花艺实训室或教室进行。
2. 每组一个商场大厅的模拟空间。

材料准备

1. 花材：创作所需的时令花材。包括：线条花，如鸢尾、菖兰、马蹄莲、散尾葵、银柳、迎春枝条、刚草等；焦点花，如百合、菊花、月季、非洲菊、掌类等团状花；补充花，如小菊、补血草、霞草（满天星）等散状花；叶材，如龟背、肾蕨、悦景山草、蓬莱松等。
2. 花器：塑料盆、有吸盘的花泥等。
3. 固定材料：花泥。
4. 辅助材料：绿铅丝等。
5. 插花工具：剪刀、美工刀等。

操作方法

1. 将学生分成10人一组，将课桌组成讲台和会议桌。

2. 根据前面的要求让学生用插花形式创作学校学生表彰大会的讲台以及会议桌的花卉装饰布置。

3. 分组讲述会议场景插花的主要手法、特点以及创作思想。

4. 教师进行评价，根据每位学生的表现进行打分。

5. 可以各组交叉评价、互相交流。

评价标准

1. 构思要求：独特有创意。
2. 色彩要求：新颖而赏心悦目。
3. 造型要求：符合会议场景花卉装饰的造型要求，整体协调，重点突出。
4. 固定要求：整体作品及花材固定均要求牢固，每支花都能吸到水。
5. 整洁要求：场景布置完成后操作场地整理干净。
6. 合作要求：与其他同学共同合作良好。

提交综合场景实践报告

内容包括：对会议场景花卉装饰布置全过程进行分析、比较和总结。

班　级		指导教师		组　长	
参加组员					

主题：

所用主要色彩：

所用花材：

所用插花形式：

创作思想：

小组自我评价：	○ 好	○ 较好	○ 一般	○ 较差
小组互相评价：	○ 好	○ 较好	○ 一般	○ 较差
教师评语：				

思考题

1. 插花与绘画的关系是什么？
2. 插花与诗歌的关系是什么？
3. 学习插花的方法有哪些？
4. 会场花卉装饰布置的注意要点有哪些？
5. 办公区域花卉装饰的要点有哪些？
6. 毕德迈尔设计有哪些形式？各有什么特点？

室外花卉装饰

教学目标

终极目标

学会庭园和街头花卉装饰的基本形式、布置要点与设计施工技术。

促成目标

当你顺利完成本单元后,你能够:

1. 明确室外花卉的应用范围和布置要点。
2. 学会组合盆栽和水培花卉的制作技术。
3. 学会花坛的设计与施工技术。
4. 学会花境的设计与施工技术。
5. 学会悬挂花饰的设计与施工技术。

工作任务

1. 庭园花卉装饰。
2. 街头花卉装饰。

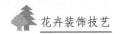

 庭园花卉装饰

【教学目标】

1. 了解什么是庭园花卉装饰。
2. 了解庭园花卉装饰的基本形式。
3. 掌握组合盆栽的制作技巧。
4. 掌握水培花卉的制作技巧。

【技能要求】

1. 会制作各种类型的组合盆栽作品。
2. 会制作不同类型的水培花卉作品。

案例导入

同学们想把寝室外某处空地好好地美化一下,以便为同学们提供一块优美的休闲空间。学院后勤处为同学准备的花卉植株主要有一串红、孔雀草、向日葵、羽状鸡冠花、醉蝶花等,可是同学们不知如何设计和施工,才能取得理想的装饰效果,让这片空地真正地靓丽起来,你能帮助他们策划出合理的设计方案来吗?

分组讨论:

1. 列出4个你认为学校庭院花卉装饰需注意的事项。

序 号	学校庭院花卉装饰的注意事项	自我评价
1		
2		
3		
4		
备 注	自我评价按准确★、基本准确▲、不准确●的符号填入	

2. 你觉得哪个设计方案最为合理?

我认为可行的做法:

4.1.1 庭园花卉装饰布置要点

庭园是房屋建筑的外围院落，具有一定的私密性，可以是属于个人的家庭庭园，也可以是集多种功能于一身的工厂、医院、学校等的绿地空间。庭园是城市园林造景中的一个重要组成部分，通过规划设计，以种植色彩丰富的观赏植物为主，从而形成适合多数人游赏的艺术空间。庭园主要包括居民区庭园、商场庭园、机关团体庭园、学校庭园、宾馆庭园等共享空间。由于庭园空间相对较小，所以在庭园装饰中所用的观赏植物主要以花卉为主，色彩丰富而艳丽的花卉能起到快速烘托气氛、营造空间美感的作用，从而有效地提高了庭园的观赏性。在庭园花卉装饰中，不同功能空间花卉装饰布置的要点是有所不同的，但总的来讲要遵循以下原则：

简单的原则　"简单"是指景观的安排要以朴素淡雅为主。庭园没有大公园或风景区那样较大的面积，所以花卉装饰设计时更要重视"简单"的原则，要避免过分拥挤、华丽、繁杂及人造气息太浓等做法。花卉装饰对庭园只是起到强调、点题和突出的作用，不可喧宾夺主，破坏其风格与特点。

重点突出的原则　在庭园设计中要以中心广场或开阔地为花卉装饰布置的重点，其他位置的布置起点缀和陪衬作用。

协调的原则　首先要根据建筑的风格特点来决定采用自然式庭园、规则式庭园还是混合式庭园风格，以此来选择花卉装饰布置的形式是采用规则式配置、自然式配置还是混合式配置，另外在庭园的整体布局中应该注意植物材料的统一性。

寻求意境的原则　庭园设计中以植物为主，无论设计还是欣赏，所见景观多以植物为主，古代诗人常常将植物人格化，借景抒情，如果将花文化的内容融于庭园设计之中，不仅会丰富景观的意境美，更能提高游人游园的文化品位。

对建筑的艺术装饰作用　在别墅、商场、机关、宾馆等建筑周围种植或设置花园是非常必要的，由于建筑本身的风格特点、位置与朝向、高矮与面积、性质与用途等方面的差异，所以在装饰设计时要注意功能上要满足建筑物的需要，对建筑物起艺术装饰作用。从欣赏的角度来说，不同的花材和不同的艺术造型具有不同的观赏效果。观花类的花卉，姹紫嫣红、绚丽多彩，使人感觉温暖、热情、兴奋；观叶类花卉，叶色青翠、叶片舒展，使人以宁静、娴雅、清爽的感觉；观果类花卉，硕果累累、鲜艳可爱，给人一种丰收的喜悦。

4.1.2 庭园花卉装饰的基本形式

出入口及开敞空间的花卉装饰　作为庭园的重点装饰部位，可采用花坛、立体绿化、庭园灯装饰的形式，以此来彰显庭园的风格特点和文化品位（图4-1）。

建筑物周围的花卉基础种植　可起到美化建筑的作用，还能柔化建筑生硬的线条给人的不亲近感，多采用花丛、花境、水景等设计形式（图4-2和图4-3）。

园垣、栏杆等的花卉装饰　多采用攀援植物，尤其是凌霄、攀援月季、茑萝、大花牵牛等花色鲜艳的藤蔓类植物来装饰这些庭园的隔离设施，也可以配置应时草花的吊篮来进行美化，这样既起到了分隔空间的作用，又不显得十分生硬。

图4-1　某单位门前的花卉装饰

图4-3　建筑物周围花卉装饰设计

图4-4　花架、棚架花卉装饰

图4-5　活动式组合盆栽

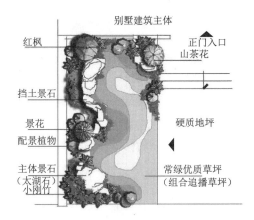

图4-2　建筑物周围花卉装饰设计

花架、亭廊的花卉装饰　由于庭园的绿化空间有限，所以应充分利用花卉的空中立体装饰手法，以形成多层次、多角度的立体装饰效果。垂直绿化一般需要经过一定的辅助手段对植物进行诱引和固定，常见的是以亭、廊、棚架等建筑小品及设施结合进行垂直绿化，使人工和自然和谐地融为一体，为人们提供舒适温馨的休闲空间。主要使用的藤本植物有紫藤、凌霄、木香、炮仗花、三角花、葡萄、观赏南瓜、爬山虎等（图4-4）。

大型活动式组合盆栽　这是目前非常流行的一种花卉装饰形式，更适合在庭园花卉装饰中应用，有移动式和固定式两种，在形式上有方、长方、六角和圆形等变化，材料上有砖砌、陶土、混凝土和硬塑料等，单放或集放十分方便、灵活。盆内种植的植物以花灌木、宿根花卉或一、二年生草花为主，另外还可以种植能营造热带风情特点的多浆植物和棕榈科植物。花盆大多摆放在建筑物的正面、近入口处、近窗口等人员往来或停留较多的场所。大花盆可做成半圆形，悬挂在墙上，盆内可种植矮牵牛等植物，随着这种形式应用的不断推广，单纯种一种植物的普通盆栽形式，已经很难满足人们多样性的审美需求，于是组合盆栽和水培花卉装饰形式得到了快速的发展，极大地丰富了庭园花卉装饰的趣味性，提升了人们的审美品位（图4-5）。

4.1.3 组合盆栽、水培花卉的制作技巧

1. 组合盆栽的制作技巧

随花卉盆栽的快速发展及人们审美水平的不断提升，单一品种的普通盆栽由于单调、装饰效果不明显，已满足不了庭园花卉装饰设计的要求。近年来，一种富于变化的新型盆栽形式应运而生，这也是时代发展的产物。

组合盆栽是把生态习性相近的多种植物运用花艺设计的原理，将一种或多种花卉根据其色彩、株型等特点，通过合理配置将其混合栽培于同一容器中的一种花卉应用形式。

这种盆栽形式充分体现了物种的多样性，具有科学的美学构图设计视觉效果，使其更为合理地改善室内环境，提供丰富色彩的景观效果，是一种很具发展潜力的新兴室内绿化装饰形式，近年在欧美、日本十分流行，因其观赏期较切花相对持久而备受青睐。在荷兰，花艺设计理念已导入组合盆栽的设计，花艺界将其称为"活的花艺，动的雕塑"。庭院装饰中主要以大型组合盆栽形式布置在小型庭院中，特别在北方的庭院及小型空间的绿化上，由于受气候条件的限制，许多植物品种不能一次性种植在露地上，但由于烘托环境的需要，必须采用一些特殊的花卉栽植，组合盆栽就是最好的解决办法之一。以其特有的灵活性及兼容性，可任意变换，为庭院装饰提供了很大的空间，为北方庭院营造出具有南国风情的异域风光，多布置在庭院的入口。

组合盆栽的特点有：节省摆放盆花的空间，丰富花卉内容，欣赏花卉的群体美，效果超过单摆。

组合盆栽的类型有：仙人掌类及多浆植物的组合盆栽、凤梨类的组合盆栽、观叶类植物的组合盆栽。

组合盆栽的设计要求有如下几点：
- 生态习性相近，花卉的形、色、质要有所区别，确定1~2种主色调花卉，每组花卉种类不宜过多。
- 要选择浅根性植物，容器形状、质地要与植物及环境相协调。
- 栽培基质深30cm左右，可采用进口泥炭等基质进行栽培。
- 栽植时高低错落，疏密有致。

2. 水培花卉的制作技巧

（1）水培花卉的特点

水培花卉是采用现代生物工程技术，运用物理、化学、生物工程手段，对普通的植物、花卉进行驯化，使其能在水中长期生长的一种花卉趣味栽培形式。水培花卉，上面花香满室，下面鱼儿畅游，卫生、环保、省事，所以水培花卉又被称为"懒人花卉"。

它通过实施具有独创性的工厂化现代生物改良技术，使原先适应陆生环境生长的花卉通过短期科学驯化、改良、培育，使其快速适应水生环境生长。再配以款式多样、晶莹剔透的玻璃花瓶为容器载体，使人们不仅可以欣赏以往花的地面部分的正常生长，还可以通过瓶体看到植物世界独具观赏价值的根系生长过程。在透明的花瓶内养上几条小鱼，形成水中根系错综盘杂，鱼儿悠闲畅游的景观效果。

(2) 水培的花卉品种

一般可进行水培的花卉有龟背竹、米兰、君子兰、茶花、月季、茉莉、杜鹃、金梧、万年青、紫罗兰、蝴蝶兰、倒挂金钟、五针松、喜树蕉、橡胶榕、巴西铁、秋海棠类、蕨类植物、棕榈科植物等。还有各种观叶植物，如天南星科的丛生春芋、银包芋、火鹤花、广东吊兰、银边万年青；景天种类的莲花掌、芙蓉掌，其他类的君子兰、兜兰、蟹爪兰、富贵竹、吊凤梨、银叶菊、巴西木、常春藤，彩叶草等百余种。另外，香石竹、文竹、非洲菊、郁金香、风信子、菊花、马蹄莲、大岩桐、仙客来、月季、唐菖蒲、兰花、万年青、曼丽榕、巴西木、绿巨人、鹅掌柴以及盆景花卉（如福建茶、九里香）等花卉水培的效果都很好。

(3) 水培花卉的日常养护管理技术

也许很多人会觉得水培花卉的日常养护方法很难，技术性很强，其实不然，方法应该说非常简单，易学易懂，比土培更省时、省力。一般来说水培花卉的日常养护应该注意以下几点：

光照 光线以散射光为主，一般不需要长时间的阳光直射，在夏天应避免阳光的直射。不同种类的植物对光线的需求不一样，如天南星科、兰科、蕨类植物等喜阴植物应尽量摆放在阴暗处；像绿萝、龟背竹等中性植物对光照要求不严格，所以在一般的光照情况下就能很好地生长。

温度 宜水培植物生长的温度一般为5~35℃，有些植物如绿萝、绿巨人等需要保证10℃以上的温度才能正常生长。低于5℃或高于35℃，大多数观叶植物都会受到不同程度的伤害，出现叶片发黄、脱落的现象。冬天要保证5℃以上的温度，植物才能安全过冬。

换水 新鲜的水中含有丰富的氧气，充足的氧气有利于植物的生长。在长时间不换水的情况下，器皿中的水会缺氧变质，不利于植物生长。换水是指换加了营养液的水。一般情况下，春、秋季15天左右，夏季5天左右，冬季15~30天换一次水，自来水要经放置后再按比例加入浓缩营养液。加入时不要太多，一般水只需要没过植物根部的2/3。

营养液的配制 配制营养液时一定要按照营养液的说明书配制，注意不要过量，不要缩短每次加营养液的时间间隔。配制之前要先把自来水放置几小时，放出其中的氯气，并使水的温度与室内相同。

根部护理包括以下几个方面：

- 洗根：每次换水时，用清水冲洗植物的根部附着的黏液及藻类。
- 修剪：在植物正常生长的情况下，有时总是会烂掉一部分老根，长出新根，新长出的水生根是乳白色的，当植物刚由土培改为水培时，若长出白色的水生根则证明植物在水培环境下已成活。对于已经开始烂掉的根，要及时剪掉，否则会污染水质，影响植物的正常生长。
- 藻类：大器皿上滋生绿色的藻类，藻类大量繁殖后会与植物争夺水中的溶解氧，还会分泌黏液等有害物质影响植物的生长。当出现这种情况要及时洗根，并清洗器皿，更换新的营养液。

注意通风 水培植物生长的好坏与水中溶解氧的含量有密切的关系，水培植物的根是生长在严重缺氧的静止的水中，所以应注意室内的通风，从而补给水中的溶解氧的含量。因此，对于养有水培植物的地方，应加强通风，以保持植株良好生长。

增加空气湿度 冬天空气中的水分很少，特别是北方，室内非常干燥，对于植物的生长是不利的，所以日常需用清水喷洒叶面来保持湿度，可以每日喷两次清水。多数水培观叶植物都喜好较高的空气湿度，如果室内的空气过于干燥，会造成叶片焦尖或焦边，影响水培植物的生长和观赏性。因此，应经常向水培植物喷水，保持较高的空气湿度，有助于植物的正常生长。

（4）水培花卉的制作

选择器具　根据欲进行花卉水培植物材料的品种、形态、规格、花色的具体情况，选择能够与该花木品种相互映衬、相得益彰的代用瓶、盆、缸等器具。按照前面提到的水培器具选择的原则，购买或加工自制，使之使用得体、观之高雅，切不可随意选择器具，以免影响水培花卉的形象和室内装饰的美观。做到器具、花卉与居室环境取得统一与和谐，以达到较理想的观赏效果。

脱土洗根　这里阐述的室内花卉水培技术，主要是指土壤栽培改为水培的技术，因此必须做好脱土洗根工作。土壤栽培是有机营养栽培，而改为水培以后，则彻底改变为无机营养栽培，其土壤中和附着在根系的有机物都要严格清洗干净，以免影响水培花卉的正常生长和病虫害的侵染。

洗根方法　把选好的花卉植株，从土壤中挖出或从花盆中轻轻倒出，先用右手轻提枝茎，左手轻托根系，换出右手轻轻抖动，慢慢拍打，使根部土壤脱落露出全部根系。然后清水中浸泡15～20分钟，在用手轻轻柔洗根部，经过2～3次的换水清洗，直至根部完全无土，洗根的水清亮透明不含泥沙时方为洗净。但要十分注意，有些花卉根系坚硬，盘根错节，而许多泥土在缝隙之中，必要时可用竹签或木棍、螺丝刀挖出。必须做到一点泥土不剩，这是水培成功的重要环节之一，切不可疏忽大意。洗净泥土后，可根据花卉根系生长情况，适当剪除老根、病根和老叶黄叶。因为水培花卉根部同样是观赏的重要部分，所以在整理根系时亦要考虑其形态美，对其根叶修剪后，再在清水中清洗一遍，冲去剪时留下的根毛残渣，以免带入水培器具而造成污染。水培花卉的日常养护是相当简单的，比土培花卉植物更加省心省力，已成为备受人们喜爱的一种有趣的种植方式。

实践训练 35　组合盆栽制作实训

目的要求

通过本项实训内容的学习，学生掌握组合盆栽的设计要点及制作技巧，学会用组合盆栽这种形式来装饰庭园。

材料准备

1. 作品创作所需的时令盆花，包括主体花材、背景花材、焦点花材和配花、配叶等。
2. 栽培基质。
3. 盆具、花铲、浇水工具等相关园艺工具。

操作方法

1. 根据设计的需要选择适宜的盆具，盛装栽培基质。
2. 根据设计方案，按顺序分别将背景花材、焦点花材、主体花材、陪衬花材栽种在盆具中所设计的位置上，做到高低错落、疏密有致、色彩协调。
3. 将盆土压实，浇透水，然后用喷壶将每株植物全部喷洗干净。

评价标准

1. 构思要求：组合盆栽的体量、构图特点与装饰的空间相协调。

2. 花材要求：符合设计的原则和构图的需要，新颖而赏心悦目。

3. 构图要求：确定组合盆栽的主体花材、构架花材、焦点花材。

4. 完型要求：完成其他附属花卉品种的填充，完成基质及表面覆盖物的填充，简单地整理及修饰，造型丰满完整。

5. 栽种要求：花材栽种深度适宜，均要求牢固并要将水浇透。

6. 整洁要求：作品完成后，用喷壶向花材表面喷水，将作品及操作场地清理干净。

7. 合作要求：与其他同学共同合作良好。

提交实训报告

内容包括：所设计的组合盆栽造型特点、适宜装饰的空间及制作时的主要操作过程。

实践训练 36 水培花卉实训

目的要求

学会水培花卉设计和制作的主要方法，学会水培花卉养护管理和摆放装饰方法。

材料准备

1. 选择器具：做到器具花卉与环境取得统一与和谐，以达到较理想的观赏效果。

2. 作品设计所需的时令盆花。

3. 修根所需的剪刀、螺丝刀等工具。

4. 配制水培专用营养液所需的容量瓶等器具。

操作方法

1. 把自来水放置两小时至半天以后，等它的温度接近室温、水中的氯气等挥发干净以后，将水培专用营养液按说明书来配出合适的浓度，比如稀释400倍或1000倍，就成了可以养水培植物的营养液了。

2. 脱土洗根，把选好的花卉植株，从土壤中挖出或从花盆中轻轻倒出，先用右手轻提枝茎，左手轻托根系，换出右手轻轻抖动，慢慢拍打，使根部土壤脱落露出全部根系。然后清水中浸泡15～20分钟，再用手轻轻柔洗根部，经过2～3次的换水清洗，直至根部完全无土，洗净泥土后，可根据花卉根系生长情况，适当剪除老根、病根和老叶黄叶。

3. 将处理好的花卉植株栽种在盛有营养液的容器中，深度适宜。

4. 清理操作的场地，将作品摆放在要装饰的位置上。

评价标准

1. 构思要求：植物材料选择与装饰环境协调。

2. 色彩要求：新颖而赏心悦目。

3. 操作要求：按比例配制营养液，对植物根部处理符合要求。

4. 固定要求：整体作品及花材固定均要求牢固。

5. 整洁要求：作品完成后操作场地整理干净，保证每一朵花材都能浸到水。

6. 合作要求：与其他同学共同合作良好。

提交实训报告

内容包括：水培花卉制作的主要操作方法。

综合训练

庭园场景花卉装饰

目的要求

为了更好地掌握庭园花卉装饰的综合设计与施工技术，通过在校园场地进行模拟训练，学生掌握学校庭园花卉装饰的布置要点及注意事项，学会绘制平面图，并能熟练地完成图纸放样、种植施工、栽后养护管理等工作。

材料准备

1. 场地：200~400m² 空旷种植地。
2. 花材：时令草花数盆，品种在5种以上。
3. 相关工具：铅笔、记录本、绘图纸、皮尺、钢卷尺、种植工具及浇水设备等。
4. 根据设计方案，分别准备花钵、花篮等相关容器。

操作方法

1. 将现场踏查，确定花饰的位置及装饰形式。
2. 制定设计方案，并进行讨论，由教师把关确定最后较为理想的设计方案。
3. 绘制出总平面图和效果图。
4. 按设计图纸在模拟场地进行定点放线。
5. 按设计栽种花卉，浇足水，并进行场地清理等后期工作。

评价标准

1. 构思要求：主题明确，构思有创意。
2. 选花材要求：花卉选择合理，装饰位置及装饰方式合理。
3. 施工要求：种植过程按图施工，程序符合要求。
4. 整洁要求：场地清理到位，浇水充足。
5. 合作要求：与其他同学共同合作良好。

提交综合场景实践报告

内容包括：设计图纸，设计说明，庭园景观布置的主要施工过程及注意事项。

相关链接

余树勋.1998.花园设计［M］.天津：天津大学出版社.

庄莉彬，等.2004.园林植物造型技艺［M］.福州：福建科学技术出版社.

董丽.2006.园林花卉应用设计［M］.北京：中国林业出版社.

www.ecog.com.cn

思考题

1. 什么是庭院花卉装饰？主要应用在哪些方面？有何作用？
2. 在进行庭院花卉装饰中应遵循哪些原则？
3. 庭院花卉装饰的基本形式有哪些？各有何特点？主要应用在哪些地点的装饰？
4. 哪些花卉可用于装饰园垣、栏杆等隔离设施？可起到何种装饰效果？
5. 哪些花卉可用于装饰花架、亭廊等建筑小品？可起到何种装饰效果？
6. 哪些花卉可用于大型活动式组合盆栽设计中？主要应用在哪些空间的装饰设计中？
7. 何谓组合盆栽？与普通盆栽相比有哪些优势？
8. 如何进行组合盆栽设计与制作？
9. 哪些花卉适用于水培设计？水培花卉装饰有哪些特点？
10. 如何做好水培花卉的养护与管理？
11. 为你学院教学楼前设计一组大型活动式组合盆栽作品，说明设计要点及设计意图，并绘制出本案手绘效果图。

4.2 街头花卉装饰

【教学目标】

1. 了解街头花卉装饰的分类。
2. 掌握街头花卉装饰的布置要点。
3. 掌握花坛、花境以及悬挂花饰的设计与施工。

【技能要求】

1. 会进行花坛的设计与施工。
2. 会进行花境的设计与施工。

案例导入

带领学生到学校附近的主要街道参观,组织学生来讨论该街道使用花卉装饰的地方有哪些?是否美观? 如果让你们来设计,你觉得还应该在哪些地方,采用什么样的装饰形式来美化这条街道,才能取得理想的街头景观效果?

分组讨论:

1. 列出4个你认为学校附近街道花卉装饰的理想景观效果。

序 号	学校附近街道花卉装饰的理想景观效果	自我评价
1		
2		
3		
4		
备 注	自我评价按准确★、基本准确▲、不准确●的符号填入	

2. 你觉得哪个设计方案最为合理?

我认为可行的做法:

4.2.1 街头花卉装饰布置要点

城市街道是城市生活的重要场所，是城市的动脉，起到交通运输、规划城市空间、建筑物及基础设施的布置等作用。人们走在街道上，自然而然地要与街道两侧的景物产生交流，通过观察获得信息，并产生联想，等等。另外街道还直接容纳了一些城市的文化活动，如集会、游行等，可以说城市街道是展示城市景观的舞台，城市景观质量的提升可以增强市民的自豪感和凝聚力，促进城市物质文明和精神文明建设的良性发展，也是给外来游客对城市形象的最为直接的感受。随着建设生态城市理念的不断深入，用植物来美化城市成为城市街道建设的主要形式，主要包括各种乔木、灌木、藤本、花卉、草坪及其他地被植物，它不仅能维持生态平衡，保护环境，还为居民提供休闲场所，成为城市街头美化的重要手段，而花卉以其丰富的色彩成为美化街头的亮点，所以用花卉装饰街头这种形式越来越受到重视。花卉装饰可充分与硬质景观结合，使其能充分显示出自然、柔和的气息。在进行街头花卉装饰布置时要依据以下原则：

因地、因时、因材制宜原则 环境条件与气候条件是影响花卉生长的主要环境因子，所以在进行街头花卉装饰时应首先考虑植物的适应性以及环境特点，多选择适应性强、耐旱、耐瘠薄、耐污染的花卉种类，这样更有利于花卉栽种后期养护管理工作的开展。

经济、美观、适用原则 花卉装饰有很多种应用形式，有体量较大的主题花坛，也有小巧玲珑的花钵和吊篮。城市街道的主要功能是以交通运输为主，所以在街头花卉装饰时，应结合环境的空间特点充分发挥其本身所特有的"画龙点睛"的功效，突出其丰富多变的艺术特征，而不能一味地求大、求全。

远近期结合原则 植物材料具有连续变化的特点，不同的生理阶段具有不同的体相及生命特征，也使观赏效果产生一定的变化和差异。在进行街头花卉装饰时一般都需考虑景观的稳定性及持续性。所以应充分考虑远近期效果的结合，做到近处着手，远处着眼。

个性、特色、多样性原则 街头花卉装饰技术不同于一般的绿化方式，更多地结合了人文艺术的精髓，更加强调人与环境的和谐、地方文化韵味及艺术创意的独到性。不仅美化街道，也应具有教育意义，成为市民学习、认识社会的第二课堂，如体现重大事件的一些主题花坛、立体花坛等，就很好地起到了提示和教育的作用。

充分展示植物材料的绿化美感 街头花卉装饰要突破传统的植物平面栽植概念。将植物的美感予以空间立体化，既能突出植物自身各个部分的自然美感、强调花材的展示观赏效果，又能以植物群体的空间美化效果形成更具观赏价值、更富有艺术冲击力、更具美感的组合立体绿化方式。

有效地柔化、绿化建筑物，塑造更有人性化的生活空间 现代城市的高速发展，高速公路在向四面八方飞速延伸，摩天大楼如雨后春笋般林立于街道两旁，但也造成绿地减少，人们的生存环境遭到破坏。以植物丰富的季相景观和不同的质地、形态赋予建筑灵动、活泼的生气，并有效地提高城市的绿化程度。例如在高速公路的隔离带、立交桥、路旁栏杆、街边建筑上进行立体装饰，可以改变单调的格局和色彩，减缓驾驶员的视觉疲劳；在各种小型街边公园里，通过进行立体装饰，可以为行人提供一个相对独立而安静的休闲场所，能有效地缓解城市中的高层建筑、拥挤的交通给人们造成的心理压力。

能迅速形成景观，符合现代化城市发展的需求和效率　很多立体装饰都可移动、能快速组装成形，在节假日期间或平时各种庆典场合中，在短时间内就能形成较好的景观效果。

花卉装饰摆放的位置必须适中　既不能影响交通，又要置于视线集中之处，使它在美化环境、活跃气氛中发挥作用。

4.2.2　街头花卉装饰的基本形式

花坛　花坛是一种古老的花卉应用形式，源于古罗马时代，16世纪在意大利园林中广泛应用（图4-6）。目前随着花坛设计和施工技术的提高，现代花坛的应用形式更为丰富，有大规模的组合花坛，主要用于装饰空间较大的地方，多布置在城市中心广场；而造型简洁小巧的独立式钵植花坛应用更为普及，主要对称布置在广场主路的两侧，此外带状花坛在分车岛绿化带中也得到了普遍应用。

图4-6　街头花坛

大型花球、花柱、花树、花塔等组合装饰体　这些都属于立体花坛的一种较为特殊的形式，花卉组合装饰多以钵床、卡盆等为基础组合单位，结合先进的灌溉系统，进行造型外观效果的设计与栽植组合，是最能体现设计者的创造力和想象力的一种手法。该形式以其新颖别致、富有震撼力的装饰效果成为城市街头花卉装饰的亮点，是目前推广最快、最为先进、最受大众喜欢的一种花卉立体装饰手法，主要应用在城市街道的中心部位和繁华的街道两侧。

花箱、花槽　花箱、花槽是在长形的木质、陶质、塑料、玻璃纤维、金属等材质制成的栽植槽内，将若干种盆栽花卉放置于其中的一种花卉装饰形式。在街头花卉装饰中多装点在护栏、隔离栏及立交桥等处。种植了花卉的花箱、花槽，不仅美化了建筑物，使其外观更具色彩与美感，使路人产生愉悦的心理感受，更为城市街头构筑了一条靓丽的风景线。花箱的设计本身也是一种艺术，如图4-7所示，用树枝做成的大型提包形式的花箱既有时尚感又体现了环保意识。

图4-7　花箱

悬挂花饰　悬挂式花饰的位置，一般应设置在城市的主要交通人行道口、绿地的出入口、展览会及广场的人口集中处及重要的建筑物前。特别是在街道照明灯柱上装饰五彩缤纷的吊篮，成为街头美丽的框景线，为行人平添情趣（图4-8）。

悬挂花饰主要分为吊篮、壁篮、立篮等多种形式，以吊篮最为普及（图4-9）。花篮的形状多为半球形、球形，是从各个角度展现花卉立体美的一种形式。通过在花篮里栽种向下悬垂的观花、观叶植物，形成飘逸的立体装饰效果。

悬挂花箱内可以直接放入培养土栽花，也可以直接放入几个小花盆，这样便于更换。花箱内种植的花卉多选花期长、植株较矮，甚至是偃伏或下垂的，花色比较艳丽。常用的花卉有盾叶天竺葵、矮牵牛、一串红、半支莲、美女樱等。在阳光不足处，要选用耐半荫或耐荫的种类，如花叶常春藤、虎耳草属、酢浆草属各种，均有许多品种供选择。

图4-8　悬挂花饰

花钵　花钵是近年来在城市街头美化普遍采用的一种花卉装饰手法，该形式以其新颖、灵活、富有时代感的美化效果，备受行人的青睐。花钵的构成材料多为玻璃钢材质，有固定式和移动式两大类。除单层形式外，还有复层形式。形状有碗形、方形、长方形、圆形等。主要应用在防护绿带、人行道绿地设计中，将各式小型的花钵和休憩座椅结合起来，使人在小憩之时，也能体会到一份自然的情趣。另外在分车带绿地上，有规律地运用花钵或绿雕，或采用组合式种植槽，都会很大程度地提升花卉在街头应用的空间（图4-10）。

图4-9　街头吊篮花饰

垂直绿化　防护绿带中，靠近建筑物的一侧主要以篱、围栏来隔离，可采用藤本月季等藤蔓类花卉对这些隔离设施进行垂直绿化遮掩，既达到安全的目的，又增加了道路的美观性。

对立交桥及过街天桥的垂直绿化不仅增加建筑的艺术效果，也使环境更加整洁美观，提高了城市街道的绿量。

图4-10　街头花钵

花境　花境是园林中从规则式构图到自然式构图的一种过渡的种植形式。花境的平面轮廓与带状花坛相似，种植床的两边是平行的直线或是有几何轨迹可寻的曲线，是一种欣赏植物自然景观美的形式，常以建筑物、围墙、树丛、绿篱等为背景，或设置在草坪、广场及道路旁，供一面或四面观赏。其宽度可按视觉要求设定，单面观赏为2～4m，灌木花境可加宽到5m，两面观赏的为4～6m左右，主要运用在人行道绿地、防护绿带设计中。

4.2.3 花坛、花境与悬挂花饰的设计及施工

1. 花坛的设计与施工

花坛是花卉在室外应用形式中最为精细的一种，是将多种花卉或同种花卉，根据一定的图案设计，栽种于特定的床地内，以发挥群体的美。花坛是美化环境的一种较好方式，还具有分隔空间、组织空间和渲染气氛的作用。

花坛是植物造景的重要组成部分，其景观效果十分显著并富有情趣，经常更换花卉及图案，能创造四季不同的景色效果。它在公园风景区和街道、广场、工厂、学校、医院等地的绿化中均起着重要的装饰作用，它与整个绿地的有机结合，可以提高园景和街景的艺术水平，使葱茂翠郁的园地瑰丽多姿，赏心悦目。

（1）花坛的种类

依花材分类 花坛依花材种类可分为集栽花坛和模纹花坛。

集栽花坛：又称盛花花坛，主要由观花草本植物组成，表现开花时整体的色彩效果为主，可由同种花卉不同品种或不同花色的群体组成，也可由不同花色的多种花卉组成。盛花花坛设置、栽植较粗放，一般图案简洁，轮廓明显且对称，花期一致，色彩协调。适宜做盛花花坛的花材，应花色鲜艳、花朵繁茂，盛开时几乎看不到枝叶。一般以一、二年生草花为主，可适当配置一些盆花，也可用宿根或球根花卉。植株高度依种类不同而异，以10～40cm的矮生品种为宜。它是集合一种或几种花期一致，色彩调和的不同种类的花卉配置而成。其外形可根据地形及位置呈规则几何形体，而内部的花卉配置，图案纹样需力求简洁。若需四面观赏的花坛，一般是中央种植稍高的种类，四周种植较矮的种类。若是单面观赏的花坛，则前部种植较矮的种类，后部种植较高的种类。这类花坛主要表现花卉盛花期群体的色彩美，一般以配植一、二年生草花和球根花卉为主，要求植株高低层次清楚，花期一致，色彩调和。

模纹花坛：主要由低矮的观叶植物或花和叶兼美的植物组成，以表现群体组成的精美图案或装饰纹样为主。利用矮生花卉植物，按照一定的文字或图案纹样，组成地毯状或浮雕状的彩色图案，称之为模纹花坛。包括由各种观叶植物组成的精美的装饰图案的毛毡花坛和植物高度有所不同的浮雕花坛。模纹花坛的外轮廓线以线条简洁为宜，内部纹样应精美细致，可供较长时间欣赏。做模纹花坛的花材株高应控制在5～10cm。一般选用低矮、丛生或耐修剪的，如五色草、香雪球、半支莲等。植株高大但其播种、扦插苗矮小的，如彩叶草、四季秋海棠、地肤等也可应用。在特殊情况下，也可用草皮、小麦等代替部分花材，发挥图案美。根据种植形式及内容又可以分为毛毡花坛、浮雕花坛及标题式花坛。

毛毡花坛：由各种观叶植物组成精美的装饰图案，植物修剪成同一高度，表面平整，宛如华丽的地毯，这类模纹花坛又可称为毛毡花坛。

浮雕花坛：在施工中，按图案纹样稍作地形处理，使图案一部分凸出表面，称为阳纹，而另一部分凹陷表面，称为阴纹，再将植物栽植配置以后，图案将更为清晰，因此，这类模纹花坛又可称为浮雕花坛（图4-11）。

图4-11　在观赏温室前斜坡上设置的浮雕花坛图案

标题式花坛：由文字或具有一定含意的图徽组成的模纹花坛又可称为标题式花坛，它是通过一定的艺术形象，表达一定的思想主题。标题式花坛宜设置在坡地的倾斜面上（图4-12和图4-13）。

图4-12　南京雨花台的文字型标题式花坛

图4-13　会徽式标题花坛

依空间位置分类　花坛依空间位置主要分为平面花坛、斜面花坛及立体花坛。

平面花坛：花坛表面与地面平行，主要观赏花坛的平面效果。

斜面花坛：花坛设置在斜坡或阶地上，也可布置在建筑的台阶两旁或台阶上，花坛表面的斜坡是主要观赏面。

立体花坛：花坛向空间伸展，具有竖向景观，它以四面观赏为多。包括制成动物、花篮等造型的造型花坛和一面观赏、竖向牌式的标牌花坛。立体花坛是植物造景的一种特殊形式，它是具有一定的几何轮廓或不规则自然形体的立体造型，按艺术构思的特定要求，用不同色彩的观花、观叶植物，构成半立体或立体的艺术造型，如时钟、花篮、花瓶、花亭、动物、人物造型等（图4-14）。

依花坛的组合分类　花坛依组合形式可

图4-14　立体花坛

分为独立花坛、花坛组和花坛群等。

独立花坛：即单体花坛，常设在较小的环境中。凡单独设置的花坛称为独立花坛，常作为局部构图的主体，一般设置在广场、公园入口、道路交叉口及建筑物前方。

花坛组：是单体花坛的组合形式，是在同一个环境中设置的多个花坛，如沿路布置的多个带状花坛、建筑物前做基础装饰的数个小花坛等。

图4-15 上海街头白玉兰花坛实景图

花坛群：由相同或不同形式的数个单体花坛组成，但在构图及景观上具有统一性。多设在面积较大的广场、草坪或大型的交通环岛上。花坛群还可以结合喷泉和雕塑布置。由两个以上或许多个体花坛，排列组成一个不能分割的构图整体时，称为花坛组或花坛群。许多独立花坛或带状花坛，成直线排列成一行，组成一个有节奏规律的不可分割的构图整体时，称为连续花坛群。通常布置在道路或纵长的铺装广场及草地上。如图4-15和图4-16，上海街头的花坛设计主要运用上海市花白玉兰为设计要素，多个花坛组合成花瓣形，与白玉兰灯交相辉映。连续花坛群可以采用反复演进或由2种或3种不同个体的花坛来交替演进。除平地以外，在石级蹬道的两侧或中央，也可以设置连续花坛群，若在坡道上可以成斜面布置，也可以成阶级形布置。

此外还有依花坛的外形轮廓（圆形、方形、椭圆形等），依观赏季节（春、夏、秋、冬），依应用地点等进行分类的。

（2）花坛的设计

花坛在环境中可作为主景，也可作为配景。花坛的设计应与周围环境相协调的情况下体现花坛自身的特色。如在民族风格的建筑前设计花坛，应选择具有中国传统风格的图案纹样和形式；在现代风格的建筑物前可设计有时代感的一些抽象图案，形式力求新颖。在此基础上，再考虑花坛自身的特色。

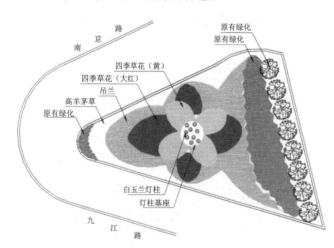

图4-16 上海街头白玉兰花坛平面图

花坛一般多设于广场、道路中央或两侧、建筑前等处，主要在规则式布置中应用。花坛的设计首先应在风格、体量、形状、色彩等方面与周围环境相协调，其次才是花坛自身的特色。

在民族风格的建筑物前的花坛，应选择具有中国传统风格的图案纹样和形式；在现代风格的建筑物前的花坛，可设计有时代感的一些抽象图案，形式力求新颖。花坛的体量应与设置花坛的广场、出入口及周围建筑成比例，花坛的面积一般不应超过场地面积的1/3，不小于1/5。花坛的高度一般不可遮住出入口的视线。花坛的外部轮廓应与广场或建筑物边线的形状协调一致。花坛的色彩宜有宾主之分且不宜过多，并注意要与环境色彩有所区别，既起到醒目和装饰作用，又与环境协调形成整体美。不同的花坛的设计要点也不尽相同，下面以盛花花坛为例进行介绍。

植物设计 一、二年生花卉为花坛的主要材料，其种类繁多、色彩丰富、成本较低。球根花卉也是盛花花坛的优良材料，色彩艳丽、开花整齐，但成本较高。其中主要要点如下：

- 适合作花坛的花卉应株丛紧密、着花繁茂，理想的植物材料在盛花时应完全覆盖枝叶，要求花期较长、开放一致，至少保持一个季节的观赏期。
- 花色明亮鲜艳，有丰富的色彩幅度变化，更能体现色彩美。
- 不同种花卉群体配合时，除考虑花色外，也要考虑花的质感相协调才能获得较好的效果。
- 植株高度依种类不同而异，但以选用10～40cm的矮性品种为宜。
- 移植容易，缓苗较快。

色彩设计 盛花花坛表现的主题是花卉群体的色彩美，因此在色彩设计上要精心选择不同花色的花卉巧妙搭配。一般要求鲜明、艳丽。

盛花花坛常用的配色方法如下：

- 对比色应用：这种配色较活泼而明快。深色调的对比较强烈，给人兴奋感，浅色调的对比配合效果较理想，对比不那么强烈，柔和而又鲜明。如堇紫色+浅黄色（堇紫色三色堇+黄色三色堇、藿香蓟+黄早菊、荷兰菊+黄早菊+紫鸡冠+黄早菊），橙色+蓝紫色（金盏菊+雏菊、金盏菊+三色堇），绿色+红色（扫帚草+星红鸡冠）等。
- 暖色调应用：类似色或暖色调花卉搭配，色彩不鲜明时可加白色以调剂，并提高花坛明亮度。这种配色鲜艳、热烈而庄重，在大型花坛中常用。如红+黄或红+白+黄（黄早菊+白早菊+一串红或一品红、金盏菊或黄三色堇+白雏菊或白色三色堇+红色美女樱）。
- 同色调应用：这种配色不常用，适用于小面积花坛及花坛组，起装饰作用，不作主景。如白色建筑前用纯红色的花，或由单纯红色、黄色或紫红色单色花组成的花坛组。

色彩设计中要注意以下问题：

- 一个花坛配色不宜太多。一般花坛2～3种颜色，大型花坛4～5种足矣。配色多而复杂难以表现群体的花色效果，显得杂乱。
- 在花坛色彩搭配中注意颜色对人的视觉及心理的影响。如暖色调在面积上给人扩张感，而冷色则收缩，因此设计各色彩的花纹宽窄、面积大小要有所考虑。例如，为了达到视觉上的大小相等，冷色用的比例要相对大些才能达到设计意图。
- 花坛的色彩要和它的作用相结合考虑。装饰性花坛、节日花坛要与环境相区别，组织交通用的花坛要醒目，而基础花坛应与主体相配合，起到烘托主体的作用，不可过分艳丽，以免喧宾夺主。
- 花卉色彩不同于调色板上的色彩，需要在实践中对花卉的色彩仔细观察才能正确应用。同为红色的花卉，如天竺葵、一串红、一品红等，在明度上有差别，分别与黄早菊配用，效果不同，一品红红色较稳重，一串红较鲜明，而天竺葵较艳丽，后两种花卉直接与黄菊配合，也有明快的效果，而一品红与黄菊中加入白色的花卉才会有较好

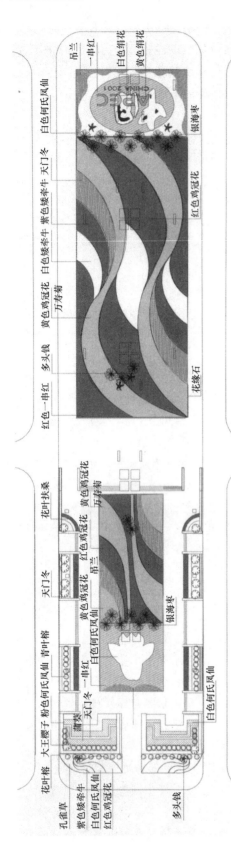

图4-17　上海街头花坛平面图

的效果。也可用盛花坛形式组成文字图案，这种情况下用浅色（如黄、白）作底色，用深色（如红、粉）作文字，效果较好。

图案设计　外部轮廓主要是几何图形或几何图形的组合，主要有以下几方面原则：

- 花坛大小要适度。平面上过大在视觉上会引起变形。一般观赏轴线以8～10m为度。现代建筑的外形趋于多样化、曲线化，在外形多变的建筑物前设置花坛，可用流线或折线构成外轮，对称、拟对称或自然式均可，以求与环境协调，内部图案要简洁，轮廓明显。
- 忌在有限的面积上设计繁琐的图案，要求有大色块的效果。一个花坛即使用色很少，但图案复杂则花色分散，不易体现整体块效果。
- 盛花花坛可以是某一季节观赏，如春季花坛、夏季花坛等，至少保持一个季节内有较好的观赏效果。但设计时可同时提出多季观赏的实施方案，可用同一图案更换花材，也可另设方案，一个季节花坛景观结束后立即更换下季材料，完成花坛季相交替。

（3）绘制花坛设计图

花坛的设计意图要通过绘制设计图表现出来。花坛的设计图应包括环境总平面图、花坛平面图、立面效果图和设计说明书。

环境总平面图　标明花坛所在环境的道路、建筑边界线、广场及绿地等，并绘制出花坛平面轮廓。平面图绘制比例依面积大小有别，通常可选用1∶100或1∶1000的比例。

花坛平面图　应标明花坛的图案纹样及所用植物材料。如果用水彩或水粉表现，则按所设计的花色上色，或用写意手法渲染。绘出花坛的图案后，用阿拉伯数字或符号在图纸上依纹样使用的花卉，从花坛内部向外依次编号，并与图旁的植物材料表相对应，表内项目包括花卉的中文名、拉丁学名、株高、花色、花期、用花量等，以便于阅图（图4-16和图4-17）。

立面效果图　用来展示及说明花坛的效果及

景观。必要时需绘出花坛中某些局部，如造型物细部的放大图，其比例及尺度应准确，为制作及施工提供可靠数据。立体阶梯式花坛还要给出阶梯架的侧剖面图。

设计说明书　简述花坛的主题、构思，并说明设计图中难以直观表现的内容，文字宜简练，也可附在花坛设计图纸内。

植物说明书　包括花坛所用植物的种类名称、花色、规格（株高、冠幅、每平方米所种株数）以及用量等。在季节性花坛设计中，还要标明花坛在不同季节的轮换花卉。

▌小知识：花坛的建造与养护

工作步骤一：花卉品种的选择。

集栽花坛以观花草本为主体，可以是一、二年生花卉，也可用多年生球根或宿根花卉。可适当选用少量常绿、色叶及观果小灌木作辅助材料。北方用于花坛布置的一、二年生的花卉品种有：一串红、矮牵牛、万寿菊、彩叶草、千日红、百日草、鸡冠花、长春花、夏堇、酢浆草、孔雀草、大花马齿苋、凤仙花等；球根和宿根品种在花境中介绍；模纹花坛品种有黄杨类、绣线菊类、水蜡类等。

模纹花坛主要表现植物群体形成的华丽纹样，要求图案纹样精美细致，有长期的稳定性，可供较长时间观赏。典型的模纹花坛材料如五色草类及矮黄杨等。

工作步骤二：整地翻耕。

花卉栽培的土壤必须深厚、肥沃、疏松。因而在种植前，一定要先整地，一般应深翻30～40cm，除去草根、石头及其他杂物。如果栽植深根性花木，还要翻耕更深一些。如土质较差，则应将表层更换好土（30cm表土）。根据需要，施加适量肥性好而又持久的已腐熟的有机肥作为基肥。

平面花坛，一般采用青砖、红砖、石块或水泥制作砌边，也有用草坪植物铺边的。有条件的还可以采用绿篱及低矮植物（如葱兰、麦冬）以及用矮栏杆围边以保护花坛免受人为破坏。

模纹式花坛又称"图案式花坛"，它的整地翻耕除按照上述要求进行外，由于它的平整要求比一般花坛高，为了防止花坛出现下沉和不均匀现象，在施工时应增加一两次镇压。

工作步骤三：定点放线。

一般根据图纸规定、直接用皮尺量好实际距离，用点线做出明显的标记。如花坛面积较大，可改用方格法放线。放线时，要注意先后顺序，避免踩坏已做好的标志。

模纹式花坛的中心地带多栽种一些重要的盆栽或其他的植物，称之为"上顶子"。在模纹式花坛的上顶子植物种好后，按图纸的纹样精美地进行放线。一般先将花坛表面等分为若干份，再分块按照图纸花纹，用白色细沙，撒在所划的花纹线上。也有用铅丝、胶合板等制成纹样，再用它的地表面上打样。

工作步骤四：起苗栽植。

裸根苗应随起随栽，起苗应尽量注意保持根系完整。掘带土花苗，如花圃畦地干燥，应事先灌浇苗地。起苗时要注意保持根部土球完整，根系丰满。掘起后，最好于阴凉处置放1～2天，再运往栽植。这样做，既可以防止花苗土球松散，又可缓苗，有利其成活。盆栽花苗，栽植时最好将盆退下，但应注意保证盆土不松散。

模纹花坛一般按照图案花纹先里后外，先左后右，先栽主要纹样，逐次进行。如花坛面积大，栽草困难，可搭搁板或扣木匣子，操作人员踩在搁板或木匣子上栽植。栽种前可先用木槌子插眼，再将草花插入眼内用手按实。

工作步骤五：花坛的养护及换花。

花卉在园林应用中必须有合理的养护管理定期更换，才能生长良好并充分发挥其观赏效果。主要有下列几项工作：

栽植与更换　作为重点美化而布置的一、二年生花卉，全年需进行多次更换，才可保持其鲜艳夺目的色彩。

沈阳地区的园林，花坛布置至少应于5~10月间保持良好的观赏效果，为此需要更换花卉4~5次。但园林中应用一、二年生花卉作重点美化，其育苗、更换及辅助工作等还是非常费工的，不宜大量运用。

球根花卉按种类不同，分别于春季或秋季栽植。由于球根花卉不宜在生长时移植或花落后即掘起，所以对栽植初期植株幼小或枝叶稀少种类的株行间，配植一、二年生花卉，用以覆盖土面并以其枝叶或花朵来衬托球根花卉，是相互有益的。适应性较强的球根花卉在自然式布置种植时，不需每年采收。郁金香可隔2年、水仙隔3年，石蒜类及百合类隔3~4年掘起分栽一次。在做规则式布置时可每年掘起更新。

土壤要求与施肥　普遍园土适合多数花卉生长，对过劣的或工业污染的土壤（及有特殊要求的花卉），需要换入新土（客土）或施肥改良。对于多年生花卉的施肥，通常是在分株栽植时作基肥施入；一、二年生花卉主要在圃地培育时施肥，移至花坛仅供短期观赏，一般不再施肥，只对长期观赏者于花坛中追液肥1~2次。

盛花花坛，由于管理粗放，除采用幼苗直接移栽外，也可以在花坛内直接播种。出苗后，应及时进行间苗管理。同时应根据需要，适当施用追肥，追肥后应及时浇水。球根花卉，不可施用未经充分腐熟的有机肥料，否则会造成球根腐烂。

修剪与整理　在圃地培育的草花，一般很少进行修剪，而在园林布置时，要使花容整洁、花色清新，修剪是一项不可忽视的工作。要经常将残花、果实（观花者如不使其结实，往往可显著延长花期）及枯枝黄叶剪除；毛毡花坛需要经常修剪，才能保持清晰的图案与适宜的高度；对易倒伏的花卉需设支柱；其他宿根花卉、地被植物在秋冬茎叶枯黄后要及时清理或刈除；需要防寒覆盖的可利用这些干枝叶覆盖，但应防止病虫害藏匿及注意田园卫生。

2. 花境的设计与施工

花境源于英国古老而传统的私人别墅花园，它没有规范的形式，园中主要种植主人喜爱、又可在当地越冬的花卉。其中以管理简便的宿根花卉为主要材料，随意种植在自家庭院。这种花园在19世纪曾风靡英国。

昆明世博园英国园围墙及道路旁，用多种宿根花卉配置组成的花境，表现了花卉植物的群落美（图4-18）。

图4-19中荷兰一居民住宅的门前，用四季海棠、万寿菊等花卉布置而成的花境，表现了花卉植物配置的自然美。

（1）花境的特点

花境是园林中从规则式构图到自然式构

图4-18　昆明世博园英国园的花境

图的一种过渡的种植形式。花境的平面轮廓与带状花坛相似，种植床的两边，是平行的直线或是有几何轨迹可寻的曲线，是一种欣赏植物自然景观美的形式。常以建筑物、围墙、树丛、绿篱等为背景，或设置在草坪、广场及道路旁，供一面或四面观赏。其宽度可按视觉要求设定，单面观赏为2～4m，灌木花境可加宽到5m，两面观赏的为4～6m左右。

花境是由花组成的境界，是一种带状自然式花卉布置的形式。它以树丛、绿篱或建筑物为背景，采用多种花卉斑驳混交配置，表现

图4-19 荷兰居民住宅前的花境布置

野生花卉自然散布生长在林缘的意境。花境即表现了植物个体的自然美，又展示了植物自然组合的群落美，起到由人工到自然的过渡作用。在园林中不仅增加了自然景观，还有分隔空间和组织游览路线的作用。观赏上主要表现丰富变化的立体效果。

（2）花境的类型

花境从设计形式上可分为以下几种：

单面观赏花境　这是传统的花境形式，多临近道路设置，常以建筑物、矮墙、树丛、绿篱等为背景，前低后高，供一面观赏。

双面观赏花境　多设置在草坪上或树丛间，无背景，中间高两面低，供两面观赏。

对应式花境　在园路的两侧、草坪中央或建筑物周围，设置相对应的两个花境，呈左右二列式，多采用拟对称的手法。

从植物选材上可分为以下几种：

宿根花卉花境　花境全部由可露地越冬的宿根花卉组成。

混合式花境　花境的材料以宿根为主，配置少量的花灌木，球根花卉或一、二年生花卉。这种花境季相分明，色彩丰富，应用较多（图4-20）。

专类花卉花境　由同一属不同种类或同一种不同品种植物为主种植材料的花境。做专类花境用的宿根花卉要求花期、株形、花色等有较丰富的变化，如百合类、鸢尾类、菊花花境等。

（3）花境位置的设置

花境是一种带状布置形式，它是一种半自然式的种植方式，可以在以下位置设置：

图4-20 混合式花境

建筑物墙基前　形体小巧，色彩明快的建筑物前，花境可起到基础种植的作用，软化建筑的硬线条，连接周围的自然风景。

道路旁　园林中游步道边适合设置花境，若在道路尽头有茶亭、雕塑、喷泉等园林小

图4-21 道路两旁花境

品，可在道路两边设置花境。通常在花境前再设置园路或草坪，供人欣赏花境（图4-21）。

绿地中较长的植篱、树墙前 以绿色的植篱、树墙前效果最佳。绿色的背景使花境色彩充分表现，而花境又活化了单调的绿篱、绿墙。

宽阔的草坪上、树丛间 在这种绿地空间适宜设置双面观赏的花境，可丰富景观，组织游览路线。通常在花境地两侧辟出游步道，以便观赏。

宿根园、家庭花园中 在面积较小的花园中，花境可周边布置，是花境最常用的布置方式。依具体环境可设计成单面观赏、双面观赏或对应式花境。

（4）花境的设计要点

植床设计 植床设计要注意以下几个方面：

1）花境的种植床是带状：单面观赏花境的后边缘线多采用直线，前边缘线可为直线或自由曲线。两面观赏花境的边缘线基本平行，可以是直线，也可以是流畅的自然曲线。

2）花境的朝向可自由选择方向：对应式花境要求长轴沿南北方向展开，以使左右两个花境光照均匀，从而达到设计构想。

3）花境大小的选择取决于环境空间的大小：通常花境的长轴长度不限，但为管理方便及体现植物布置的节奏、韵律感，可以把过长的植床分为几段，每段长度不超过20m为宜。段与段之间可留1～3m的间歇地段，设置座椅或其他园林小品。

> **关键与要点**
>
> 花境的短轴长度有一定宽度，单面观混合花境4～5m；单面观宿根花境2～3m；双面观花境4～6m。在家庭小花园中花境可设置1～1.5m，一般不超过院宽的1/4。较宽的单面观花境地的种植床与背景之间可留出70～80cm的小路，既方便管理，又有通风作用，并能防止做背景的树和灌木根系侵扰花卉。

4）种植床依环境土壤条件及装饰要求可设计成平床或高床，并且要有2%～4%的排水坡度。一般来讲，土质较好、排水力强的土壤、设置于绿篱、树墙前及草坪边缘的花境宜用平床，这种花境给人整洁感。在排水差的土质上、阶地挡土墙前的花境，为了与背景协调，可用30～40cm高的高床，边缘用不规则的石块镶边，使花境具有粗犷风格。

植物设计 花境中配置的花卉植物不要求花期一致，但要考虑各种花卉的色彩、姿态及数量的对比和协调，以及整体的构图和四季的变化。对花卉植物的高矮虽没有严格要求，但配置时应注意前后关系，前面的花卉不能遮挡住后面的花卉。

花境中的花卉宜选用花期长、色彩艳、栽培管理简单、适应性较强、露地能够越冬的宿根花卉，也可适当配以一、二年生草花，球根花卉及花灌木，但切忌杂乱，注意配置的艺术效果既表现植物个体的自然美，又展示植物自然组合的群落美。花境内的植物可以不加更换，一次种植后可多年使用，但需进行养护管理或局部更新换花。

花境内部的植物配置，是自然形式的，在构图中要有主调、基调和配调，要有高低起伏。

色彩设计　花境的色彩主要由植物的花色来体现，宿根花卉是色彩丰富的一类植物，加上适当选用些球根及一、二年生花卉，使得色彩更加丰富。色彩设计不是独立的，必须与周围的环境色彩相协调，与季节相吻合。

花境色彩设计中主要有四种基本配色方法：

1）单色系设计。这种配色法不常用，只为强调某一环境的某种色调或一些特殊需要进才使用。

2）类似色设计。这种配色法常用于强调季节的色彩特征时使用，如早春的鹅黄色、秋天的金黄色等，有浪漫的格调，但应与环境相协调。

3）补色设计。多用于花境的局部配色，使色彩鲜明、艳丽。

4）多色设计。这是花境中常用的方法，使花境具有鲜艳、热烈的气氛。但应注意依花境大小选择花色数量，若在比较小的花境上使用过多的色彩反而产生杂乱感。

季相设计　花境的季相变化是它的特征之一。理想的花境应四季有景可观，寒冷地区可做到三季有景。利用花期、花色及各季节所具有的代表性植物来创造季相景观。如早春的报春、夏日的福禄、秋天的菊花等。

> **关键与要点**
>
> 具体的设计方法：在平面种植图上标出花卉的花期，然后依月份或春、夏等时间顺序检查花期的连续性，并且注意各季节中开花植物的分布情况，使花境成为一个连续开花的群体。

背景设计　单面观花境需要背景。花境的背景依设置场所不同而异，较理想的背景是绿色的树墙或高篱，也可以是白色的建筑物的墙基，还可在背景前选种高大的绿色观叶植物或攀援植物，形成绿色屏障，再设置花境。

边缘设计　花境边缘确定了花境的种植范围，高床边缘可用自然的石块、砖头、碎瓦、木条等垒砌而成，平床多用低矮植物镶边，以15～20cm高为宜。若花境前面为园路，边缘用草坪带镶边，宽度至少30cm以上。

（5）花境设计图绘制

花境设计图可用钢笔墨线图来绘制，也可用计算机绘制。

总平面图（环境图）　标出花境周围环境，如建筑物、道路、草坪及其所在的位置。根据环境大小确定选用1∶500～1∶100的比例绘制。

平面图（种植施工图）　需绘制出花境边缘线、背景和内部种植区域的植物种植图，以花丛为单位，用流畅曲线表现出花丛的范围，在每个花丛范围内编号或直接标注植物及构成花丛的特定花卉的株数。根据花境的大小可选用1∶50或1∶20的比例绘制。另需列表进行植物说明，包括植物名称、株数、花色、株高、花期和数量等。

立面效果图　以绘制主要季节景观为主，选用1∶200或1∶100比例皆可。另外要提供花境设计说明，简要阐述作者的创意，并对图中难以表达的内容作出说明。

（6）花境的建造

工作步骤一：植物材料的选择。

布置花境的植物多为多年生宿根、球根花卉，少量的草本、花灌木。适于花境栽植的花卉很多，常用的花卉可分为以下种类：

- 春季开花的种类有：金盏菊、飞燕草、桂竹香、紫罗兰、耧斗菜、荷包牡丹、风信子、花毛茛、郁金香、蔓锦葵、石竹类、马蔺、芍药等。
- 夏秋季开花的种类有：蜀葵、射干、美人蕉、大丽花、天人菊、唐菖蒲、萱草类、矢车菊、玉簪类、鸢尾类、铁炮百合、卷丹、宿根福禄考、桔梗、晚香玉、剪秋萝、紫露草、钓钟柳等。

工作步骤二：植床的建立。

花境施工完成后多年应用，因此需有良好的土壤。对土质差的地段应换土，但应注意表层肥土及生土要分别放置，然后依次恢复原状。通常混合式花境土壤需深翻60cm左右，筛出石块，距床面40cm处混入腐熟的堆肥，再把表土填回，然后整平，稍加镇压。

工作步骤三：放线。

按平面图纸用白灰或沙在植床内放线，对有特殊土壤要求的植物，可在其种植区采用局部换土措施。要求排水良好的植物可在种植区土壤下层添加石砾。

工作步骤四：栽植。

通常按照设计方案栽植物，裸根苗应随起随栽，起苗应尽量注意保持根系完整。盆栽花苗栽植时，最好将盆退下，但应注意保证盆土不松散。

栽植时间　裸根苗最好在4月左右栽植花境，因此时宿根花卉和球根花卉刚刚萌动，缓苗时间不用太长，盆苗栽植时间不固定。

栽种顺序　按放样先里后外，先左后右，先栽主要品种，逐次进行。一般先栽植株较大的花卉，再栽植株较小的花卉。先栽宿根花卉，再栽一、二年生草花和球根花卉。如花境面积大，可以同时进行，注意各品种严格按照放样来栽植。

栽植密度　以植株覆盖床面为限。若栽种小苗，则可种植密些，花大再适当疏苗；若栽植成功，则按设计密度栽好。栽后保持土壤湿度，直至成活。

工作步骤五：养护管理。

花境虽不要求年年更换，但日常管理非常重要。每年早春要进行中耕、施肥和补栽。有时还要更换部分植株，或播种一、二年生花卉。对于不需人工播种、自然繁衍的种类，也要进行定苗、间苗，不能任其生长。

在生长季中，要经常注意中耕、除草、除虫、施肥、浇水等。对于枝条柔软或易倒伏的种类，必须及时搭架、捆绑固定，还要及时清除枯萎落叶保持花境整洁。

早春或晚秋可更新植物（如分株或补栽）并把秋末覆盖地面的落叶及经腐熟的堆肥施入土壤。

混合式花境中花灌木及进修剪，花期过后及时去除残花等。有的需要掘起放入室内过冬，有的需要在苗床采取防寒措施越冬。

实践训练 37 "五一"节日庆典花坛设计实训

目的要求

为了更好地掌握花坛设计的要点，通过节日花坛施工的实践，学生理解花坛的平面、立面构图要求，了解花坛的基本配置方法，掌握花坛放样施工过程。

材料准备

1. 场地：80~100m² 空旷种植地。
2. 花材：时令草花1200~1600盆。
3. 相关工具：铅笔、记录本、绘图纸、皮尺、钢卷尺，种植工具及浇水设备等。

操作方法

1. 现场踏查，了解场地情况及周边环境。
2. 根据场地特点及提供的花材情况，绘制出花坛种植设计图，并进行设计说明。
3. 根据花坛设计图进行现场放样。
4. 根据放样进行种植施工。
5. 种植完成后进行场地清理，并为花坛植物浇足水。

评价标准

1. 构思要求：主题明确，构思有创意。
2. 选花材要求：色彩艳丽，配色协调，强烈地烘托出节日气氛。花期一致、高度符合设计要求。购置盆花数量合理，没有造成浪费。
3. 施工要求：种植过程按图施工，程序符合要求。
4. 整洁要求：场地清理到位，浇水充足。
5. 合作要求：与其他同学共同合作良好。

提交实训报告

内容包括：设计图纸，设计说明，花坛布置的主要过程及注意事项。记录花坛的主要花卉材料，分析其特点，如花坛体量、形状、色彩与环境是否协调；花材选用是否得当、质量如何；株行距、花坛面积及用苗量是否合适。

实践训练 38 花境设计实训

目的要求

为了更好地掌握花境设计的要点，通过校园单面观花境的施工实训，学生理解花境平面、立面构图要求，了解花境的基本配置方法，掌握花境放样施工过程。

材料准备

1. 场地：80~100m² 空旷种植地。
2. 花材：时令草花1000~1500盆，品种在5种以上。
3. 相关工具：铅笔、记录本、绘图纸、皮尺、钢卷尺，种植工具及浇水设备等。

操作方法

1. 现场踏查，了解场地情况及周边环境。
2. 根据场地特点及提供的花材情况，绘制出花境种植设计图，并进行设计说明。
3. 根据花境设计图进行现场放样。
4. 根据放样进行种植施工。
5. 种植完成后进行场地清理，并为花境植物浇足水。

评价标准

1. 构思要求：主题明确，构思有创意。
2. 选花材要求：花卉配置恰当，数量、种类选用合理，花卉习性符合栽植地的生态要求。购置盆花数量合理，没有造成浪费。
3. 施工要求：种植过程按图施工，程序符合要求。

4. 整洁要求：场地清理到位，浇水充足。
5. 合作要求：与其他同学共同合作良好。

提交实训报告

内容包括：设计图纸，设计说明，花境布置的主要过程及注意事项。记录花境使用的主要花卉材料，分析其特点，如花境的体量、形状、色彩与背景环境是否协调；花材选用是否得当、质量如何；株行距、花境面积及用苗量是否合适。

实践训练 39 悬挂花饰制作实训

目的要求

为了更好地掌握悬挂花饰的设计及制作要点，通过校园操场吊篮、花箱花饰的施工实训，学生掌握悬挂花饰设计、制作要点及注意事项。

材料准备

1. 场地：学校操场护栏。
2. 花材：时令草花1000～1500盆，品种在5种以上。
3. 相关工具：铅笔、记录本、绘图纸、皮尺、钢卷尺、种植工具及浇水设备等。
4. 花篮、花箱等相关器具。

操作方法

1. 现场踏查，确定采用悬挂式花饰的位置及装饰形式。
2. 容器的选择及栽培介质的准备，填加保水材料。
3. 花苗的选择及栽种：悬挂式花饰的花卉以脱盆栽植为主，花苗的根部全部栽入土壤，也可直接将花苗连盆装入花篮中。
4. 悬挂式花饰的养护管理：主要包括浇水、施肥及修剪等工作。
5. 将吊篮、花箱装饰在设计的位置上，并进行场地的清理工作。

评价标准

1. 构思要求：主题明确，构思有创意。
2. 选花材要求：花卉配置恰当，数量、种类选用合理。
3. 栽植要求：栽植程序符合要求。
4. 整洁要求：场地清理到位，浇水充足。
5. 合作要求：与其他同学共同合作良好。

提交实训报告

内容包括：悬挂花饰布置的要点及制作过程。

综合训练

街头场景花卉装饰

目的要求

为了更好地掌握街头花卉装饰的综合设计与施工技术，通过在校园场地进行模拟街头花卉装饰训练，学生掌握学校街头花卉装饰的布置要点及注意事项，学会绘制平面图，并能熟练地完成图纸放样、种植施工、栽后养护管理等工作。

材料准备

1. 场地：200～400m² 空旷种植地。
2. 花材：时令草花数盆，品种在5种以上。
3. 相关工具：铅笔、记录本、绘图纸、皮尺、钢卷尺、种植工具及浇水设备等。

操作方法

1. 现场踏查，确定花饰的位置及装饰形式。
2. 制定设计方案，并进行讨论，由教师把关确定最后较为理想的设计方案。
3. 绘制出总平面图和效果图。
4. 清理场地，并进行翻地、整地，按设计图纸在模拟场地进行定点放线。

5. 按设计图纸进行种植施工，栽种花卉，浇足水，并进行场地清理等后期工作。

评价标准

1. 构思要求：主题明确，构思有创意。
2. 选花材要求：花卉选择合理，装饰位置及装饰方式合理。
3. 施工要求：种植过程按图施工，程序符合要求。
4. 整洁要求：场地清理到位，浇水充足。
5. 合作要求：与其他同学共同合作良好。

提交综合场景实践报告

内容包括：设计图纸，设计说明，街头景观布置的主要过程及注意事项。

相关链接

吴涤新.1994.花卉应用设计［M］.北京：中国农业出版社.

朱仁元，等.2002.花卉立体装饰［M］.北京：中国林业出版社.

郭锡昌，等.1994.绿化装饰艺术［M］.沈阳：辽宁科技出版社.

吕正华.2000.街道环境景观设计［M］.沈阳：辽宁科技出版社.

朱迎迎.2005.花卉装饰技术［M］.北京：高等教育出版社.

思考题

1. 街头花卉装饰布置可起到哪些作用？
2. 在进行街头花卉装饰布置时，应依据哪些原则？
3. 街头花卉装饰的基本形式有哪些？
4. 哪些花卉适于做街头悬挂花卉装饰设计？可产生何种装饰效果？
5. 什么是花坛？有何特点？主要用在街头哪些空间的装饰设计中？
6. 依据花材布置的特点，可将花坛分为哪几类？各有何特点？
7. 什么是花境？有何特点？主要用在街头哪些空间的装饰设计中？
8. 花坛和花境有哪些不同点？
9. 在进行街头花坛设计时应考虑哪些问题？
10. 如何做好花坛的施工和养护管理工作？
11. 花境施工和养护管理技术要点有哪些？
12. 为你学院设计一个"十一"庆典的圆形花坛，所用花卉种类不得少于3种，绘制平面图，并说明设计意图及栽培技术要点。

主题花卉装饰

教学目标

终极目标

学会主题花卉装饰设计和布置。

促成目标

当你顺利完成本单元后,你能够:

1. 明确专题花卉装饰和展览花卉装饰的应用范围和特点。
2. 学会专题花卉装饰以及展览花卉装饰的基本形式。
3. 学会立体花坛的设计与施工。
4. 学会花艺设计作品的设计与制作。

工作任务

1. 专题花卉装饰。
2. 展览花卉装饰。

5.1 专题花卉装饰

【教学目标】

1. 了解专题花卉装饰的布置要点。
2. 了解专题花卉装饰的基本形式。
3. 掌握立体花坛的设计与施工技巧。
4. 掌握立体花坛的技术要求。

【技能要求】

1. 会制作小型立体花坛造型。
2. 会布置小型专题场景花卉装饰。

案例导入

张老师的大学同学在一家景观公司工作,马上要到国庆节了,他们公司接到了一个要在街头绿地进行主题花卉装饰的任务,要求根据欢庆国庆节的主题设计一个小型的立体花坛,并对周围环境进行花卉装饰设计,于是张老师要求同学们根据这个真题集思广益,设计方案。同学们可以分组在查阅资料的基础上讨论布置方案。要求每组至少出一个设计方案。

分组讨论:

1. 根据国庆专题设定一个风格。
2. 讨论立体花坛的基本造型。
3. 想想还有哪些地方可以与立体花坛造型相协调的花卉装饰布置?

序 号	风格	立体花坛基本造型	环境花卉装饰的注意事项	自我评价
1				
2				
3				
4				
5				
6				
备 注	自我评价按准确★、基本准确▲、不准确●的符号填入			

4. 如果你是张老师的大学同学,你觉得哪些设计你可能会采用?为什么?

我认为最满意的设计:

5.1.1 主题花卉装饰布置要点

目前很多公园或者街道为了突出特点、形成特色，都运用花卉装饰的形式来表现主题。如有的公园举办竹文化节，在公园内布置大大小小的与竹文化相关的景点。如有的公园举办杜鹃花展，在公园主要道路两侧布置各种不同的主要用各个品种杜鹃形成的景点。又如上海举办2010世博会，上海的各个街道路口都布置了以世博为主题的绿化景点。因此主题花卉装饰可以更好地突出所要表达的主题思想，丰富绿化形式，美化环境，烘托气氛。

主题花卉装饰的布置要点主要是：

因地制宜 由于主题花卉装饰布置的场地没有统一的规定，因此在布置时，一定要因地制宜。要考虑场地的地形地貌、周边环境，如是街头空地，只能采取摆花的形式或立体花坛形式。如在公园里则还可以用水池以及花境的形式。

图5-1 奥运中国印立体花坛

突出主题 主题花卉装饰必须突出主题，如果是以竹文化为主题，那就必须围绕竹子做文章，如"竹林七贤"、"竹径通幽"、"竹塔映月"、"熊猫一家"等景点，体现竹子的各种形态；如以世博会为主题，可以选用海宝立体花坛、奥运会中国印会徽立体花坛（图5-1）等来表现，使观者一目了然，也起到了烘托气氛的效果。

形式多样 主题花卉装饰可以采用的形式比较多，如立体花坛、花境、摆花、组合盆栽、大型花艺设计作品等。

图5-2 蒙特利尔立体花坛

装饰性强 主题花卉装饰运用各种形式布置突出主题，能起到很好的装饰效果（图5-2）。

5.1.2 主题花卉装饰的基本形式

主题花卉装饰的基本形式是立体花坛、花境、摆花、组合盆栽等形式。立体花坛是由一年生或多年生的小灌木或草本植物进行立体组合而形成可移动的艺术造型（图5-3）。它代表一种形象、物体或信

图5-3 主题立体花坛

息。作品包括二维和三维两种形式。

5.1.3 立体花坛的设计与制作

立体花坛作为一种新兴的园艺形式在国际上流行始于2000年的蒙特利尔。一位园艺家在钢结构内填充泥土介质，然后种上花草，从而获得了一种植物雕塑效果，受到了全世界的欢迎，并且每隔三年举行一次国际立体花坛大赛。目前在公园、各种园艺展览会、街头绿地都会看见立体花坛的影子，为主题花卉装饰增添了一种重要的布置形式。

立体花坛有视觉冲击力强、管理方便、观赏期长等优点，其设计与制作过程如下：

造型设计和制模　根据主题设计出造型图纸，最好是立体效果图。可选合适的人物、动物、物体雕塑等进行骨架结构和造型设计（图5-4），然后根据体量和受力大小配置不同规格的角钢焊制支撑骨架。为防止后期填充栽培基质时出现基质下沉现象影响植物生长，应在适当高度位置处分设挡板。再以钢筋制作立体花坛模型，钢筋的间距以5~15cm为宜，过密则不便于后期植物栽植，过稀则栽培基质易漏出，立体花坛易变形。此道工序关系到最终效果的好坏，故应严格按照造型设计图进行施工，防止比例失调。

图5-4　海鸟造型的立体花坛

罩网和栽培基质填充　以遮阳网作为立体花坛的外壳罩在模型上，从下向上边缝制边填充栽培基质，基质以蛭石、黏土为主，可适当添加海绵条、草屑、农家肥等成分，做到既保水保肥又增加拉力。

植物材料选用和栽植　传统立体花坛植物材料主要以五色草为主。五色草植株矮小，分枝力强，枝繁叶密，耐修剪，叶色多变，色泽鲜艳，性喜温暖而畏寒，耐干热忌低温，在含腐殖质的肥沃砂壤或壤土上生长良好。为了丰富色彩，可搭配选用金叶景天、佛甲草、彩叶草、四季海棠、仙人球等。植物材料应采用穴盘苗，因其根部较小易于栽植，栽后缓苗期短。冬天可采用观赏期较长且耐寒的羽衣甘蓝（图5-5）。

以竹签在遮阳网上开洞，将植物栽入压实使根系舒展与基质接触紧密，栽植密度以不见遮阳网为宜，栽后浇水置阴处或搭阴棚养护两周，仙人球应少浇水。

养护与修剪　植物材料缓苗后移到光线充足处或立体花坛布展处进行正常养护，五色草、彩叶草等比

图5-5　选用羽衣甘蓝的立体花坛

前两周少浇一点水，以植株保持生机、不萎蔫为度，晴天、风大、气温高时浇水可稍多。

植物生长到一定高度后应进行修剪，修剪时尽量平整，同时将图案的边缘线修出，使立体花坛的造型更加生动。

至此，一件立体花坛作品基本完工，为了强化效果，可于花坛周围另行配置花境，种植相应的花球、宿根花卉、观叶植物以丰富景观层次，提高观赏性。

5.1.4 立体花坛的技术要求

参考2006年上海立体花坛大赛，立体花坛的技术要求主要如下。

1. 设计应有专业设计师负责

设计的技术要求包括能直观表达大赛的主题，要求主题鲜明、寓意明确，能充分展示立体花坛的园艺特色和民族、地域的文化内涵，要求创意独特、构思新颖、结构紧凑。能充分展示植物特征与丰富多彩的图案、造型，要求色彩鲜明、搭配协调、视觉效果良好。在技术上要求设计时要考虑立体花坛的固定方式，以及植物材料的应用，作品表面植物使用的覆盖率不得少于80%。另外要考虑比赛展出期间方便展品的维护和管理，使景点能保持最佳状态，以及要考虑因地制宜，充分利用公园原有的地形地貌，如水体、斜坡等。

2. 施工的技术要求

施工方法有2种，传统制作方法是先用钢材搭好骨架，然后用稻草和泥像燕子筑巢一样构筑胚身，最后在泥胚上种植植物材料。现在的制作方法是在钢架内填介质，外包遮荫网，再在上面种植植物。

（1）构架制作材料与固定

构架制作是立体花坛成败的关键，应有结构工程师负责，主要解决构架承受力问题；由美术工艺师负责造型制作。

1）构架材料要求轻盈，一般以钢材为主。构架采取可拆卸的形式，便于搬运。结构造型制作要精确、生动地达到设计效果。

2）一般不可使用挖掘的方式固定立体花坛。要充分考虑构架的可移动性和安全性（包括抗风能力、稳定性、承受荷载等因素）。

3）构架表面钢筋焊接的间距以18cm较为合理。构架内部填入介质后，每30cm高做一道防沉降带，沉降带用φ6.5钢筋焊接，间距20cm×20cm面用麻皮带固定，防止介质浇水后下沉出现立体花坛下部膨胀变形。

4）构架制作时要"凹""凸"明显，富有立体感。立面图案直接用钢结构焊接出，便于种植植物。

5）由于是植物造景，和原有参照物有一定差异，所以在制作时要充分考虑放大比例后结构造型的视觉尺度，提高作品的整体协调性。如样品展中制作鼎的把手和四条腿构架体量可以比实物适当放大；制作茶壶的嘴构架体量可以比实物适当缩小；制作牛头颈构架体量可以比实物适当延长。

（2）填充物及绑扎技术

1）填充物要求营养丰富且较轻的介质，主要配方是泥炭土∶珍珠岩∶其他（有机肥或椰糠或木屑或山泥或棉子壳等）=7∶2∶1。

2）填充物厚度一般在15cm。根据作品大小，误差±2cm，太薄易失水，太厚易积水。体量大的作品中间可填充泡膜等。

3）绑扎用品有遮光网（或塑料或麻布）、铅丝、老虎钳、剪刀等。立体花坛表面铺设遮光网（或塑料或麻布）。一般遮光网要求80%以上遮光率。网密度大，种植植物易出现松散。遮光率低于50%的遮光网易出现散网现象。

4）遮光网一般每15cm×15cm扎16~22#铅丝一道，防止膨胀。

5）喷灌设施的安装与填介质同步进行，喷灌设施分喷雾和滴管两种，喷雾用于表面，起保湿作用，喷雾为每平方米布置一个滴头；内部安装滴管，从下向上间距逐渐减少，最下部为60cm，向上以10cm递减，滴头间距为30cm。同时，装置自动控制系统及雨量传感器，可以自动调节湿度。

（3）种植工艺

1）种植植物应由园艺工程师或技师负责。

2）用于立体布置的植物材料有红绿草类（16种）、四季海棠类、白草、薰衣草、银香菊、彩叶草类（15种）、宝石花、景天类、石莲花、朝雾草、佛甲草、金叶过路黄、嫣红蔓、红莲子草、血苋、腊菊（2种）、番薯藤（3种）、小菊、垂盆草、牛至等40多种。配景植物材料有彩叶草（巨无霸）、一串红等40多种。

3）针对不同类型的植物，运用不同规格的穴盘，但穴盘规格最小以72穴较理想。

4）从作品实际需要出发，种植时宜同品种不同颜色的植物可布置在一起，但喜干和喜湿植物、快长与慢长的植物应相对集中，便于养护管理。

5）植物种植密度应充分考虑以开幕和评比时段效果最佳为好。一般每平方米种植植物在400株左右。既利于植物生长和养护管理，又利于展示效果。

6）根据不同的造型，合理地选择植物材料进行配置，提高立体花坛的观赏价值。如朝雾草可用于绵羊等动物造型的布置；景天科植物可布置在鱼鳞上等，达到活泼的效果。

7）种植工具有刀、剪刀、锥子等。

8）1个工人每天平均种植1.5~2.0m²。

3. 养护管理的技术要求

立体花坛的综合养护管理，包括浇水、定期修剪、病虫害防治、施肥、补种植物及环境配置物清洁等方面，使植物在展览期间始终保持最佳状态。

1）以人工浇水和喷雾相结合，正常情况一般2天浇水一次。

2）植物修剪方面。从温度看，一般温度28℃以上，需10天修一次，温度22~25℃，15天修一次，22℃以下，30天修一次；从品种看，五色草10天修一次，景天科植物15天修一次；另外，喷施矮壮素的植物，25天修一次。从2005年样品展看，9月30日和10月15日重修2次，平时小修即可。

3）病虫害防治，主要有蚜虫、螟虫、青虫等，应适时进行无公害防治。

4）施肥，如果肥力不足，施三元复合肥，防止角叶枯黄和脱叶。

5）及时补种植物，清除枯枝烂叶，防止立体花坛空秃。

6）保持环境配置物清洁、无杂草、无空秃。

7）对植物生长状况和相关养护情况进行记录。

实践训练 40 立体花坛制作实训

目的要求

为了更好地掌握立体花坛制作要点，通过小动物造型立体花坛的制作实践，学生理解立体花坛的构图要求，了解立体花坛制作的基本创作过程，掌握立体花坛的制作技巧、花材处理技巧、花材固定技巧。在老师的指导下完成一件小动物造型立体花坛作品。

材料准备

1. 花材：创作所需的花材。包括：佛甲草、金叶过路黄、朝雾草、五色草、各色康乃馨、相关叶材等。

2. 固定材料：花泥、培养土等。

3. 辅助材料：钢筋、铅丝、铁丝网、遮阴网、各种色彩KT板等。

4. 插花工具：剪刀、美工刀、尖锥钳、老虎钳等。

操作方法

1. 教师示范：

步骤一：将钢筋扎成立体的、大小在1m×1m×1.2m之间的小动物造型的模型。如小兔子、小乌龟、海宝等形象。

步骤二：将在动物体内用铁丝网将用锡纸包好的花泥与动物模型固定。如果种植五色草则应用遮阴网固定培养土。

步骤三：在特殊位置可以用各色KT板剪成相应的形状加以点缀，如眼睛、脚趾等。

步骤四：根据设计好的动物身体色彩均匀平整地插入各色康乃馨或叶材等，或者在遮阴网固定的培养土中种植五色草或其他类似植物。

2. 学生分组模仿训练：按操作顺序进行插作。

评价标准

1. 构思要求：独特有创意。

2. 色彩要求：新颖而赏心悦目。

3. 造型要求：符合动物造型立体花坛的造型要求，花材平整、边缘完整。

4. 固定要求：整体作品固定牢固、花形不变、造型逼真。

5. 整洁要求：作品完成后操作场地整理干净，保证每枝花都能吸到水，或每株植物都种植在培养土中。

6. 合作要求：与其他同学共同合作良好。

提交实训报告

内容包括：对小动物造型立体花坛制作全过程进行分析、比较和总结。

综合训练

主题场景花卉装饰

目的要求

为了更好地掌握主题场景花卉装饰的要点，通过对以竹子为主题进行主题场景花卉装饰的实践，学生理解主题场景花卉装饰的具体要求，了解主题场景花卉装饰的基本创作过程，掌握主题场景花卉装饰的布置技巧。在老师的指导下完成一个主题场景花卉装饰。

场地准备

每组60m²左右室外空间，可在园林实训大棚中进行。

材料准备

1. 花材：创作所需的时令花材。包括：切花花材或仿真花材，以及各色盆栽植物。制作立体花坛所需的植物，如五色草、佛甲草、金叶过路黄、朝雾草等。粗细、长短不一的竹子。各种规格的石子，如白石子、黑色鹅卵石、大小不等的鹅卵石等。还可根据需要准备一些预制的藤制品，如大小不等的藤球、藤制几何体等。

2. 花器：各色盆栽容器。

3. 固定材料：花泥、培养土等。

4. 辅助材料：钢筋、铅丝、铁丝网、遮阴网、各种色彩KT板等。

5. 插花工具：剪刀、美工刀、铁锹、种花铲、尖锥钳、老虎钳、热胶枪等。

操作方法

1. 将学生分成10人一组，每组60m²的室外空间。

2. 学生首先画出以竹文化为主题的设计布置草图，以及展出的设计初步设想，如用什么形式的立体花坛、用什么形式的花境、艺术盆栽或其他形式等。

3. 学生分工布置场地和制作所设计的立体花坛、花艺作品、花境等。

4. 教师进行评价，根据每位学生的表现进行打分。

5. 可以各组交叉评价、互相交流。

评价标准

1. 构思要求：独特有创意。

2. 色彩要求：新颖而赏心悦目。

3. 造型要求：符合主题花卉装饰的造型要求，主题明确、整体协调、重点突出。

4. 固定要求：整体作品及花材固定均要求牢固。

5. 整洁要求：场景布置完成后操作场地整理干净。

6. 合作要求：与其他同学共同合作良好。

提交综合场景实践报告

内容包括：对主题花卉装饰布置全过程进行分析、比较和总结。

班级		指导教师		组长	
参加组员					
主题：					
所用主要色彩：					
所用花材：					
所用布置形式：					
创作思想：					
小组自我评价：	○好	○较好	○一般	○较差	
小组互相评价：	○好	○较好	○一般	○较差	
教师评语：					

思考题

1. 主题花卉装饰的布置要点有哪些?
2. 简述主题花卉装饰的基本形式。
3. 立体花坛的优点有哪些?
4. 简述立体花坛的设计制作过程。
5. 简述立体花坛的施工技术要求。
6. 简述立体花坛植物种植技术要求。
7. 简述立体花坛养护要点。

展览花卉装饰

【教学目标】

1. 了解展览花卉装饰的布置要点。
2. 了解展览花卉装饰的基本形式。
3. 掌握花艺设计作品的设计与制作技巧。

【技能要求】

1. 会制作架构、组群、支架、平行线、交叉线花艺设计作品制作。
2. 会布置小型展览场景花卉装饰。

案例导入

两年一度的全国花卉园艺博览会将举行,学校为了充分展示教学成果,决定组团参加,任务就落在了张老师所带的班上,这次花卉园艺博览会为了充分展示花卉园艺设计水平,必须运用花艺设计的方法对展位(长6m、深3m、展板高1.8m不封顶)进行设计与布置。同学们可以分组在查阅资料的基础上讨论布置方案。要求每组至少出一个设计方案。

分组讨论:

1. 先根据当年的盛事(如国庆、奥运、世博会等)为展览设定一个风格。
2. 讨论平面布置图。
3. 讨论花艺设计作品基本造型。
4. 想想还有哪些地方可以对展室进行相协调的花卉装饰布置?

序 号	风格	平面布置设想(附图)	花艺设计作品造型	环境花卉装饰的注意事项	自我评价
1					
2					
3					
4					
5					
6					
备 注		自我评价按准确★、基本准确▲、不准确●的符号填入			

5. 如果你是张老师,你觉得哪些设计你可能会采用?为什么?可以与老师一起进行讨论。

我认为最满意的设计:

5.2.1 展览花卉装饰布置要点

展览花卉装饰是根据展览会的性质、特点、规模等特性，利用植物的各种装饰形式对空间进行综合设计布置，形成良好的展示效果。

1. 展览会的形式

会展是会议、展览、大型活动等集体性活动的简称。其概念内涵是指在一定地域空间，许多人聚集在一起形成的定期或不定期、制度或非制度的传递和交流信息的群众性社会活动，其概念的外延包括各种类型的博览会、展览展销活动、大型会议、体育竞技运动、文化活动、节庆活动等。

我们这里所说的主要是指和植物相关的各类展览会。根据举办者可以分成国际和国内两大类。如由国际园艺者协会（AIPH）每3~5年举办的世界园艺博览会、由立体花坛国际委员会每三年举办一次的国际立体花坛展、由国家建设部每2~3年举办的中国国际园林花卉博览会、韩国亚太花艺设计展、2010中国台北花卉博览会、一年一度的中国香港春季花卉展、"世界杯"国际花艺设计师大赛、"亚洲杯"国际花艺设计师大赛，等等。国内的由中国花卉协会举办的两年一次的中国花卉园艺博览会，由国家林业局、全国绿委举办的每5年一次的中国绿化博览会等。根据展出的主要内容可以分成有中国风景园林学会菊花研究专业委员会每两年举办的全国菊花精品展以及各省、市举办的盆景展、荷花展、牡丹展、竹文化展、郁金香展、庭院景观设计展、家庭插花展等。与植物相关的各种展览会都会进行相关的花卉装饰。

2. 展览花卉装饰的主要形式

展览花卉装饰的主要形式根据布置空间及位置可以分成环境布置、展台布置、展室布置等。

环境布置又分成室外环境布置和室内环境布置。室外环境布置一般采用立体花坛形式、小庭院景观设计、花坛花境等形式；室内环境布置一般采用花艺设计作品、组合盆栽等形式。展台布置一般采用插花作品、花艺设计作品、水培植物、盆景、组合盆栽、干花作品等形式。展室布置比较灵活，可以根据展览会的要求和展室的大小进行设计，一般采用大型的花艺设计作品或插花作品以及盆栽植物的展示。大的展室也可以进行室内庭院设计布置。目前国际上大型的展览会室外布置采用立体花坛与花境结合的形式较多，而室内采用花艺设计作品较流行。

3. 展览花卉装饰的步骤及布置要点

展览花卉装饰的步骤主要分成需求分析、设计条件、概念设计、设计图绘制、施工布置、养护管理6个步骤。

需求分析 首先要了解展览会的主题、规格、规模、预算。如一年一度的香港花卉展每年都会确定花卉展的主题花卉，有时会是矮牵牛或扶桑等各种花卉。如果是菊花展设计中的主要花卉材料就需考虑以菊花为主，了解展览会的主题有利于设计方案与主题相贴切。展览会的规格、规模对设计也是会有影响的。是全国性的菊花展还是某一个公园举办的菊花品种展，展览面积在上万平方米还是只有几百平方米，是国际性的还是国内的或者就只是自己公园的举办大小型展览等，在设计前都要有一个清楚的了解。预算对设计也会起到举足轻重的影响。了解了大约的预算投资，在设计过程中就需考虑选用合适的方式和材料以求在有限的预算中取得最佳的展览效果。

设计条件　在了解了需求和进行必要的分析后，还需考虑设计条件。包括是室内还是室外、面积的大小、地形地貌、水电位置及容量，等等。室外设计首先要考虑面积大小、周围的环境、地形地貌以及水电情况。如周围是建筑还是树林或山体或者就是一马平川，设计的地块地形地貌是如何的？是否有水体或者有地形，最好要有原始的地形图。水电位置以及水电的最大容量都要了解清楚，这对以后的设计打下扎实的基础。

概念设计　在了解前期的情况后，首先进行概念设计，也就是先要确定一个主题，确定选用什么样的主题风格，用什么样的元素来体现主题风格，用什么样的主色调体现主题，主要用什么样的形式来表现主题。如上海参加2010中国台北花卉博览会，主要是在两岸交流区室外展区布置，首先确定要体现上海特色和风格，然后可以选用石库门元素和立体花坛的形式来表现主题，选用红绿草为主要材料来装饰制作立体花坛等。如果确定是以上海世博会为主题，就可采用海宝作为元素来表现，可以选用蓝灰色植物来体现。不同的主题使用不同的元素来体现，是用不同的色彩、材料来表现的。因此概念设计相当重要，是一个关键性的步骤，可以通过召开各种专家咨询会来征询，集思广益，好中选优，一旦确定就为后面的设计步骤确定了设计的灵魂。

设计图绘制　确定了设计的主题和风格后，就需要进行设计图的绘制，一套完整的设计图应包括设计思想及说明、原始地形图、平面设计图、相关剖面图、立体效果图、夜景效果图、使用植物名录、施工图等。一般采用计算机辅助设计CAD来完成平面图，用3D Max绘制效果图，可以起到良好的视觉效果，更好地体现设计思想。

施工布置　根据设计图、施工图组织施工，为更好地体现设计效果，设计师要到现场指导施工，并有相关的安全员、质量员等确保安全和工程质量。相关的植物布置还需专门的人员进行设计布置，如花艺设计、插花作品、艺术盆栽、盆景、干花作品、压花作品等就需要有专业人士进行设计布置，展览的设计师只要将这些展示作品的空间留出并标注数量规格要求即可。

养护管理　植物是有生命的，因此不管采用何种展示形式，为了确保展览期间的展出效果，必须有专人负责养护管理。包括浇水、剪去残花败叶、用新鲜的花材换去枯萎的或者影响展出效果的花材，甚至可以将整个花艺作品重新插制。如果展出时间较长，还需要一定的营养液以及进行植保工作。目的就是使展出效果从展览会开幕到闭幕是一致的。

5.2.2　花艺设计的概念和风格特点

1. 花艺设计的概念

随着社会的发展变化，插花艺术的表现形式、内容与其他艺术一样打上了各个时期的烙印，由古典形式逐步发展到合乎现代人欣赏要求的现代形式。传统插花在理论和实践上都有很高的成就，是花艺设计的基础和母体，而花艺设计是传统插花的延续和派生，没有传统插花理论的浸润就没有花艺设计的存在和发展。花艺设计是在传统插花艺术的基础上有了更新、更美、更完善的发展。如花材从传统的季节性、以本地新鲜的木本材料和草本材料为主发展到跨季节、跨国界并引用大量干燥植物材料和非植物材料；作品构图从传统的心象花、理念花等发展到现在讲究单一的或多种规范构图形式的组合；花器从传统的铜、陶、瓷、竹发展到现在多种现代化质地和抽象造型的器皿以及各种现代非自然材料所做成的构架。花艺设计的产生也受到各种文化艺术的影响，抽象的绘画、结构主义的画面、意识流和黑色幽默文学作品、环保意识、自然意识，种种变化对花艺设计的冲击，人们自觉不自觉地使作品受到了影响。

图5-6　花艺设计　作者：朱永安

花艺设计属于插花艺术的范畴，但有别于传统的插花艺术，是传统插花艺术的延续和发展，更带有现代气息，富有艺术设计的内涵，源于又不拘泥于传统的花器、花材、及插花手法。变化丰富多彩，创意别具一格。花艺设计是设计师以植物材料为主，用植物的各种器官（如叶片、树段、花瓣、种子等），根据艺术造型原理，运用串、缠、绕、粘等有别于传统插花技艺的手法创作出具有时代特征、民族特点、造型特色的一种插花造型艺术（图5-6）。

花艺设计在近几年有了蓬勃的发展，随着国际性的插花艺术交流越来越多，走出去请进来，多方面的信息交流使得人们的精神生活逐步趋向国际化。拓宽了思路，接受了各种风格、各种流派插花艺术的长处，不完全局限于传统插花的框架中，使花艺设计走出了新的路子。有专门的花艺设计协会，还有世界上各种层次的花艺设计大赛，如世界杯花艺设计大赛、欧洲杯花艺设计大赛、台湾花艺设计大赛，等等。通过大赛，不仅涌现了大量的花艺设计大师，同时也是一个切磋技艺、提高技艺的好机会，因此，世界花艺水平有了长足的发展。

2. 花艺设计的风格与特点

花卉是人类借以装点生活、陶冶情操的娱情之物，它伴随着人类一同进步与发展。东西方插花都具有数千年的历史，每一个时代的艺术家都在忠实、敏捷地以他们的作品反映当时的种种现实。花卉美的展现也一样受到社会、环境的影响，花卉美的意识在一定程度上反映着人们的心理和社会变迁，每一个时期对花卉的欣赏都折射出该时代人们生活审美情趣的特色。时至今日，在现代人的生活里，"花"不仅具有沟通人与人之间情感的代言地位，更具有缓解现代社会繁忙压力，缓和紧张情绪的作用。花艺设计反映的是现代人有兴趣关注的问题，它跟随着时代的潮流，在内涵上探求更高的审美境界，满足现代人不断发展的审美需求。

所谓风格就是符合文化思想和环境所创造出来的格式。花艺设计受东、西方插花艺术及其他造型艺术的影响形成了自己独特的艺术风格和特点，花艺设计在现代科技进步的浸润下越发具有时代的特征。可以归纳为返璞归真、环保意识、时代特征、民族特色。

返璞归真　现代社会以科技发展为基础，科学技术的日新月异，人们在享受科技发展的种种成果时，仍希望保持与大自然的亲近。人们纷纷走出城市、走出水泥森林，来到郊外田野，来到大自然的怀抱，尽情享受大自然所赐予的阳光、大地、花草、树木、空气、风霜雨露。在享受的同时，还有奢望，那就是要将大自然的自然景象留在身边，使自己永远置身于大自然之中，于是模仿自然的一种形式应运而生——园林，又称第二自然，使人们可以在家的附近、在办公室的窗外随时亲近大自然，拥抱大自然。而在室内就可利用盆栽、或艺术插花、花艺设计来装点室内环境，使得自然气息环绕在身边，这是现代社会人们所企求的、所盼望的、所一直在追求的。在花艺设计上，则表现为以自然植物的形体、色彩、存在形式来表达内心意象、表达思想内涵，其布局构图描述自然景色、强调自然之美，如自然设计、园景设计等就是在这种回归自然的趋势中发展出的花艺设计类型。

环保意识　插花素材都是取之于大自然的草叶花木，都是百分之百可以回归大地的自然植物，原本不至于有环保上的问题，但其他附加物，如容器、装饰品，甚至花材固定材料等，因某些物质不能为自然所分解而造成污染问题。虽然这些污染相对其他行业的污染来说是微不足道的，但作为一种体现人们热爱大自然的艺术形式，应具有更强的环保意识和自我约束意识。如选用陶、木制品作为容器，可以多次使用；改进花泥品质，使之在废弃之后尽快分解，甚至不用花泥这种塑料制品来固定花材，改用花插或卵石或自然固定方法等可反复使用（图5-7）。

图5-7　自然固定花艺设计

时代特征　现代绘画、现代雕塑高度的抽象形式、新奇的内容影响着花艺设计，使花艺设计始终紧跟着时代潮流的步伐。这不仅是外在形式上的改变，同时也包括色彩、结构、材质的变化，是一种以自然与非自然的物质为基础，加上创作者的自我认识，而驰骋于无限的设计空间。

在具有时代特征的作品中始终追寻着时尚的脚步，现代艺术中一个新的形式、新的设想、新的材料都会被花艺设计师所捕捉，并运用于创作中。设计师会追求新潮前卫，常选用新颖的线条、强烈的色彩；对于花材也不一定要求完美无缺，枯枝败叶、被虫咬过的花朵等也被选用；或者把植物材料分割、剖开，或者在植物上喷漆、镀金、镀银；在作品中加入金属、玻璃等异质材料，让金属、玻璃的坚硬、光亮、冰冷与鲜花的娇艳产生对比，从而产生强烈而炫目的视觉效果。就传统观念的插花美是完整美，这种美能被大部分人所接受，不论内行还是外行都能感觉到美；而现代艺术中，无序、出奇、荒诞又成为一种新的美，即残缺美、朦胧美。这种美有一定的争议，有的人能理解，有的人不能理解，所以对一些新潮前卫花艺设计作品的鉴赏有一定难度，不能单纯从传统的范畴考虑。对新潮前卫花艺设计作品的鉴赏要有更高的艺术修养、更广泛的知识，才能对作品的理解有深度。当然，新潮前卫花艺设计作品也强调形、神、色三方面的美，因为插花的形态非常重要，没有良好的造型，就很难体现作者所要表达的创作思想及意境，而意境又是插花作品的灵魂；色彩在新潮前卫花艺设计作品中占很重要的地位，色彩得当有利于作者对表达的情思意志加以提炼、定格和升华。花艺设计始终保持着时尚的要求，为广大时尚爱好者所追捧（图5-8）。

民族特色 美的原则不分民族、国度，花卉的应用也没有地区的限制，不过当花与人的思想结合而发展成插花花艺时，人的思想观念会因本身文化背景的不同，在风格上产生差异。欧美崇尚理性、装饰的形式美，东方崇尚虚实相生的意境美，这都给各自的花艺设计留下了深深的烙印。插花与花艺中有许多表现自然风光、风土民情的作品，各国迥异的山水，不同的民俗，使花艺作品有着不同的形式与风格。从古典到现代、从传统到创新，花艺设计是传统插花的延续体，是一种动态的发展，没有传统为基础，创新是没有根基的，最有民族性的才是最有世界性的。中华民族传统文化博大精深，中国传统美学思想与现代美学思想在本质上是一致的。如图5-8所示，用枝条染成富有中国特色的红色构成一个外方内圆的构架，体现中国天圆地方的理念，然后在中间插上中国传统花卉牡丹，既体现了浓厚的中华民族特色，又是一件极富现代气息的现代花艺作品。在花艺设计的艺术之路上，我们应博采众长、兼收并蓄，建立起既符合世界花艺发展潮流，又有自己民族特色的花艺设计风格。

图5-8 花艺设计 作者：朱永安

3. 中国花艺设计的特点

现在社交场合，礼仪往来，各种节日需要大量的现代插花作品装饰，而且不同场合、对象需要不同造型、意境的作品点缀，这就要求传统插花有新发展，充实新的内容。例如中国花艺设计中运用大量进口花材就是一大突破，一方面丰富了中国花艺设计的用材，有利于更深刻反映意境，另一方面因为进口花材为国外所熟悉，各国间有相同的欣赏角度，通过插花艺术有利于加强国际间的交流，使中国的花艺设计为世界上更多的国家和民族所接受。如今中国花艺设计在传统花艺设计总体风格特点的基础上又有了自己的特色。

（1）线条运用的完美和变化

线条艺术是中华民族诸艺术之源，是美术艺术的灵魂。无论是绘画、舞蹈、雕塑、园林等都离不开线条美妙的组合、勾勒和舒展。插花是一种具象的线条运用，而且现代插花在线条运用上有了较大的变更和创新，除了运用自然界千姿百态的花木枝叶等植物材料线条外，还较多地运用经过人工干化处理的植物材料和经工艺加工过的非植物材料的线条，并由自然伸展为主发展到经人工加工成规则或非规则线状来活跃作品的构图。目前线条的质地有塑料、金属、草本、木本、藤制干化等，形态上有制成螺丝状、螺旋状、直线状、瀑布状、不规则形状等半成品，可根据作品主题需要而选择运用。几乎所有的现代插花作品都离不开线条的运用和变化，因为线条的构图方向、造型的变化代表着作者需要表达的意念，在讲究创作寓意的中国现代插花中也特别重视线条的运用（图5-9）。

线条的运用也是东方插花区别于西方插花的标志之一。目前有些西方插花作品也借鉴东方插花线条运用的特点，使东西方插花艺术在取得共同发展的道路上靠近了一步。

构图的完美和变化　所谓构图就是头脑中的构思具象化，通过模型具体地表现出来，构图的基本原理是对变化统一法则的运用，这里包括稳定状态和变化状态两种。倾向于稳定状态的有均衡、对称、照应、重复，处于变化状态的有对比、反衬、奇突、运动，在中国现代插花中较多的是两种状态的交叉运

图5-9　线条运用的花艺设计
作者：丁稳林

用，以反映作品的多种变化。插花构图离不开点、线、面的运用，在这一问题上东西方也有区别，一般来讲西方插花较多运用点和面即花朵和色块，使用规则甚至等距离地排列构成各种几何图形、象形字母图形，而中国现代插花在点、线、面的运用中更注重线条的变化运用，用线条表现花体框架、质感，用线条的优势勾画千变万化的艺术空间，从线条变化运动的轨迹中使自然界中规则或不规则的形象姿态在花体中得到反映。由于插花艺术的特殊性，其构图没有某一种固定模式，特别是大型作品构图变化较多，但无论表现哪一种形式都是相似，是约等于而不是等于，讲究的是神似。如果是绝对相像，那么构图就非常机械，没有了中国插花艺术的特点，而且现代插花在艺术上要求追新求美、不落俗套，不论规则还是不规则的构图，也不论是单一的或多种形式的组合，它既注重艺术形式上的创新，又追求艺术情趣上的高雅和艺术内涵上的深广，所以构图的完美变化是现代插花的又一特点。

崇尚人与自然的沟通　插花是人对自然景物的再创造，形象生动地对自然场景进行优化组合，重其形和质，兼而传其神。这种艺术追求的不是自然再现或是模仿得惟妙惟肖，而是再现自然美的内在秩序和诗情画意的艺术境界，即将自然材料重新整理赋予新的秩序，反映作者的情怀和意趣。要运用好这一特点必须做到三点：一是善于观察，二是勤于联想，三是大胆构思。对自然界的各种植物姿态、色彩的组合等应仔细观察、善于联想、取其精华、大胆构思，将自然场景和人文精神密切结合，浓缩于作品之中，才能创作出具有现代生活气息的艺术插花作品。

（2）现代的文化内涵

插花艺术除了色彩、造型给人以直接的美感外，还有题材广泛、内容丰富的思想和深邃的意境，使人与自然融为一体，用花木抒发人的意志和愿望，"借花言志"、"寓性于花"是中国插花的又一特点。不同的历史时期有着不同的经济、思想、文化影响，有着不

图5-10 《地方天圆》 作者：朱迎迎

同的审美观念，所以各个时代的意境美也有所差异。现代插花意境不同于传统插花，传统插花将花人格化、神化，表现的主题较多为"岁寒三友"、"四君子"、"玉堂富贵"等。近几十年人们对插花艺术表现的内容和思想有了新的要求，运用现代表现手法和操作技巧加进新的内涵使之与当代的社会文化相适应。西方国家讲花语，中国插花讲意境，而意境要比花语深邃得多。因为它是多种花语的组合提炼，是复式的而不是单一的，将传统的意境、西方的花语融进了作品中，成为现代人文精神与大自然的结合。中国人口多占地面积广，中国插花艺术的风格对整个世界有一定影响，我们应根据本民族特点结合时代精神，将现代人的思想和意志融于作品之中，让世界更多的国家与地区接受中国文化和插花艺术（图5-10）。

（3）色彩的朴素大方、优雅明快

插花艺术的色彩最引人注目，给人的感染力也最强，而色彩与造型又有密切的联系，形与色相互依存、相互烘托是表达主题的重要手段。中国现代插花讲究色彩的调和自然过渡，较少运用反差强烈的对比色，特别是现代大型作品较多运用接近色或同色系的色彩配置，即一种原色与含有该原色的中间色配置，称为类似色。因为它们共同含有的色相成分可使色彩变化逐渐过渡，显得柔和、谐调、高雅。作品运用浅色给人一种清新、优雅、明快、活泼、扩张的感觉，运用深色则显得深沉、稳重、辉煌、成熟、收缩。当然，现代插花也不绝对排斥对比色的运用，对比色运用得当会产生丰富的色彩变化和深远的空间层次感，增强作品的深度和韵律，有些喜庆场合运用对比强烈的色彩能

图5-11 油菜籽设计的花艺设计
作者：朱永安

更好地渲染气氛、调节情绪。色彩和构图都是为了突出主题，所以把握好色彩的配置，是现代插花很重要的一个方面（图5-11）。

4. 西方花艺设计的特点

西方花艺设计在花艺设计总体风格特点的基础上又有别于中国花艺设计，主要有以下三个特点：

造型美的不断创新 从19世纪的维多利亚时代就一直强调比率对称，以一种理智的表现，追求传统几何造型绝对的美。现代的花艺设计强调冲击感。欧洲花艺设计的特点是强调花材的组合，保持空间和立体感，线条明朗，有动感、平衡感和层次感。受后现代主义、简约主义、解构主义等思潮的影响，花艺设计也出现了抽象奇特的造型，以新颖奇特为最终追求的目标，有创造性风格的表现（图5-12）。

艳丽华贵的色彩 在色彩运用上，喜好华丽的暗红、金色，高贵的紫色、银色，或艳丽的金黄色等，有时也有白色和银色的搭配，红色和金色的搭配等。追求豪华、神秘、富贵及自然、环保品位。如图5-13所示，作者大胆运用了金属银色和橙色大色块的组合，使作品具有强烈的现代气息。

手法自由前卫、制作精美 西方花艺设计的手法追求自由、前卫并且制作精良。通过各种手法将植物的一枝、一叶甚至一个花瓣组合制作成精美的花艺作品。不会刻意追求主题，甚至出现无主题的创造，花艺设计者在花艺作品制作过程中随着创意的不断涌现，不断创作，在花艺创作原则的基础上似无意而有心，主题由观赏者不同的欣赏角度、不同的欣赏水平而自由决定，追求感官的美感和视觉的冲击力（图5-14）。

图5-12 造型美花艺设计
作者：楼家花行

5.2.3 花艺设计的表现技巧与基本形式

花艺设计之所以成为一种门类，是因为它不仅仅选用了千姿百态的花材，具有优美的造型、艳丽的色彩，而且具有一定的思想内容，表达出创作者的思想感情，使人在悦目的同时还赏心。因此巧妙独特的构思以及娴熟的技巧和表现手法是决定一件花艺设计作品成功的关键。因为仅有好的独特的构思无法用花艺设计要素充分表达，或有娴熟的表现技巧而没有独特的构思均不能成为一件优秀的作品。

图5-13 色彩美花艺设计
作者：许惠

1. 花艺设计的表现技巧

花艺设计的表现技巧有别于传统插花，主要是通过用植物或非植物的材料根据设计者的思想制作成构架以及用植物的一部分如花瓣、小段枝条、种子等材料通过各种技法来表现花材。

（1）构架的表现

花艺设计主要通过构架来进行创作，一个好的创意、制作精良的构架是一件好的花艺作品的前提。

花艺设计用作构架的材料，主要有植物材料和非植物材料。植物材料主要是木本植物的树干或树枝，或使用经过加工处理过的干花枝条。非植物材料主要是在建筑装饰上所用的一些材料，如石、玻璃、钢铁、塑料、陶土、砖、瓦等。材料品种繁多，性质各异，有共性也有其特性。归纳起来

图5-14 自由手法的花艺设计

材料的基本特性主要包括物理性质、化学性质和力学性质。在花艺设计过程当中主要了解材料的物理性质和力学性质。材料的物理性质有密度、与水相关的性质等。通过材料的密度可以了解材料的表面肌理特性，如密度高则材料表面细致光滑，密度低则表面粗糙。材料有亲水性和憎水性，亲水性的材料由于吸取空气中的水分色泽容易改变，而憎水性的材料色泽不容易改变。材料的力学性质，是指材料在外力作用下抵抗破坏的能力和变形的有关性质。主要有强度、弹性和塑性。材料在外力作用下抵抗破坏的能力称为强度，强度越高则抗拉、抗压、抗弯、抗剪的能力越强，如钢铁与纸的比较。材料在外力的作用下产生变形，但取消外力后，能够完全恢复原来形状的性质称为弹性。材料在外力作用下产生变形，如果取消外力，仍保持变形后的形状和尺寸，并且不产生裂缝的性质称为塑性。如：竹篾的弹性较强。铝丝、铅丝的塑性较强。在进行花艺设计时，选用什么材料制作构架，要充分考虑材料的性质特点。

植物材料　用作构架的植物材料有竹、木本植物的树干等。

竹（竹枝、竹竿、竹篾、竹圈、竹制品等）：竹子是一种非常好的插花材料，在插花作品中常常会用到竹来表现。不仅仅是用竹子比喻君子的思想很高洁，未出土时先有节，及凌云处尚虚心，更体现在竹子本身有很强的造型可塑性。竹竿青青笔直代表刚直不阿；竹枝青翠可有各种不同造型；竹篾刚柔相济可创作出各种线条造型；将竹子锯成一个个竹圈可以自由组合成各种造型（图5-15）；竹制品也可作为各种造型的单元如竹编等物；而竹竿中空可储水也可放置花泥用以插花。

木（木条、木板、木框等）：各种材质的木条、木板可以根据造型需要，通过锯、镶、钉、捆等各种方法创作出各种富有创意的作品构架（图5-16）。

树段（树枝、树根、树干等）：可利用修剪后废弃的树断、树枝、树根、树干进行花艺设计，把树枝剪成小段进行捆绑、编织、粘贴；将树干撕开；把树段锯成薄片（树段的年轮也是很好的观赏点），通过各种手法组合造型，创作出多种的花艺设计构架（图5-17）。

图5-15　竹圈的构架表现

图5-16　《满园春色框不住》
木框的构架表现　作者：刘飞鸣

图5-17　树干的构架表现
作者：王志东

非植物材料　包括以下几种。

钢铁材料：利用钢铁材料的特性，通过焊接，制作多种构架或固定几架（图5-18）。

玻璃材料：通过对板形玻璃的加工进行造型，如打洞、经过加热后特制成各种弯曲度造型等。利用现成玻璃制品进行组合造型，如将各种形状、大小、色彩的玻璃容器根据设计要求进行再创作，构成花艺设计的构架（图5-19）。

塑料材料：利用有些塑料材料的可塑性及丰富的色彩，通过设计创作出造型独特的花艺设计构架（图5-20）。

图5-18 《汇》钢铁材料的构架表现　作者：刘飞鸣

图5-19 《聚》 玻璃材料的构架表现　作者：谢明

石料：对石料的加工处理后可以作为花艺设计很好的构架材料。如将稍大的鹅卵石用冲击钻，钻出放置试管的小洞，然后在试管中插花。或者将大小不一的卵石作为插花的配置材料，以体现源于自然的情趣（图5-21）。

纸料：纸是中国古代四大发明之一，目前已出现各种各样的纸，纸的纹理、色彩、厚薄、光泽、质感等各不相同。通过对纸的性质的充分认识，可以通过卷、折、切、撕等手法加工创作不同的花艺作品造型（图5-22）。

陶土砖瓦料：利用陶土砖瓦质朴的肌理特性可以创作出回归自然的花艺作品（图5-23）。

图5-20 《火树银花》
塑料材料的构架表现　作者：刘飞鸣

图5-21 《峭壁》 石料的构架表现
作者：刘飞鸣

图5-22 《和谐》 纸料的构架表现
作者：朱迎迎

图5-23 《悠悠岁月》
砖瓦料的构架表现 作者：刘飞鸣

（2）花材的表现

有了一个好的构架，有时候也需要对花材进行人工处理来创作出新颖别致的花艺作品，或者就是利用花材的一部分来进行创作花艺作品，这就需要对花材进行处理来表现它更好的特性。

直立线条的表现 通过直立线条可以表现出平行、交叉和折曲。

平行：所谓直立线条平行表现，是指大部分花材呈平行排列。有垂直平行、倾斜平行、水平平行及曲线平行［图5-24（a～d）］四种设计手法，可应用在不同的设计形式上。设计重点是每一种花材都有自己的着力基点，两枝花材之间，由底部至顶端均保持平行距离。在花材的选择方面，需选择茎秆笔直的花材作为主要素材，每一群组最好是不同的花材和叶材，而每一群组之间需留有空间，需注意每一群组之间的高低比例和色彩搭配，底部以块状、点状、面状花叶铺底，花器口以宽阔为主。

(b) 水平平行

(a) 垂直平行

(d) 曲线平行

(c) 倾斜平行

图5-24 平行

交叉：所谓直立线条花材交叉表现，是指主要线条花材交叉表现构图思想。有直角交叉和非直角交叉［图5-25（a、b）］两种设计手法。重点是可以一种花材互相交叉，也可以是多种花材交叉。

折曲：所谓直立线条花材折曲表现，是指利用直立型的花材折曲造型表现构图思想。有单枝折曲和多枝捆绑折曲［图5-26（a、b）］。

藤蔓（柔韧）线条的表现　利用藤蔓（柔韧）型花材的下垂性和柔弱性来采取垂、罩、绕的手法来表现。垂，一般用在较高处是瀑布流泻，有一种动感［图5-27（a）］。罩，一般将藤蔓型（柔韧）花材罩在已设计好的花型上，以增加柔弱性和朦胧感，或罩在花艺设计师预先设计好的架构上，以打破架构的硬线条，体现刚柔相济［图5-27（b）］。绕，可绕于花材、架构、容器上，充分展示藤蔓（柔韧）型花材的依附性和柔弱性［图5-27（c）］。

花材组合处理技巧　花材的组合可以是一种花材的组合，也可以是多种花材的组合，可以是花材与花材的组合，也可以是花材与其他装饰材料的组合，通过排列（堆叠、阶梯）、捆扎（绑饰）、垂挂等方式可以有多种表现。

（a）直角交叉

（b）非直角交叉
图5-25　交叉

（a）单枝折曲

（b）多枝折曲
图5-26　折曲

（a）垂

（b）罩

（c）绕
图5-27　藤蔓线条的表现

（a）花材的紧密排列

（b）花材的紧密重叠

（c）花材的阶梯排列

图5-28　花材的排列表现

排列（堆叠、阶梯）：排列可以是平行排列，也可以是紧密排列成事先设计好的图案［图5-28（a）］。是用花卉或非花卉材料紧密排列以遮盖作品底部的技巧，这种设计技巧来自于珠宝设计上，采用相同尺寸的宝石紧密排列在一起以遮盖金属底座。在花艺设计中这种紧密排列花材的方式，能加强颜色和质感的对比效果。堆叠是指用各种花卉通常是叶材，紧密地一片片堆叠，彼此间不留空隙。堆叠的处理技巧可以创造出与叶材单一使用时完全不同的质感效果，如将七里香的叶片层层重叠可以成为类似云片状质感的花器效果［图5-28（b）］。也可以将树段堆叠成螺旋形成为花艺设计的架构。还可以将叶片水平或立体排列成阶梯状，这是一种逐步延伸的插作方法，各叶片之间或各组花材之间留有空隙，形成阶梯状，有向上发展的感觉，富有韵律感［图5-28（c）］。

捆扎（绑饰）：捆扎是视觉上或实际上点的连接，捆扎是将许多花朵或花枝绑紧在一起以达到强化的效果。绑扎技巧常用于制作胸花、新娘捧花和献花用花束［图5-29（a、b）］。在绑扎过程中还可以在绑扎处用花材加以修饰，使绑扎更具艺术性。通过捆扎的处理技巧，可以使细而柔弱又不易固定的花材变得容易处理，也可以表现丛生、茂盛的景色［图5-29（c）］。

花材人工处理技巧　自然的花材可以通过人工的手法创作出超乎花材本身美感的意趣，只要有创新的精神，有丰富的想象，有扎实的专业基础就可以有丰富多样的花材处

(a)

(b)

(c)

图5-29　花材的绑扎表现

理，打下花艺创作良好的基础。

编织：编织就是将柔软易弯曲的花材以直角或其他角度交织组合的过程，可以将叶片运用手工编织的手法，创作出所需的式样，如竹席式、各种动物形状等。纺织品的编织通常在编织机上完成，如纱线、经线和纬线的交织。从史前发现的篮子和纺织品上看，编织最初是以家庭手艺的形式开始，而现在因其基本的功能而广泛流传。在花艺界，叶片编织技巧已成为一种设计主流，最常用的叶片有熊草、柳枝、麦冬等，其他狭长而易弯曲的叶片均可使用。有时还可加上饰品如缎带等以创意的手法表现。编织可以是一种技巧，也可以是一种设计形式。主要衡量标准是作品中编织物所占的比例。以编织为主就是一种设计形式了［图5-30（a、b）］。

线串：线串的手法灵感来自于项链、珠帘的设计，将枝条剪成小段、将花瓣、叶片卷成小卷，用细铜丝固定，然后串成长长的一串。小的花朵和果实也可用来线串。线串的手法植物与植物之间可以有缝隙，也可以紧密地联系在一起。然后用垂挂、罩、绕的手法装饰在花艺作品中，也可用作新娘捧花的设计［图5-31（a、b）］。

打结：植物枝条的打结处理能够改变花艺造型，但并非是任何花枝都能打结，要选择枝条柔软的花材，如结香、垂柳、银柳、迎春、黄馨等。细长的植物叶片，如书带草、丝兰、新西兰麻等叶片，也可作打结处理。打结的松紧是根据造型的需要来确定。

撕裂：具有平行叶脉的植物叶，如箬叶等，对其做纵向撕裂，会产生纵向裂痕。也可以不完全撕透，按叶脉方向多拉几条丝，能产生弧线叶。

卷曲：利用外力使叶片造型，制作时准备一些铅丝、透明胶，然后把叶片放平，叶面朝下，找到中央叶脉，将铅丝附在中央叶脉旁，并用透明胶纸粘贴在叶上。处理后，需要让叶片有多少卷曲角度，就可随意调节，但要注意位置，谨防暴露装饰人工痕迹。使用此法的植物有：箬叶、姜花等。可以使整张叶片卷曲（图5-32），也可以使一张叶片的部分卷曲。

粘贴：可以将花材的叶片、果

（a）编织形式

（b）编织技巧

图5-30　花材的编织表现

（a）枝条线串

（b）花材紧密线串

图5-31　花材的线串表现

实、花瓣、小型花朵运用花艺专门的冷胶、喷胶、双面胶、热熔胶粘贴在事先设计好的构架或花器上。可以改变花器外形或做成各种配件，创造出令人惊奇的花艺作品［图5-33（a、b）］。

（a）叶材的粘贴

（b）花朵的粘贴

图5-32　叶材完全卷曲　　　　　　　　　图5-33　花材的粘贴表现

包裹：一般是运用较大的叶片将事前设计好的构架加以包裹，用铅丝或花胶固定。包裹是要注意叶片的叶脉纹理以及叶片正反面的色彩对比［图5-34（a、b）］。

裁切：一般用叶面较宽大并且不易脱水的叶片，如蜘蛛抱蛋、剑叶等，可以将蜘蛛抱蛋的叶片裁切成圆形然后粘贴在事先做好的铁丝圈上做装饰（图5-35）或者将剑叶裁切成小片用竹签串起来作装饰。

通过对植物材料特性以及肌理的了解，根据设计要求，运用所掌握的花材处理技巧，可以创作出多种多样、创意新颖的花艺设计作品。

（3）色彩的表现

花艺设计的色彩表现也与传统插花不尽相同，为了使花艺设计更具时代特点，花艺设计在传统插花的基础上有时会更大胆地运用黑色、金色、银色等一些在传统插花中不常见的色彩。

多色表现　在花艺设计中的多色表现常运用对比色等色彩视觉感受强烈的色彩配置（图5-36）。

（a）叶材的包裹

（b）叶材的包裹

图5-34　花材的包裹表现　　　　　　　　　图5-35　叶材的裁切

图5-36 多色配置

图5-37 黑色配置

黑色表现 在传统插花中黑色一般被视为黑暗、消沉等含义，所以运用不多。而现代花艺设计为了追求视觉冲击和现代时尚气息常常会使用黑色配置。如图5-37就是黑银色配置的花艺设计，非常富有视觉冲击力和时尚感。

金银色表现 在现代花艺设计中，经常会用到金银色配置，特别是圣诞节的花艺布置中运用大量的金银色系。不仅带来时尚也带来了富贵、热烈的视觉效果［图5-38（a、b）］。

2. 花艺设计的设计要求

创新而不违背自然 花艺设计是一门艺术，艺术的创作是来源于自然而高于自然，来源于生活而胜于生活，是一种创新，一种创造。设计花艺作品，就要求有创新精神，不受传统思想的约束，大胆创新。但在创新的过程中也不能违背自然规律。在艺术与工艺中孕育花艺设计，将抽象艺术转换为花艺设计，使抽象思维与植物材料的自然形态相结合使得花艺作品创新而不违背自然。

配色新颖而不违背原理 在色彩上既要追求新潮前卫，追求视觉的冲击力，感官的刺激，又要继承传统配色，追求淡雅、环保

(a) 金色配置

(b) 银色配置

图5-38 金银色配置

色、自然色，以符合色彩原理。

构思独特而具有内涵 在进行花艺设计时，要考虑环境的需要、用途的需要、观众的需要等因素。如进行会场的大型花艺设计，就要考虑会议的性质、来宾的习惯、会议场所的环境要求等进行构思；如是婚礼场景的花艺设计，就要考虑新郎、新娘的职业、爱好、习惯、来宾的观赏要求以及婚礼内容所需的特殊场景花艺设计要求。构思要求新颖独特。在花艺设计过程中要注意主题的内涵，只有深刻的内涵才会使观者回味无穷。

3. 花艺设计的基本形式

（1）组合式花艺设计

将植物在自然界里的生态环境展现在作品中，乃注释自然而非模仿自然，源于自然而高于自然。植物的安排可"自由随意"，植物与色彩的精致组合，达到良好的视觉效果，体现回归自然的向往。设计技巧可用石头、水草、苔藓、砂粒覆盖花泥，底部应用阶梯法、重叠法、铺设法、堆积法等技巧。

植物学设计 一种新的设计形式，是展现植物生物学特性的表现手法，如展现球根花卉的花苞、花朵、叶片、花茎、球茎、根部，或表现热带植物的风采。将同一种植物的不同部位通过自然式布置手法展现（图5-39）。

组群式设计 通过造型手法抽象表现大自然丛林式的花艺设计，是平行式和植物学式的结合（图5-40）。

排列式设计 排列式花艺设计可以是一种花材排列成造型成为一件花艺作品，也可以是多种花材排列成各种造型组合成一件花艺作品。图5-41就是用韭菜花一种材料通过运用粘贴的手法创作的精美的花艺作品。图5-42使用多种花材运用捆扎、绑饰、垂挂、粘贴等多种手法在空间组织上排列而成的花艺作品。

（2）平行线花艺设计

所谓平行设计，是指大部分花材呈平行排列而言。有垂直平行、倾斜平行、水平平行及曲线平行四种设计手法，可应用在不同的设计形式上。平行式花艺设计的设计要点是每一种花材都有自己的生长点；两枝花材之间，由底部至顶端须保持平行距离；需选择茎秆笔直的花材为主要素材，底部以团状花叶铺底；每一组群最好是不同的花或叶，而每一组群须留有空间；须注意每一组群之间的高低比例及色彩搭配；花器宜采用宽阔开口为适宜。

垂直平行设计 以三种不同种类茎秆笔直的花材为主体，分别成组，高低错落垂直插入花器中。第一组花材高度为花器直径的2~2.5倍，第二组花材高度为第一组花材

图5-39 植物学设计

图5-40 组群式设计

图5-41　一种花材的排列设计

图5-42　多种花材的排列设计

高度的2/3～3/4，第三组花材高度为第二组花材高度的1/2～2/3。在三组主体花的空间内加三组副主体，再以圆形叶、块状叶等插在花器口，然后再插入小花型的辅助花使底部倍增美感。也可以将不同组的花材高度距离拉大形成对比（图5-43）。

倾斜平行设计　从事平行设计时，其花泥高度不超过花器高度。先以圆形或块型叶铺插在花泥上，然后将一种或多种茎秆笔直的花材分成若干组倾斜45°斜插在花泥上。各组平行且高低错落，强烈表达出倾斜设计的效果（图5-44）。

水平平行设计　将茎秆笔直的花材捆扎成一组或单枝，将其固定或插入与花器口水平平行的位置，中心焦点处插上圆形花，两侧配以条形花与水平平行延伸，使作品更为丰富（图5-45）。

曲线平行设计　曲线平行设计是以曲线方式来表现平行，外型柔美优雅，需选用易弯的花材。如用两组不同颜色的马蹄莲，一组上升、一组下垂，分别成柔美的曲线平行。叶材也呈曲线平行，其余花材低插铺底。也可用不同的曲线形成圆弧框架（图5-46）。

直角平行设计　直角平行是指用一组水平平行和一组垂直平行的花材组合成直角平行的花艺设计。直角平行设计造型感比较强，视觉效果富有变化。此类设计

图5-43　垂直平行

图5-44　倾斜平行

图5-45　水平平行

图5-46　曲线平行

图5-47　直角平行

图5-48　构架花艺设计

可以用浅盆作为花器，在垂直平行中穿插水平布置的叶材，构图活泼。也可以用铁制的构架使直角更明显地表示出来（图5-47）。

（3）构架花艺设计

构架花艺设计就是采用植物性花材，特别是植物的茎秆，创造出立体的框架性结构称为构架。构架是花艺设计的基本方法之一，也是花艺创作的重要手段，有了构架如同有了花艺的骨架，为整体造型奠定了基础。构架制作的形态和手法很多，可以是栅栏状、网格状、几何状，既可以是具象的，又可以是抽象的。经常用作构架的花卉材料有红瑞木、龙柳、竹子、刚草、银柳、三桠木、月季花茎等。其他花材可以利用构架贯穿其中。构架一般可以采用铁丝、拉菲草扎带等固定材料通过对枝干的捆绑，使枝干相互连接形成所需的构架。为了保证在构架上获得充分的水分的供应，可以附加玻璃试管。花艺使用的玻璃试管要求管口略微向外突起，便于作固定处理。玻璃试管的大小可以视插入的花材需要而定（图5-48）。

（4）支架花艺设计

支架是指在花艺创作中，利用植物的茎秆表现物体之间连接的效果。花艺创作中为了提升花体的表现位置，除了构架完整的立体配置关系，支架也是一种选择。而且支架的材料起到承上启下的作用，将分开的花体有机联系到一起。如用竹子达成支架的形式，在竹子与竹子之间的交叉点放入花泥插成高低错落的花体，竹子就成了支架。如图5-49所示用树枝搭成支架，将所插的花体提升以达到创作所要表现的主题。

（5）交叉线花艺设计

交叉线是指在花艺设计中，花材出现合理的交叉现象，以及刻意安排的构成方法。交叉线在一般插花表现中很少使用，甚至不用。如图5-50所示采用较柔和且又彼此呼应的蝴蝶兰交叉表现，既交叉又不抵触。花艺设计中的交叉线除了吸收柔和交叉外，更注重图案构成效果和对比关系给人的视觉印象。交叉线的应用并非随意而为，要求粗细相对、一少一多、有主有次，在一件作品中可能出现两个或两个以上的交叉线。

4. 模特花艺设计

通过对模特的花艺设计展示人体、服饰、花艺整体之美，追求整体设计效果。根据设计者的设计思想进行总体设计，如要表现回归自然的思想，可以在服饰上选用植物来装饰，进行总体花艺设计。人体花艺设计与新娘花艺设计的根本区别在于，设计者可以突破婚礼设计要求的束缚，根据自己的创意对模特进行整体设计，从服饰、化妆、首饰、花饰一直到表演动作、表演的场景、表演的气氛、舞美、音乐等进行总体策划，呈现给观众综合的美、相映成趣的美，通过其他各部分来突出人体花饰的设计效果。一般来说人体花饰较新娘花饰要夸张、前卫、新潮（图5-51）。

图5-49　支架花艺设计

图5 50　交叉线花艺设计

图5-51　模特花饰
作者：朱迎迎

实践训练 41　架构花艺作品设计实训

目的要求

为了更好地掌握构架花艺作品设计制作要点，通过花艺设计作品制作实践，学生理解架构花艺设计的构图要求，了解架构花艺设计制作的基本创作过程，掌握架构花艺设计的制作技巧、花材处理技巧、架构与花材固定技巧。在老师的指导下完成一件架构花艺设计作品。

材料准备

1. 花材：创作所需的时令花材。包括：线条花，如三桠木4根或红瑞木8根或干龙柳8根、书带草10根或长文竹3枝；焦点花，如月季、非洲菊等团状花；补充花，如补血草、桔梗、霞草等散状花。

2. 花器：玻璃试管每组8个。

3. 辅助材料：绿铅丝。

4. 插花工具：剪刀、美工刀、尖嘴钳、尖嘴水壶等。

操作方法

1. 教师示范：

步骤一：将三桠木剪成每根大约50cm长，用绿铅丝绑扎成立体的圆柱体架构［图5-52（a）］。

步骤二：将8个玻璃试管用绿铅丝绑扎在架构的2/3的高度。

步骤三：将10枝非洲菊或月季和补血草或霞草分别插入玻璃试管。

步骤四：将长文竹或书带草插入玻璃试管并缠绕在圆柱体的2/3高度处，然后整理用尖嘴水壶往玻璃试管加水［图5-52（b）］。

（a） （b）

图5-52 构架花艺设计步骤

2. 学生分组模仿训练：按操作顺序进行插作。

评价标准

1. 构架要求：架构牢固站立，并成立体丰满的圆柱体。
2. 色彩要求：新颖而赏心悦目。
3. 造型要求：符合架构花艺设计的造型要求。
4. 固定要求：整体作品固定牢固，花形不变。
5. 整洁要求：作品完成后操作场地整理干净，保证每枝花都能吸到水。
6. 合作要求：与其他同学共同合作良好。

提交实训报告

内容包括：对架构花艺设计制作全过程进行分析、比较和总结。

实践训练 42 组群花艺作品设计实训

目的要求

为了更好地掌握组群花艺设计制作要点，通过组群花艺设计的制作实践，学生理解组群花艺设计的构图要求，了解组群花艺设计制作的基本创作过程，掌握组群花艺设计的制作技巧、花材处理技巧、花材固定技巧。在老师的指导下完成一件组群花艺设计插花作品。

材料准备

1. 花材：创作所需的时令花材。包括：线条花，如小鸟、剑叶、龙口花、紫罗兰、蛇鞭菊等；焦点花，如菊花、月季、非洲菊等团状花；补充花，如小菊、补血草、多头月季等散状花；叶材，如悦景山草、小八角金盘等。
2. 花器：黑色塑料长方盆。
3. 辅助材料：花泥。
4. 插花工具：剪刀、美工刀等。

操作方法

1. 教师示范：

步骤一：将线条花分组组合按照高低错落的原则插入盆中［图5-53（a）］。

步骤二：将焦点花分组组合插在线条花之间［图5-53（b）］。

步骤三：将补充花分组组合插在线条花与焦点花之间。

步骤四：依次插入叶材并整理等［图5-53（c）］。

（a） （b） （c）

图5-53　组群花艺设计步骤

2. 学生分组模仿训练：按操作顺序进行插作。

评价标准

1. 构思要求：独特有创意，组群明确。
2. 色彩要求：新颖而赏心悦目。
3. 造型要求：符合组群花艺设计的造型要求。
4. 固定要求：整体作品固定牢固，花形不变。
5. 整洁要求：作品完成后操作场地整理干净，保证每枝花都能吸到水。
6. 合作要求：与其他同学共同合作良好。

提交实训报告

内容包括：对组群花艺设计制作全过程进行分析、比较和总结。

实践训练43　支架花艺作品设计实训

目的要求

为了更好地掌握支架花艺设计制作要点，通过支架花艺设计的制作实践，学生理解支架花艺设计的构图要求，了解支架花艺设计制作的基本创作过程，掌握支架花艺设计的制作技巧、花材处理技巧、花材固定技巧。在老师的指导下完成一件支架花艺设计作品。

材料准备

1. 花材：创作所需的时令花材。包括：线条花，如树枝、红瑞木、竹子等；焦点花，如百合、菊花、月季、非洲菊、牡丹、芍药等团状花；补充花，如小菊、补血草、桔梗等散状花；叶材，如长悦景山草、肾蕨、龟背叶等。

2. 辅助材料：花泥每组1/4块、锡纸15cm、绿铅丝等。

3. 插花工具：剪刀、美工刀、尖锥钳等。

操作方法

1. 教师示范：

步骤一：将3根1.5m的手指粗的竹子每根剪成1m和50cm各两根，将3根长的竹子和3根短的竹子制作成三角架的支架形式。用绿铅丝和尖锥钳进行绑扎［图5-54（a）］。

步骤二：将花泥用锡纸包好，用绿铅丝固定在三根长的竹子的交会点中。

步骤三：在花泥中一次插入5枝非洲菊作为焦点花、插入若干桔梗作为补充花、插入长悦景山草作为线条花［图5-54（b）］。

步骤四：插入3片龟背叶以及短悦景山草叶材并整理等［图5-54（c）］。

（a）　　　　　　　　（b）　　　　　　　　（c）

图5-54　支架花艺设计步骤

2.学生分组模仿训练：按操作顺序进行插作。

评价标准

1.构思要求：独特有创意。

2.色彩要求：新颖而赏心悦目。

3.造型要求：符合支架花艺设计的造型要求。

4.固定要求：整体作品固定牢固，支架牢固、花形不变。

5.整洁要求：作品完成后操作场地整理干净，保证每枝花都能吸到水。

6.合作要求：与其他同学共同合作良好。

提交实训报告

内容包括：对支架花艺设计制作全过程进行分析、比较和总结。

实践训练 44　直立式平行线花艺作品设计实训

目的要求

为了更好地掌握直立式平行线花艺设计制作要点，通过直立式平行线花艺设计的制作实践，学生理解直立式平行线花艺设计的构图要求，了解直立式平行线花艺设计制作的基本创作过程，掌握直立式平行线花艺设计的制作技巧、花材处理技巧、花材固定技巧。在老师的指导下完成一件直立式平行线花艺设计插花作品。

材料准备

1.花材：创作所需的时令花材。包括：线条花，如小鸟、剑叶、龙口花、菖蒲叶、蛇鞭菊等；焦点花，如菊花、月季、非洲菊等团状花；补充花，如小菊、补血草、多头月季、霞草等散状花；叶材，如悦景山草、小八角金盘等。

2.花器：黑色塑料长方盆。

3.辅助材料：花泥。

4.插花工具：剪刀、美工刀等。

操作方法

1.教师示范：

步骤一：将花泥放入黑色塑料盆中。将菖蒲叶线条花直立平行均匀插入花泥中，将低于菖蒲叶1/3的剑叶插入菖蒲叶之间［图5-55（a）］。

步骤二：将低于菖蒲叶1/5的小鸟花插入菖蒲叶与剑叶之间［图5-55（b）］。

步骤三：将焦点花月季和康乃馨依次直立插入线条花之间［图5-55（c）］。

步骤四：依次直立插入补充花和叶材，将花泥遮盖并整理等［图5-55（d）］。

2. 学生分组模仿训练：按操作顺序进行插作。

（a）

（b）

（c）

（d）

图5-55 直立式平行线花艺设计步骤

评价标准

1. 构思要求：独特有创意，平行线明确。
2. 色彩要求：新颖而赏心悦目。
3. 造型要求：符合直立式平行线花艺设计的造型要求。
4. 固定要求：整体作品固定牢固，花形不变。
5. 整洁要求：作品完成后操作场地整理干净，保证每枝花都能吸到水。
6. 合作要求：与其他同学共同合作良好。

提交实训报告

内容包括：对直立式平行线花艺设计制作全过程进行分析、比较和总结。

实践训练 45 交叉线花艺作品设计实训

目的要求

为了更好地掌握交叉线花艺设计制作要点，通过交叉线花艺设计的制作实践，学生理解交叉线花艺设计的构图要求，了解交叉线花艺设计制作的基本创作过程，掌握交叉线花艺设计的制作技巧、花材处理技巧、花材固定技巧。在老师的指导下完成一件交叉线花艺设计作品。

材料准备

1. 花材：创作所需的时令花材。包括：线条花，如补血草、山归来枝等；焦点花，如百合、菊花、月季等团状花；补充花，如小菊、多头月季等散状花；叶材，如书带草、肾蕨等。
2. 花器：黑色长塑料盆。
3. 辅助材料：绿铅丝等。
4. 插花工具：剪刀等。

操作方法

1. 教师示范（图5-56）：

步骤一：将补血草修剪成所需的形态，用绿铅丝绑扎成一小束备用。

步骤二：将黄百合修剪成所需形态备用。

步骤三：将书带草在手中摆成所需形态后加入少许黄百合绑成一小束备用。

步骤四：将准备好的三束花材用自然固定法固定在黑色塑料花盆的三个角上，并使花材之间有所交叉，为了固定牢固，可以在花材交叉点上不露痕迹地绑上绿铅丝。然后整理、加水等。

2. 学生分组模仿训练：按操作顺序进行插作。

评价标准

1. 构思要求：独特有创意。

2. 色彩要求：新颖而赏心悦目。

3. 造型要求：符合支架花艺设计的造型要求。

4. 固定要求：整体作品固定牢固，支架牢固、花形不变。

5. 整洁要求：作品完成后操作场地整理干净，保证每枝花都能吸到水。

6. 合作要求：与其他同学共同合作良好。

提交实训报告

内容包括：对交叉线花艺设计制作全过程进行分析、比较和总结。

图5-56 交叉花艺

综合训练

展览花卉装饰

目的要求

为了更好地掌握展览花卉装饰的要点，通过对展览花卉装饰的实践，学生理解展览花卉装饰的具体要求，了解展览花卉装饰的基本创作过程，掌握展览花卉装饰的布置技巧。在老师的指导下完成一个展览花卉装饰。

场地准备

1. 每组3m×3m=9m² 左右空间，模拟标准展板围成的展室，可在花艺实训室或教室进行。

2. 每组双人课桌3个。

材料准备

1. 花材：创作所需的时令花材。包括：线条花，如竹子、唐菖蒲、三桠木、龙柳、马蹄莲、紫罗兰、贝壳花等花材；焦点花，如百合、月季、桔梗、安祖花、蝴蝶兰、扶郎花等花材；补充花，如多头康乃馨、多头月季、补血草、霞草（满天星）等散状花；叶材，如刚草、散尾葵、龟背叶、巴西木叶、肾蕨、悦景山草、蓬莱松等。还可根据需要准备一些预制的藤制品，如大小不等的藤球、藤制几何体等。

2. 花器：黑色塑料盆。

3. 固定材料：花泥、玻璃试管。

4. 辅助材料：绿铁丝、绿胶布、铜丝、缎带、锡纸等。

5. 插花工具：剪刀、美工刀、尖锥钳、热胶枪等。

操作方法

1. 将学生分成10人一组，每组9m²的一个展室和3个课桌、3个黑色塑料盆。

2. 学生首先画出展室布置设计草图，以及展品的设计初步设想。

3. 学生分工布置展室和制作所设计的花艺作品。

4. 教师进行评价，根据每位学生的表现进行打分。

5. 可以各组交叉评价、互相交流。

评价标准

1. 构思要求：独特有创意。

2. 色彩要求：新颖而赏心悦目。

3. 造型要求：符合展览花卉装饰的造型要求，整体协调，重点突出。

4. 固定要求：整体作品及花材固定均要求牢固。

5. 整洁要求：场景布置完成后操作场地整理干净，基本保证每一朵花材都能浸到水。

6. 合作要求：与其他同学共同合作良好。

提交综合场景实践报告

内容包括：对展览花卉装饰布置全过程进行分析、比较和总结。

班级		指导教师		组长	
参加组员					
主题：					
所用主要色彩：					
所用花材：					
所用插花形式：					
创作思想：					
小组自我评价：	○好	○较好	○一般	○较差	
小组互相评价：	○好	○较好	○一般	○较差	
教师评语：					

思考题
---

1. 展览花卉装饰的主要形式是什么？
2. 展览花卉装饰的设计步骤是什么？
3. 花艺设计的概念是什么？
4. 花艺设计的风格特点是什么？
5. 哪些材料可以用作花艺设计的架构制作？
6. 毕德迈尔设计的基本形式是什么？
7. 植物的哪些部位可以用来串？
8. 列举三种可以用作裁切的花材品种。
9. 平行式花艺设计有哪些？
10. 花艺设计的设计要求有哪些？
11. 花艺设计有哪些特殊的色彩表现？
12. 列举5种可以用作粘贴的不同的花材品种及部位。

主要参考文献

蔡俊清.2001.插花技艺[M].上海：上海科学技术出版社.
蔡俊清.1996.插花图说[M].上海：上海科学技术出版社.
蔡仲娟，山本玉领.1995.中国插花日本花道[M].上海：上海科技文献出版社.
蔡仲娟.2003.插花员[M].北京：劳动与社会保障出版社.
蔡仲娟.1999.花篮插花[M].杭州：浙江科学技术出版社.
蔡仲娟.1998.家庭插花[M].厦门：鹭江出版社.
蔡仲娟.1990.中国插花艺术[M].上海：上海翻译出版公司.
蔡仲娟.1998.中国艺术插花[M].上海：上海文化出版社.
陈佳瀛.2001.家庭礼仪花艺[M].福建科学技术出版社.
陈燕.2001.欧式花艺设计[M].台北：畅文出版社.
董丽.1999.实用插花[M].北京：中国林业出版社.
方园.2000.鲜花、礼品包装[M].北京：中国电影出版社.
广州插花艺术研究会.1999.艺术插花[M].广州：广州科技出版社.
贺振.2000.花卉装饰及插花[M].北京：中国林业出版社.
胡守荣，史向民.1996.西方插花艺术的初步探讨[J].中国园林，（4）.
李正应，张连如.1998.插花与厅室花卉装饰[M].北京：北京科学技术文献出版社.
刘飞鸣，邬帆.1998.现代花艺设计[M].北京：中国美术学院出版社.
刘祖祺，王意成.1999.花艺鉴赏[M].北京：中国农业出版社.
商蕴青，霍丽洁.2004.花店营销100例[M].北京：中国林业出版社.
王继仁，徐碧玉，刘玫.2001.实用插花基础[M].杭州：浙江科学技术出版社.
王莲英，秦魁杰，尚纪平.1998.插花创作与赏析[M].北京：金盾出版社.
王莲英，秦魁杰.2000.中国传统插花艺术[M].北京：中国林业出版社.
王莲英，尚纪平.1998.插花艺术[M].北京：中国农业出版社.
王莲英.1993.插花艺术问答[M].北京：金盾出版社.
许恩珠.1992.装饰插花[M].上海：上海人民美术出版社.
张秀新.2002.日本传统插花的历史与特点[J].北京林业大学学报，（1）.
张应杭.2005.中国传统文化概论[M].杭州：浙江大学出版社.
赵大昌.2000.西方艺术[M].上海：上海外语教育出版社.
赵晓军，齐海鹰，李莉.2001.鲜花店开店诀窍[M].济南：山东科学技术出版社.
周武忠.1991.生活插花[M].上海：上海科学技术出版社.
周星.2000.中国书画史话[M].北京：国际文化出版社.
朱义禄.2006.儒家理想人格与中国文化[M].上海：复旦大学出版社.
朱迎迎.2009.插花艺术[M].北京：中国林业出版社.
朱迎迎.2003.花卉装饰技术[M].北京：高等教育出版社.
朱迎迎.2003.意境插花[M].上海：上海科学技术出版社.
[英]钟伟雄.2002.现代西方插花艺术设计沙龙[M].北京：中国林业出版社.